U0236191

国家出版基金项目
NATIONAL PUBLICATION FOUNDATION

"十三五"国家重点出版物出版规划项目

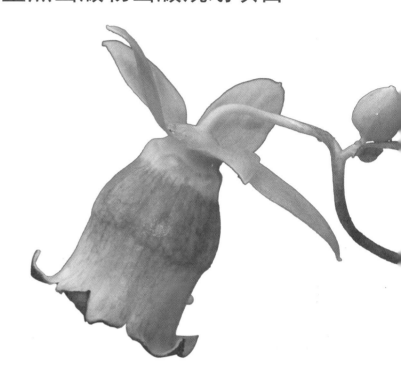

中国东北药用植物资源图志

Atlas of Medicinal Plant Resource in the Northeast of China

目录·索引

周 繇 编著 肖培根 主审

黑龙江科学技术出版社
HEILONGJIANG SCIENCE AND TECHNOLOGY PRESS

图书在版编目（CIP）数据

中国东北药用植物资源图志 / 周繇编著. -- 哈尔滨:
黑龙江科学技术出版社,2021.12
ISBN 978-7-5719-0825-6

Ⅰ．①中… Ⅱ．①周… Ⅲ．①药用植物－植物资源－
东北地区－图集 Ⅳ．①S567.019.23-64

中国版本图书馆 CIP 数据核字(2020)第 262753 号

中国东北药用植物资源图志

ZHONGGUO DONGBEI YAOYONG ZHIWU ZIYUAN TUZHI

周繇 编著　肖培根 主审

出 品 人	侯 擘　薛方闻
项目总监	朱佳新
策划编辑	薛方闻　项力福　梁祥崇　闫海波
责任编辑	侯 擘　朱佳新　回 博　宋秋颖　刘 杨　孔 璐　许俊鹏　王 研
	王 姝　罗 琳　王化丽　张云艳　马远洋　刘松岩　周静梅　张东君
	赵雪莹　沈福威　陈裕衡　徐 洋　孙 雯　赵 萍　刘 路　梁祥崇
	闫海波　焦 琰　项力福
封面设计	孔 璐
版式设计	关 虹
出 版	黑龙江科学技术出版社
	地址：哈尔滨市南岗区公安街 70-2 号　邮编：150007
	电话：（0451）53642106　传真：（0451）53642143
	网址：www.lkcbs.cn
发 行	全国新华书店
印 刷	哈尔滨市石桥印务有限公司
开 本	889 mm×1 194 mm　1/16
印 张	350
字 数	5 500 千字
版 次	2021 年 12 月第 1 版
印 次	2021 年 12 月第 1 次印刷
书 号	ISBN 978-7-5719-0825-6
定 价	4 800.00 元（全 9 册）

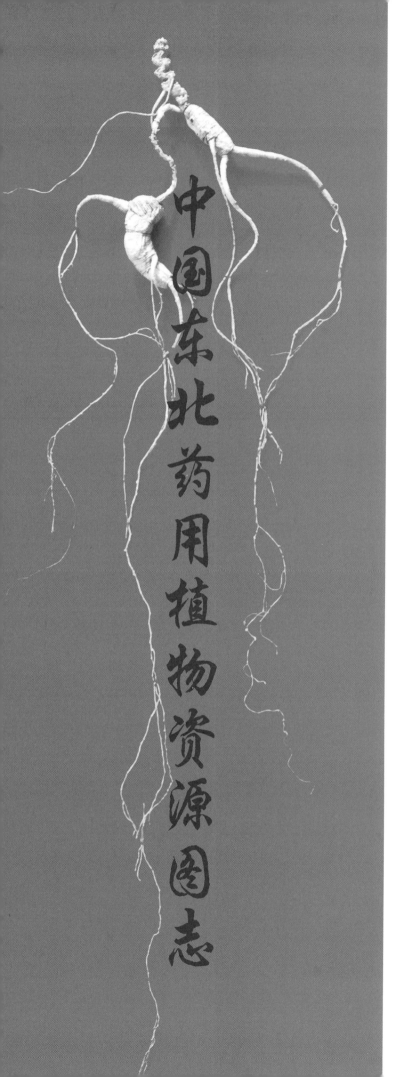

中国东北药用植物资源图志

总目录

目　录

总　论

第一章　东北地区自然概况 ··············· 1-005
第二章　东北地区药用植物的分布 ··············· 1-009
第三章　东北地区药用植物的入药部位 ··············· 1-019
第四章　东北地区药用植物的临床用途 ··············· 1-031
第五章　东北地区药用植物的特点及民间利用 ··············· 1-057
第六章　东北地区珍稀濒危药用植物 ··············· 1-063
第七章　东北地区药用植物的俗名 ··············· 1-077

各　论

第八章　藻类植物 ··············· 1-109

　念珠藻科 Nostocaceae ··············· 1-110

　　念珠藻属 *Nostoc* Vauch. ··············· 1-110

　　　念珠藻 *Nostoc communae* Vaucher ··············· 1-110

　　　发菜 *Nostoc flagelliforme*（Berk. ex Curtis）Born. ex Flah ··············· 1-113

　石莼科 Ulvaceae ··············· 1-116

　　浒苔属 *Enteromorpha*（Kink）Ag. ··············· 1-116

　　　浒苔 *Enteromorpha prolifera*（Muell.）J. Ag. ··············· 1-116

　　石莼属 *Ulva* L. ··············· 1-117

　　　石莼 *Ulva lactuca* L. ··············· 1-117

　　　孔石莼 *Ulva pertusa* Kjellm. ··············· 1-118

　松藻科 Codiaceae ··············· 1-122

　　松藻属 *Codium* Stackh ··············· 1-122

　　　刺松藻 *Codium fragile*（Sur.）Hariot ··············· 1-122

　萱藻科 Scytosiphonaceae ··············· 1-126

　　萱藻属 *Scytosiphon* C. Ag. ··············· 1-126

　　　萱藻 *Scytosiphon lomentarius*（Lyngb.）J. Ag. ··············· 1-126

　绳藻科 Chordaceae ··············· 1-131

　　绳藻属 *Chorda* Stackouse ··············· 1-131

　　　绳藻 *Chorda filum*（L.）Lamx. ··············· 1-131

　海带科 Laminariaceae ··············· 1-134

　　海带属 *Laminaria* Lamx. ··············· 1-134

　　　海带 *Laminaria japonica* Aresch. ··············· 1-134

　翅藻科 Alariaceae ··············· 1-138

　　裙带菜属 *Undaria* Suringar ··············· 1-138

　　　裙带菜 *Undaria pinnalifida*（Harv.）Sur. ··············· 1-138

　马尾藻科 Sargassaceae ··············· 1-142

　　马尾藻属 *Sargassum*（Turn.）C. Ag. ··············· 1-142

　　　海蒿子 *Sargessum confussum* C. Ag. ··············· 1-142

　红毛藻科 Bangiaceae ··············· 1-147

　　紫菜属 *Porphyra* C. Ag. ··············· 1-147

　　　圆紫菜 *Porphyra suborbiculata* Kjellm ··············· 1-147

石花菜科 Gelidiaceae ·· 1-150

　石花菜属 *Gelidium* Lamx. ··· 1-150

　　石花菜 *Gelidium amansii*（Lamx.）Lamx. ····················· 1-150

珊瑚藻科 Corallinaceae ··· 1-155

　珊瑚藻属 *Corallina* L. ·· 1-155

　　珊瑚藻 *Corallina officinalis* L. ·· 1-155

隐丝藻科 Endocladiaceae ··· 1-158

　蜈蚣藻属 *Gloiopetis* C. Ag. ·· 1-158

　　蜈蚣藻 *Grateloupia filicina*（Wulf.）C. Ag. ·················· 1-158

　　舌状蜈蚣藻 *Grateloupia livida*（Harv.）Yamada ··········· 1-159

育叶藻科 Phyllophoraceae ·· 1-163

　叉枝藻属 *Gymnogongrus* Mart. ··· 1-163

　　叉枝藻 *Gymnogongrus flabelliformis* Harv. ···················· 1-163

松节藻科 Rhodomelaceae ··· 1-167

　软骨藻属 *Chondria* Mart. ··· 1-167

　　粗枝软骨藻 *Chondria crassicaulis* Harvey ····················· 1-167

第九章　菌类植物 ··· 1-171

　侧耳科 Pleurotaceae ·· 1-174

　　侧耳属 *Pleurotus*（Fr.）Quél. ··· 1-174

　　　金顶侧耳 *Pleurotus citrinopileatus* Sing. ····················· 1-174

　　　白黄侧耳 *Pleurotus cornucopiae*（Paul. : Pers.）Rolland ··· 1-176

　　　侧耳 *Pleurotus ostreatus*（Jacq. : Fr.）Kummer ··········· 1-177

　　　肺形侧耳 *Pleurotus pulmonarius*（Fr.）Quél. ·············· 1-178

　　　月夜菌 *Pleurotus japonicus* Kawam ····························· 1-179

　　亚侧耳属 *Hohenbuehelia* Schulzer ···································· 1-180

　　　亚侧耳 *Hohenbuehelia serotina*（Pers.: Fr.）Sing. ········ 1-180

　　革耳属 *Panus* Fr. ··· 1-182

　　　紫革耳 *Panus torulosus*（Pers.）Fr. ···························· 1-182

　　香菇属 *Lentinus* Fr. ··· 1-183

　　　香菇 *Lentinus edodes*（Berk.）Sing. ···························· 1-183

　　　豹皮香菇 *Lentinus lepideus*（Fr. : Fr.）Fr. ·················· 1-186

　　　北方小香菇 *Lentinellus ursinus*（Fr.）Kühner ············ 1-187

　裂褶菌科 Schizophyllaceae ··· 1-190

　　裂褶菌属 *Schizophyllum* Fr. ··· 1-190

　　　裂褶菌 *Schizophyllum commune* Fr. ····························· 1-190

　鹅膏菌科 Amanitaceae ··· 1-194

　　鹅膏属（毒伞属） *Amanita* Pers. ······································ 1-194

　　　橙盖鹅膏菌 *Amanita caesarea*（Scop.）Pers. ··············· 1-194

　　　圈托鹅膏菌 *Amanita ceciliae*（Berk. & Br.）Bas ········· 1-196

　　　毒蝇鹅膏菌 *Amanita muscaria*（L.）Lam. ··················· 1-197

　　　豹斑毒鹅膏菌 *Amanita pantherina*（DC.）Krombh. ······ 1-199

　　　　橙豹斑毒鹅膏菌 var. *formosa*（Pers.）Gonn. & Rabenh. ··· 1-199

　　　白毒鹅膏菌 *Amanita verna*（Bull.）Lam. ···················· 1-201

　白蘑科 Tricholomataceae ··· 1-204

　　奥德蘑属 *Oudemansiella* Speg. ··· 1-204

　　　白环黏奥德蘑 *Oudemansiella mucida*（Schrad.）Höhn. ··· 1-204

　　　宽褶奥德蘑 *Oudemansiella platyphylla*（Pers.）M. M. Moser ··· 1-205

　　蜡蘑属 *Laccaria* Berk. et Br. ··· 1-206

条柄蜡蘑 *Laccaria proxima*（Boud.）Pat. ··· 1-206

红蜡蘑 *Laccaria laccata*（Scop.）Cooke ·· 1-207

脐菇属 *Xeromphalina* Kuhner & Maire ··· 1-208

黄干脐菇 *Xeromphalina campanella*（Batsch.）Kühner & Maire ·············· 1-208

冬菇属 *Flammulina* Karst. ·· 1-209

金针菇 *Flammulina velutipes*（Curt. : Fr.）Sing. ·································· 1-209

小伞属 *Mycena*（Pers.）Roussel ··· 1-210

洁小菇 *Mycena pura*（Pers.）P. Kumm. ·· 1-210

口蘑属 *Tricholoma*（Fr.）Staude ·· 1-211

乳白口蘑 *Tricholoma album*（Schaeff. : Fr.）Kumm. ····························· 1-211

松口蘑 *Tricholoma matsutake*（S. Ito et Imai）Sing. ······················· 1-212

假松口蘑 *Tricholoma bakamatsutake* Hongo ·· 1-214

皂味口蘑 *Tricholoma saponaceum* P. Kumm. ······································· 1-215

凸顶口蘑 *Tricholoma virgatum*（Fr.）Kummer ······································· 1-216

杯伞属 *Clitocybe*（Fr.）Staude ·· 1-217

杯伞 *Clitocybe infundibuliformis*（Schaeff. : Fr.）Quél. ···················· 1-217

浅白绿杯伞 *Clitocybe odora* var. *alba* Large ······································ 1-219

棒柄杯伞 *Clitocybe clavipes*（Pers.）P. Kumm. ··································· 1-220

水粉杯伞 *Clitocybe nebularis*（Batsch. : Fr.）Kummer ························· 1-221

肉色杯伞 *Clitocybe geotropa*（Bull.）Quél. ······································· 1-222

香杯伞 *Clitocybe odora*（Bull.）P. Kumm. ··· 1-223

斜盖伞属 *Clitopilus*（Fr. ex Rabenh.）P. Kumm. ······································· 1-224

斜盖伞 *Clitopilus prunulus*（Scop.）P. Kumm. ··································· 1-224

玉蕈属 *Hypsizygus* Singer ··· 1-225

斑玉蕈 *Hypsizygus marmoreus*（Peck）H. E. Bigelow ························· 1-225

离褶伞属 *Lyophyllum* Karst. ··· 1-226

簇生离褶伞 *Lyophyllum aggregatum*（Schaeff. ex Secr.）Kühn. ············ 1-226

墨染离褶伞 *Lyophyllum semitale*（Fr.）Kohner ·································· 1-227

榆生离褶伞 *Lyophyllum ulmarium*（Bull.）Kühner ······························· 1-228

小皮伞属 *Marasmius* Fr. ··· 1-229

栎小皮伞 *Marasmius dryophilus*（Bull. : Fr.）Karst. ························· 1-229

香蘑属 *Lepista*（Fr.）W. G. Smith ·· 1-231

肉色香蘑 *Lepista irina*（Fr.）Bigelow ··· 1-231

紫丁香蘑 *Lepista nuda*（Bull. : Fr.）Cooke ····································· 1-232

白桩菇属 *Leucopaxillus* Bours ··· 1-234

白桩菇 *Leucopaxillus candidus*（Bres.）Sing. ··································· 1-234

假蜜环菌属 *Armillariella*（Karst.）Karst. ·· 1-235

假蜜环菌 *Armillariella tabescens*（Scop. : Fr.）Sing. ························ 1-235

蜜环菌属 *Armillaria*（Fr. : Fr.）Staude ·· 1-237

蜜环菌 *Armillaria mellea*（Vahl）P. Kumm. ······································ 1-237

高卢蜜环菌 *Armillaria gallica* Maxim. & Romagn. ····························· 1-239

奥氏蜜环菌 *Armillaria ostoyae*（Romagn.）Herink ··························· 1-241

蘑菇科 Agaricaceae ·· 1-246

蘑菇属 *Agaricus* L. ·· 1-246

野蘑菇 *Agaricus arvensis* Schaeff. ex Fr. ··· 1-246

双孢蘑菇 *Agaricus bisporus*（J. E. Lange）Imbach ···························· 1-247

蘑菇 *Agaricus campestris* L.: Fr. ·· 1-248

双环林地蘑菇 *Agaricus placomyces* Peck ··· 1-249

鳞伞属 *Phaeolepiota* Maire ex Konrad & Maubl ·· 1-250

　　金盖鳞伞 *Phaeolepiota aurea*（Matt.）Maire ·· 1-250

鬼伞科 Coprinaceae ·· 1-254

　　鬼伞属 *Coprinus* Pers. ex Gray ·· 1-254

　　墨汁鬼伞 *Coprinus atramentarius*（Bull.）Fr. ·· 1-254

　　毛头鬼伞 *Coprinus comatus*（O. F. Müll.）Pers. ·· 1-256

　　晶粒鬼伞 *Coprinus micaceus*（Bull.）Fr. ·· 1-258

　　绒白鬼伞 *Coprinus lagopus* Fr. ·· 1-260

　　褶纹鬼伞 *Coprinus plicatilis*（Curtis）Fr. ·· 1-261

粪锈伞科 Bolbitiaceae ·· 1-265

　　田头菇属 *Agrocybe* Fayod ·· 1-265

　　田头菇 *Agrocybe praecox*（Pers. : Fr.）Fayod ·· 1-265

球盖菇科 Strophariaceae ·· 1-268

　　韧伞属 *Naematoloma* Karst. ·· 1-268

　　簇生黄韧伞 *Naematoloma fasciculare*（Huds.）P. Karst. ·· 1-268

　　砖红韧伞 *Naematoloma sublateritium*（Fr.）Karst. ·· 1-270

　　库恩菌属 *Kuehneromyces* Singer & A. H. Sm. ·· 1-271

　　毛柄库恩菌 *Kuehneromyces mutabilis*（Schaeff.）Singer & A. H. Sm. ·· 1-271

　　环锈伞属 *Pholiota*（Fr.）P. Kumm. ·· 1-273

　　黄伞 *Pholiota adiposa*（Batsch）P. Kumm. ·· 1-273

　　黏盖环锈伞 *Pholiota lubrica*（Pers.）Singer ·· 1-275

　　黄褐环锈伞 *Pholiota spumosa*（Fr.）Sing. ·· 1-276

　　尖鳞环锈伞 *Pholiota squarrosoides*（Peck）Sacc. ·· 1-278

　　土生环锈伞 *Pholiota terrestris* Overh. ·· 1-280

丝膜菌科 Cortinariaceae ·· 1-284

　　罗鳞伞属 *Rozites* P. Karst. ·· 1-284

　　皱盖罗鳞伞 *Rozites caperatus*（Pers.）P. Karst. ·· 1-284

　　裸伞属 *Gymnopilus* Karst. ·· 1-286

　　橘黄裸伞 *Gymnopilus spectabilis*（Weinm.）A. H. ·· 1-286

粉褶菌科 Rhodophyllaceae ·· 1-290

　　粉褶菌属 *Rhodophyllus* Quél. ·· 1-290

　　斜盖粉褶菌 *Rhodophyllus abortivus*（Berk. & Curt.）Sing. ·· 1-290

　　臭粉褶菌 *Rhodophyllus nidorosus*（Fr.）Quél. ·· 1-292

　　毒粉褶菌 *Rhodophyllus sinuatus*（Bull.）Quél. ·· 1-293

网褶菌科 Paxillaceae ·· 1-296

　　网褶菌属 *Paxillus* Fr. ·· 1-296

　　卷边网褶菌 *Paxillus involutus*（Batsch）Fr. ·· 1-296

铆钉菇科 Gomphidiaceae ·· 1-300

　　铆钉菇属 *Chroogomphis* Fr. ·· 1-300

　　血红铆钉菇 *Chroogomphus rutilus*（Schaeff.）O. K. Mill. ·· 1-300

松塔牛肝菌科 Strobilomycetaceae ·· 1-304

　　松塔牛肝菌属 *Strobilomyces* Berk. ·· 1-304

　　松塔牛肝菌 *Strobilomyces strobilaceus*（Scop. : Fr.）Berk. ·· 1-304

牛肝菌科 Boletaceae ·· 1-308

　　小牛肝菌属 *Boletinus* Kalchbr ·· 1-308

　　空柄小牛肝菌 *Boletinus cavipes*（Klotzsch）Kal. ·· 1-308

　　小牛肝菌 *Boletinus paluster*（Peck）Peck ·· 1-310

　　牛肝菌属 *Boletus* Dill. ex Fr. ·· 1-312

美味牛肝菌 *Boletus edulis* Bull.: Fr. ································· 1-312

黏盖牛肝菌属 *Suillus* Michx ex Gray ································· 1-314

 厚环黏盖牛肝菌 *Suillus grevillei* （kl.）Sing. ················· 1-314

 灰环黏盖牛肝菌 *Suillus laricinus* （Berk.in Hook）O. Kuntze ······· 1-316

 褐环黏盖牛肝菌 *Suillus luteus* （L.）Roussel ················· 1-317

红菇科 Russulaceae ··· 1-320

 红菇属 *Russula* Pers. ··· 1-320

  黄斑红菇 *Russula aurata* Pers. ····························· 1-320

  花盖红菇 *Russula cyanoxantha* Schaeff. : Fr. ················· 1-322

  大白菇 *Russula delica* Fr. ································· 1-323

  密褶黑菇 *Russula densifolia* Secr. ex Gillet ················· 1-324

  毒红菇 *Russula emetica* （Schaeff.）Pers. ················· 1-325

  臭黄菇 *Russula foetens* Pers. : Fr. ························· 1-326

  拟臭黄菇 *Russula laurocerasi* Melzer ······················· 1-328

  红菇 *Russula lepida* Fr. ···································· 1-329

  菱红菇 *Russula vesca* Fr. ···································· 1-330

  绿菇 *Russula virescens* （Schaeff.）Fr. ····················· 1-331

 乳菇属 *Lactarius* Pers. ··· 1-332

  松乳菇 *Lactarius deliciosus* （L.: Fr.）Gray ················· 1-332

  毛头乳菇 *Lactarius torminosus* （Schaeff.）Pers. ············· 1-334

  辣乳菇 *Lactarius piperatus* （L.）Pers. ····················· 1-335

  亚绒白乳菇 *Lactarius subvellereus* Peck ····················· 1-336

  苍白乳菇 *Lactarius pallidus* Pers. ························· 1-337

  绒白乳菇 *Lactarius vellereus* （Fr.）Fr. ····················· 1-338

  多汁乳菇 *Lactarius volemus* Fr. ····························· 1-339

鸡油菌科 Cantharellaceae ··· 1-342

 鸡油菌属 *Cantharellus* Adans ex Гr. ····························· 1-342

  鸡油菌 *Cantharellus cibarius* Fr. ··························· 1-342

  小鸡油菌 *Cantharellus minor* Peck ··························· 1-344

珊瑚菌科 Clavariaceae ··· 1-346

 棒瑚菌属 *Clavariadelphus* Donk ································· 1-346

  棒瑚菌 *Clavariadelphus pistillaris* （L.）Donk ··············· 1-346

枝瑚菌科 Ramariaceae ··· 1-350

 枝瑚菌属 *Ramaria* Fr. ex Bonord. ································· 1-350

  尖顶枝瑚菌 *Ramaria apiculata* （Fr.）Donk ··················· 1-350

  金黄枝瑚菌 *Ramaria aurea* （Schaeff.）Quél. ················· 1-352

  粉红枝瑚菌 *Ramaria formosa* （Pers.: Fr.）Quél. ············· 1-353

韧革菌科 Stereaceae ··· 1-356

 韧革菌属 *Stereum* Pers. : Fr. ··································· 1-356

  丛片韧革菌 *Stereum frustulosum* （Pers.）Fr. ················· 1-356

  烟色韧革菌 *Stereum gausapatum* Fr. ························· 1-358

  毛韧革菌 *Stereum taxodii* Lentz et Mckay ··················· 1-359

绣球菌科 Sparassidaceae ··· 1-362

 绣球菌属 *Sparassis* Fr. ··· 1-362

  绣球菌 *Sparassis crispa* （Wulf.）Fr. ······················· 1-362

革菌科 Thelephoraceae ··· 1-366

 榆耳属 *Gloeostereum* S. Ito & S. Imai ··························· 1-366

  榆耳 *Gloeostereum incarnatum* S. Ito et Imai ················· 1-366

皱孔菌科 Meruliaceae ··· 1-370

　干朽菌属 *Gyrophana* Pat. ··· 1-370

　　干朽菌 *Gyrophana lacrymans* （Wulf. : Fr.）Pat. ································· 1-370

猴头菌科 Hericiaceae ·· 1-374

　猴头菌属 *Hericium* Pers. ex Fr. ·· 1-374

　　猴头菌 *Hericium erinaceum* （Bull. : Fr.）Pers. ······························· 1-374

　　珊瑚状猴头菌 *Hericium coralloides* （Scop.: Fr.）Pers. ex Gray ······· 1-377

　　假猴头菌 *Hericium laciniatum* （Leers）Banker ································· 1-379

多孔菌科 Polyporaceae ··· 1-382

　树花属 *Grifola* Gray ·· 1-382

　　灰树花 *Grifola frondosa*（Dicks.）Gray ··· 1-382

　　大刺孢树花 *Grifola gigantea* （Pers.）Pilát. ···································· 1-384

　　猪苓 *Grifola umbellatus* （Pers. : Fr.）Pilat. ···································· 1-385

　多孔菌属 *Polyporus* P. Micheli ·· 1-388

　　黑柄多孔菌 *Polyporus melanopus* （Pers.）Fr. ································· 1-388

　皮孔菌属 *Ischnoderma* Karst. ·· 1-390

　　皱皮孔菌 *Ischnoderma resinosum* （Schaeff. : Fr.）Karst. ··············· 1-390

　烟管菌属 *Bjerkandera* Karst. ··· 1-392

　　烟管菌 *Bjerkandera adusta* （Willd. : Fr.）Karst. ··························· 1-392

　　烟色烟管菌 *Bjerkandera fumosa* （Pers. : Fr.）Karst. ····················· 1-393

　硫黄菌属 *Laetiporus* Murrill ·· 1-394

　　硫黄菌 *Laetiporus sulphureus* （Bull. ex Fr.）Murrill ····················· 1-394

　迷孔菌属 *Daedalea* Pers. : Fr. ·· 1-398

　　肉色迷孔菌 *Daedalea dickinsii* Yasuda ··· 1-398

　拟迷孔菌属 *Daedaleopsis* J. Schröt ··· 1-399

　　三色拟迷孔菌 *Daedaleopsis tricolor* （Bull. : Fr.）Bond. et Sing. ····· 1-399

　暗孔菌属 *Phaeolus* （Pat.）Pat. ·· 1-401

　　栗褐暗孔菌 *Phaeolus schweinitzii* （Fr.）Pat. ·································· 1-401

　栓菌属 *Trametes* Fr. ·· 1-403

　　血红栓菌 *Trametes sanguinea* （Klotzsch）Pat. ······························ 1-403

　　偏肿栓菌 *Trametes gibbosa* （Pers.）Fr. ··· 1-405

　　皱褶栓菌 *Trametes corrugata* （Pers.）Bers. ··································· 1-406

　　东方栓菌 *Trametes orientalis* （Yasuda）Imaz. ······························· 1-407

　　香栓菌 *Trametes suaveolens* （L.）Fr. ·· 1-408

　　毛栓菌 *Trametes trogii* Berkeley ·· 1-409

　云芝属 *Coriolus* Quél. ··· 1-410

　　毛云芝 *Coriolus hirsutus* （Wulfen）Pat. ·· 1-410

　　鲑贝云芝 *Coriolus consors* （Berk.）Imaz. ····································· 1-412

　　云芝 *Coriolus versicolor* （L. : Fr.）Quél. ······································· 1-413

　革裥菌属 *Lenzites* Fr. ··· 1-416

　　桦褶孔菌 *Lenzites betulina* （L.）Fr. ·· 1-416

　滴孔菌属 *Piptoporus* Karst. ··· 1-418

　　桦剥管菌 *Piptoporus betulinus* （Bull.: Fr.）Karst. ························· 1-418

　隐孔菌属 *Cryptoporus* （Peck）Shear ·· 1-420

　　隐孔菌 *Cryptoporus volvatus* （Peck）Shear ····································· 1-420

　蜂窝菌属 *Hexagona* Poll. : Fr. ··· 1-422

　　毛蜂窝菌 *Hexagonia apiaria* （Pers.）Fr. ·· 1-422

　黄褐孔菌属 *Xanthochrous* Pat. ··· 1-423

粗毛黄褐孔菌 *Xanthochrous hispidus*（Bull.）Pat. ·················· 1-423

黏褶菌属 *Gleophyllum* Karst. ·················· 1-424

　篱边黏褶菌 *Gloeophyllum saepiarium*（Wulf.）Karst. ·················· 1-424

　密黏褶菌 *Gloeophyllum trabeum*（Pers.: Fr.）Murr. ·················· 1-425

大孔菌属 *Favolus* Fr. em Ames. ·················· 1-426

　大孔菌 *Favolus alveolaris*（Bosc）Quél. ·················· 1-426

　宽鳞大孔菌 *Favolus squamosus*（Huds.: Fr.）Ames. ·················· 1-427

卧孔菌属 *Poria* P. Browne ·················· 1-429

　茯苓 *Poria cocos* Wolf ·················· 1-429

层孔菌属 *Fomes*（Fr.）Fr. ·················· 1-431

　木蹄层孔菌 *Fomes fomentarius*（L.）Fr. ·················· 1-431

拟层孔菌属 *Fomitopsis* Karst. ·················· 1-434

　红缘拟层孔菌 *Fomitopsis pinicola*（Sw.: Fr.）Karst. ·················· 1-434

　药用拟层孔菌 *Fomitopsis officinalis*（Vill.: Fr.）Bond. ·················· 1-436

木层孔菌属 *Phellinus* Quél. ·················· 1-438

　火木层孔菌 *Phellinus igniarius*（L.: Fr）Quél. ·················· 1-438

　平滑木层孔菌 *Phellinus laevigatus*（P. Karst.）Bourdot & Galzin ·················· 1-440

　哈蒂木层孔菌 *Phellinus hartigii*（Allesch. et Schnabl.）Pat. ·················· 1-441

灵芝科 Ganodermataceae ·················· 1-444

灵芝属 *Ganoderma* Karst. ·················· 1-444

　树舌灵芝 *Ganoderma applanatum*（Pers.）Pat. ·················· 1-444

　　有柄树舌灵芝 var. *gibbosum*（Bl. ex Ness）Teng ·················· 1-446

　灵芝 *Ganoderma lucidum*（Curtis）P. Karst. ·················· 1-447

　松杉灵芝 *Ganoderma tsugae* Murr. ·················· 1-450

木耳科 Auriculariaceae ·················· 1-456

木耳属 *Auricularia* Bull. ex Meraf. ·················· 1-456

　木耳 *Auricularia auricula*（L. cx Hook.）Underwood ·················· 1-456

　毛木耳 *Auricularia polytricha*（Mont.）Sacc. ·················· 1-459

胶耳科 Exidiaceae ·················· 1-462

焰耳属 *Phlogiotis* Quél. ·················· 1-462

　焰耳 *Phlogiotis helvelloides*（DC.: Fr.）Martin ·················· 1-462

刺银耳属 *Pseudohydnum* P. Karst. ·················· 1-464

　虎掌刺银耳 *Pseudohydnum gelatinosum*（Scop.: Fr.）Karst. ·················· 1-464

银耳科 Tremellaceae ·················· 1-468

银耳属 *Tremella* Dill ex L. ·················· 1-468

　银耳 *Tremella fuciformis* Berk. ·················· 1-468

　茶色银耳 *Tremella foliacea* Pers. ·················· 1-470

　黄金银耳 *Tremella mesenterica* Retz. ex Fr. ·················· 1-472

花耳科 Dacrymycetaceae ·················· 1-476

花耳属 *Dacrymyces* Nees ·················· 1-476

　掌状花耳 *Dacrymyces palmatus*（Schus.）Bres. ·················· 1-476

黑粉菌科 Ustilaginaceae ·················· 1-481

黑粉菌属 *Ustilago*（Pers.）Rouss ·················· 1-481

　玉米黑粉菌 *Ustilago maydis*（DC.）Corda ·················· 1-481

鬼笔科 Phallaceae ·················· 1-484

蛇头菌属 *Mutinus* Fr. ·················· 1-484

　蛇头菌 *Mutinus caninus*（Huds.）Fr. ·················· 1-484

鬼笔属 *Phallus* Junius ex L. ·················· 1-486

黄鬼笔 *Phallus costatus* Batsch ································ 1-486

红鬼笔 *Phallus rubicundus* (Bosc.) Fr. ················· 1-487

白鬼笔 *Phallus impudicus* L. ···························· 1-489

竹荪属 *Dictyophora* Desv ································ 1-491

短裙竹荪 *Dictyophora duplicata* (Bosc.) Fischer ······· 1-491

笼头菌科 Secotiaceae ·································· 1-496

散尾鬼笔属 *Lysurus* Fr. ······························ 1-496

五棱散尾鬼笔 *Lysurus mokusin* (L. : Pers.) Fr. ······· 1-496

地星科 Geastraceae ·································· 1-500

地星属 *Geastrum* Pers. ······························ 1-500

尖顶地星 *Geastrum triplex* Jungh. ···················· 1-500

毛嘴地星 *Geastrum fimbriatum* Fr. ···················· 1-503

马勃科 Lycoperdaceae ································ 1-506

马勃属 *Lycoperdon* P. Micheli ······················· 1-506

网纹马勃 *Lycoperdon perlatum* Pers. ·················· 1-506

褐皮马勃 *Lycoperdon fuscum* Huds. ··················· 1-508

白鳞马勃 *Lycoperdon mammaeforme* Pers. ············· 1-509

梨形马勃 *Lycoperdon pyriforme* Schaeff. : Pers. ········ 1-510

秃马勃属 *Calvatia* Fr. ······························ 1-512

大秃马勃 *Calvatia gigantea* (Batsch : Fr.) Lolyd ······ 1-512

龟裂秃马勃 *Calvatia caelata* (Bull.) Morgan ········· 1-515

静灰球菌属 *Bovistella* Morg. ························ 1-516

大口静灰球菌 *Bovistella sinensis* Lloyd ··············· 1-516

灰球菌属 *Bovista* Pers. ····························· 1-518

铅色灰球菌 *Bovista plumbea* Pers. ··················· 1-518

硬皮地星科 Astraeaceae ······························ 1-522

硬皮地星属 *Astraeus* Morgan ························· 1-522

硬皮地星 *Astraeus hygrometricus* (Pers.) Morgan ······ 1-522

硬皮马勃科 Sclerodermataceae ························· 1-527

硬皮马勃属 *Scleroderma* Pers. ······················· 1-527

马勃状硬皮马勃 *Scleroderma areolatum* Ehrenb. ········ 1-527

鸟巢菌科 Nidulariaceae ······························ 1-531

黑蛋巢菌属 *Cyathus* Hallener : Pers. ················· 1-531

隆纹黑蛋巢菌 *Cyathus striatus* (Huds.) Willd. ········ 1-531

麦角菌科 Clavicipitaceae ····························· 1-534

虫草属 *Cordyceps* Fr. ······························ 1-534

蛹虫草 *Cordyceps militaris* (L.) Fr. ················· 1-534

半翅目虫草 *Cordyceps nutans* Pat. ··················· 1-537

蝉花 *Cordyceps sobolifera* (Hill ex Watson) Berk. & Broome ···· 1-539

球壳菌科 Sphaeriaceae ······························ 1-542

炭球菌属 *Daldinia* Ces. & De Not. ··················· 1-542

炭球菌 *Daldinia concentrica* (Bolt. : Fr.) Ces. & dr Not. ······ 1-542

胶陀螺科 Bulgariaceae ······························ 1-546

胶陀螺属 *Bulgaria* Fr. ······························ 1-546

胶陀螺 *Bulgaria inquinans* (Pers.) Fr. ··············· 1-546

盘菌科 Pezizaceae ·································· 1-552

盘菌属 *Peziza* L. ·································· 1-552

泡质盘菌 *Peziza vesiculosa* Bull. : Fr. ··············· 1-552

羊肚菌科 Morchellaceae ·· 1-556

  羊肚菌属 *Morchella* Dill ex Pers. ···························· 1-556

    羊肚菌 *Morchella esculenta*（L.）Pers.·················· 1-556

    黑脉羊肚菌 *Morchella angusticeps* Peck ·············· 1-558

    粗腿羊肚菌 *Morchella crassipes*（Vent.）Pers.······ 1-559

    尖顶羊肚菌 *Morchella conica* Fr.······················ 1-560

    普通羊肚菌 *Morchella vulgaris*（Pers.）Gray ········ 1-561

    小羊肚菌 *Morchella deliciosa* Fr.······················ 1-563

第十章　地衣植物 ·· 1-567

肺衣科 Lobariaceae ·· 1-570

  肺衣属 *Lobaria* Schrcb ··· 1-570

    裂芽肺衣 *Lobaria isidiosa*（Müll. Arg）Vain. ······ 1-570

石蕊科 Cladoniaceae··· 1-574

  鹿蕊属 *Cladina* P. Browne ···································· 1-574

    鹿蕊 *Cladina rangiferina*（L.）Nyl. ·················· 1-574

  石蕊属 *Cladonia* Hill. ··· 1-576

    细石蕊 *Cladonia gracilis*（L.）Willd. ················ 1-576

    雀石蕊 *Cladonia stellaris*（Opiz）Brodo. ··········· 1-577

珊瑚枝科 Stereocaulaceae ·· 1-580

  珊瑚枝属 *Stereocaulon* Schreb. ······························· 1-580

    东方珊瑚枝 *Stereocaulon paschale*（L.）Hoffm. ··· 1-580

石耳科 Umbilicariaceae ·· 1-584

  石耳属 *Umbilioaria* Hoffm. ···································· 1-584

    石耳 *Umbilioaria esculenta*（Miyashi）Minks. ······ 1-584

梅衣科 Cetrariaceae ··· 1-588

  冰岛衣属 *Cetraria* Ach. ··· 1-588

    冰岛衣 *Cetraria inlandica*（L.）Ach. ················· 1-588

  梅衣属 *Parmelia* Ach. ··· 1-590

    石梅衣 *Parmelia saxatilis*（L.）Ach. ················· 1-590

    皱梅衣 *Parmelia caperata*（L.）Ach. ················· 1-591

松萝科 Usneaceae·· 1-594

  松萝属 *Usnea* Wigg. ··· 1-594

    环裂松萝 *Usnea diffracta* Vain. ························· 1-594

    长松萝 *Usnea longissima* Ach. ·························· 1-595

    粗皮松萝 *Usnea montis-fuji* Mot. ······················ 1-597

地茶科 Siphulaceae ·· 1-600

  地茶属 *Thamnolia* Ach. ··· 1-600

    地茶 *Thamnolia vermicularis*（Sw.）Ach. ex Scheaer. ·· 1-600

    雪地茶 *Thamnolia subuliformis*（Ehrh.）W. culb.Brittonis ·· 1-602

第十一章　苔藓植物 ·· 1-607

泥炭藓科 Sphagnaceae ·· 1-610

  泥炭藓属 *Sphagnum* Ehrh. ······································ 1-610

    粗叶泥炭藓 *Sphagnum squqrrosum* Pers. ············ 1-610

葫芦藓科 Funanriaceae ·· 1-614

  葫芦藓属 *Funanria* Hedw. ······································ 1-614

    葫芦藓 *Funanria hygrometrica* Hedw. ··············· 1-614

提灯藓科 Mniaceae ·· 1-618

  提灯藓属 *Mnium* T. Kop.·· 1-618

尖叶提灯藓 *Mnium cuspidatum* Hedw. ·· 1-618

珠藓科 Bartramiaceae ··· 1-622

泽藓属 *Philonotis* Brid. ·· 1-622

泽藓 *Philonotis fontana*（Hedw.）Brid. ··· 1-622

万年藓科 Climaciaceae ··· 1-626

万年藓属 *Climacium* Web. et Mohr. ··· 1-626

万年藓 *Climacium dendroides*（Hedw.）Web. et Mohr. ·································· 1-626

羽藓科 Thuidiaceae ··· 1-631

小羽藓属 *Haplocladium*（C. Muell.）C. Muell ·· 1-631

细叶小羽藓 *Haplocladium microphyllum*（Hedw.）Broth. ······························ 1-631

金发藓科 Polytrichaceae ··· 1-634

小金发藓属 *Pogonatum* P. Beauv. ··· 1-634

东亚小金发藓 *Pogonatum inflexum*（Lindb.）Lac. ······································ 1-634

金发藓属 *Polytrichum* Hedw. ·· 1-636

金发藓 *Polytrichum commune* Hedw. ·· 1-636

蛇苔科 Conocephalaceae ··· 1-640

蛇苔属 *Conocephalum* Webet ·· 1-640

蛇苔 *Conocephalum conicum*（L.）Dumortier ··· 1-640

地钱科 Marchaniaceae ··· 1-644

地钱属 *Marchantia* L. ·· 1-644

地钱 *Marchantia polymorpha* L. ·· 1-644

第十二章　蕨类植物 ··· 2-001

石杉科 Huperziaceae ··· 2-004

石杉属 *Huperzia* Bernb. ·· 2-004

蛇足石杉 *Huperzia serrata*（Thunb. ex Murray）Trev. ·································· 2-004

东北石杉 *Huperzia miyoshiana*（Makino）Ching ·· 2-006

小杉兰 *Huperzia selago*（L.）Bernh. ex Schrank et Mart. ···························· 2-007

石松科 Lycopodiaceae ·· 2-010

扁枝石松属 *Diphasiastrum* Holub ·· 2-010

高山扁枝石松 *Diphasiastrum alpinum*（L.）Holub ······································ 2-010

扁枝石松 *Diphasiastrum complanatum*（L.）Holub ······································ 2-012

石松属 *Lycopodium* L. ·· 2-014

多穗石松 *Lycopodium annotinum* L. ·· 2-014

东北石松 *Lycopodium clavatum* L. ··· 2-016

玉柏 *Lycopodium obscurum* L. ·· 2-019

笔直石松 f. *strictum*（Milde）Nakai et Hara ··· 2-020

卷柏科 Selaginellaceae ··· 2-024

卷柏属 *Selaginella* Beauv. ··· 2-024

红枝卷柏 *Selaginella sanguinolenta*（L.）Spring ·· 2-024

旱生卷柏 *Selaginella stautoniana* Spring ·· 2-025

鹿角卷柏 *Selaginella rossii*（Baker）Warbr. ··· 2-026

中华卷柏 *Selaginella sinensis*（Desv.）Spring ··· 2-027

蔓出卷柏 *Selaginella davidii* Franch. ·· 2-028

卷柏 *Selaginella tamariscina*（P. Beauv.）Spring ·· 2-029

木贼科 Equisetaceae ·· 2-034

木贼属 *Equisetum* L. ·· 2-034

草问荆 *Equisetum pratense* Ehrhart ··· 2-034

林木贼 *Equisetum sylvaticum* L. ·· 2-035

问荆 *Equisetum arvense* L. ·············· 2-037

溪木贼 *Equisetum palustre* L. ·············· 2-040

木贼 *Equisetum hyemale* L. ·············· 2-043

节节草 *Equisetum ramosissimum* Desf. ·············· 2-046

阴地蕨科 Botrychiaceae ·············· 2-050

阴地蕨属 *Sahashia* Sw. ·············· 2-050

劲直阴地蕨 *Sahashia stricta* （Underw.）Li Bing Zhang & Liang Zhang ·············· 2-050

瓶尔小草科 Ophioglossaceae ·············· 2-056

瓶尔小草属 *Ophioglossum* L. ·············· 2-056

瓶尔小草 *Ophioglossum vulgatum* L. ·············· 2-056

狭叶瓶尔小草 *Ophioglossum thermale* Kom. ·············· 2-059

紫萁科 Osmundaceae ·············· 2-062

紫萁属 *Osmunda* L. ·············· 2-062

分株紫萁 *Osmunda cinnamomea* L. ·············· 2-062

绒紫萁 *Osmunda claytoniana* L. ·············· 2-065

碗蕨科 Dennstaedtiaceae ·············· 2-070

碗蕨属 *Dennstaedtia* Bernh. ·············· 2-070

细毛碗蕨 *Dennstaedtia pilosella* （Hook.）Ching ·············· 2-070

溪洞碗蕨 *Dennstaedtia wilfordii* （Moore）Christ ·············· 2-071

蕨科 Pteridiaceae ·············· 2-074

蕨属 *Pteridium* Scop. ·············· 2-074

蕨 *Pteridium aquilinum* （L.）Kuhn var. *latiusculum* （Desv.）Underw. ex Heller ·············· 2-074

中国蕨科 Sinopteridaceae ·············· 2-080

粉背蕨属 *Aleuritopteris* Fee ·············· 2-080

银粉背蕨 *Aleuritopteris argentea* （Gmel.）Fee ·············· 2-080

无银粉背蕨 var. *obscum* （Christ）Ching ·············· 2-081

薄鳞蕨属 *Leptolepidium* Hsing et S. K. Wu ·············· 2-083

华北薄鳞蕨 *Leptolepidium kuhnii* （Milde）Hsing et S. K. Wu. ·············· 2-083

铁线蕨科 Adiantaceae ·············· 2-084

铁线蕨属 *Adiantum* L. ·············· 2-084

掌叶铁线蕨 *Adiantum pedatum* L. ·············· 2-084

裸子蕨科 Hemionitidaceae ·············· 2-088

凤丫蕨属 *Coniogramme* Fee ·············· 2-088

尖齿凤丫蕨 *Coniogramme affinis* Hieron. ·············· 2-088

无毛凤丫蕨 *Coniogramme intermedia* Hieron. var. *glabra* Ching ·············· 2-090

蹄盖蕨科 Athyriaceae ·············· 2-094

短肠蕨属 *Allantodia* R. Br. ·············· 2-094

黑鳞短肠蕨 *Allantodia crenata* （Sommerf.）Ching ·············· 2-094

蹄盖蕨属 *Athyrium* Roth. ·············· 2-095

日本蹄盖蕨 *Athyrium nipponicum* （Mett.）Hance ·············· 2-095

东北蹄盖蕨 *Athyrium brevifrons* Nakai ex Kitag. ·············· 2-096

禾秆蹄盖蕨 *Athyrium yokoscense* （Franch. et Sav.）Christ ·············· 2-098

蛾眉蕨属 *Lunathyrium* Koidz. ·············· 2-100

东北蛾眉蕨 *Lunathyrium pycnosorum* （Christ）Koidz. ·············· 2-100

新蹄盖蕨属 *Cornopteris* Nakai ·············· 2-102

新蹄盖蕨 *Cornopteris crenulatoserrulata* （Makino）Nakai ·············· 2-102

金星蕨科 Thelypteridaceae ·············· 2-106

沼泽蕨属 *Thelypteris* Schmidel ·············· 2-106

沼泽蕨 *Thelypteris palustris* Schott ································ 2-106

　毛叶沼泽蕨 var. *pubescens*（Lawson）Fernald ··············· 2-107

铁角蕨科 Aspleniaceae ·· 2-110

　铁角蕨属 *Asplenium* L. ·· 2-110

　　北京铁角蕨 *Asplenium pekinense* Hance ····················· 2-110

　过山蕨属 *Camptosorus* Link ·· 2-112

　　过山蕨 *Camptosorus sibiricus* Rupr. ························· 2-112

　对开蕨属 *Phyllitis* Hill ··· 2-115

　　对开蕨 *Phyllitis scolopendrium*（L.）Newm. ··············· 2-115

球子蕨科 Onocleaceae ·· 2-120

　荚果蕨属 *Matteuccia* Todaro ······································· 2-120

　　东方荚果蕨 *Matteuccia orientalis*（Hook.）Trev. ··········· 2-120

　　荚果蕨 *Matteuccia struthiopteris*（L.）Todaro ············· 2-121

　球子蕨属 *Onoclea* L. ·· 2-124

　　球子蕨 *Onoclea sensibilis* L. ································· 2-124

岩蕨科 Woodsiaceae ·· 2-128

　二羽岩蕨属 *Physematium* Kaulf. ··································· 2-128

　　膀胱蕨 *Physematium manchuriense*（Hook.）Nakai ·········· 2-128

　岩蕨属 *Woodsia* R. Br. ··· 2-130

　　岩蕨 *Woodsia ilvensis*（L.）R. Br. ························· 2-130

　　耳羽岩蕨 *Woodsia polystichoides* Eaton ····················· 2-131

鳞毛蕨科 Dryopteridaceae ·· 2-134

　贯众属 *Cyrtomium* Presl ·· 2-134

　　全缘贯众 *Cyrtomium falcatum*（L. f.）Presl ················ 2-134

　鳞毛蕨属 *Dryopteris* Adanson ······································ 2-135

　　粗茎鳞毛蕨 *Dryopteris crassirhizoma* Nakai ················· 2-135

　　香鳞毛蕨 *Dryopterisfragrans*（L.）Schott ················· 2-138

　　中华鳞毛蕨 *Dryopteris chinensis*（Bak.）Koidz. ············ 2-140

　　广布鳞毛蕨 *Dryopteris expansa*（C. Presl）Fraser-Jenk. & Jermy ··· 2-141

　　华北鳞毛蕨 *Dryopteris goeringiana*（Kuntze）Koidz. ········ 2-142

　耳蕨属 *Polystichum* Roth. ·· 2-143

　　鞭叶耳蕨 *Polystichum craspedosorum*（Maxim.）Diels ······· 2-143

　　布朗耳蕨 *Polystichum braunii*（Spenn.）Fee ················ 2-144

　　戟叶耳蕨 *Polystichum tripteron*（Kuntze）Presl ············ 2-146

骨碎补科 Davalliaceae ··· 2-152

　骨碎补属 *Davallia* Sm. ··· 2-152

　　骨碎补 *Davallia trichomanoides* Blume ······················ 2-152

水龙骨科 Polypodiaceae ··· 2-154

　瓦韦属 *Lepisorus*（J. Smith）Ching ······························ 2-154

　　乌苏里瓦韦 *Lepisorus ussuriensis*（Regel et Maack）Ching ··· 2-154

　假瘤蕨属 *Phymatopteris* Pic. Serm. ······························ 2-157

　　金鸡脚假瘤蕨 *Phymatopteris hastata*（Thunb.）Pic. Serm. ··· 2-157

　多足蕨属 *Polypodium* L. ·· 2-159

　　东北多足蕨 *Polypodium sibiricum* Sipliv. ··················· 2-159

　石韦属 *Pyrrosia* Mirbel ··· 2-161

　　有柄石韦 *Pyrrosia petiolosa*（Christ）Ching ················ 2-161

　　华北石韦 *Pyrrosia davidii*（Baker）Ching ·················· 2-165

　　线叶石韦 *Pyrrosia linearifolia*（Hook.）Ching ············· 2-167

苹科 Marsileaceae ·· 2-170

　苹属 *Marsilea* L. ·· 2-170

　　苹 *Marsilea quadrifolia* L. ·································· 2-170

槐叶苹科 Salviniaceae ··· 2-174

　槐叶苹属 *Salvinia* Adans. ······································ 2-174

　　槐叶苹 *Salvinia natans*（L.）All. ······················ 2-174

满江红科 Azollaceae ··· 2-178

　满江红属 *Azolla* Lam. ·· 2-178

　　满江红 *Azolla pinnata* subsp. *asiatica* R. M. K. Saunders & K. Fowler ·· 2-178

第十三章　裸子植物 ··· 2-181

松科 Pinaceae ··· 2-184

　冷杉属 *Abies* Mill. ··· 2-184

　　杉松 *Abies holophylia* Maxim. ···························· 2-184

　　臭冷杉 *Abies nephrolepis*（Trautv.）Maxim. ············ 2-187

　落叶松属 *Larix* Mill. ·· 2-191

　　落叶松 *Larix gmelinii*（Rupr.）Kuzen. ·················· 2-191

　　黄花落叶松 *Larix olgensis* Henry ························· 2-195

　　　绿果黄花落叶松 f. *viridis*（Wils.）Nakai ·············· 2-197

　　华北落叶松 *Larix gmelinii* var. *principis-rupprechtii*（Mayr）Pilg. ·· 2-198

　云杉属 *Picea* Dietr. ·· 2-201

　　白扦 *Picea meyeri* Rehd. et Wils. ························· 2-201

　　长白鱼鳞云杉 *Picea jezoensis* Carr. var. *komarovii*（V. Vassil.）Cheng et L. K. Fu ·· 2-204

　　红皮云杉 *Picea koraiensis* Nakai ························· 2-208

　松属 *Pinus* L. ·· 2-213

　　红松 *Pinus koraiensis* Sieb. et Zucc. ···················· 2-213

　　新疆五针松 *Pinus sibirica* Du Tour ····················· 2-220

　　樟子松 *Pinus sylvestris* L. var. *mongolica* Litv. ········ 2-224

　　油松 *Pinus tabulaeformis* Carr. ·························· 2-230

　　偃松 *Pinus pumilla*（Pall.）Regel ······················· 2-235

　　赤松 *Pinus densiflora* Sieb. et Zucc. ···················· 2-239

　　长白松 *Pinus syivestris* L. var. *sylvestriformis*（Takenouchi）Cheng et C. D. Chu ·· 2-242

柏科 Cupressaceae ··· 2-248

　刺柏属 *Juniperus* L. ··· 2-248

　　杜松 *Juniperus rigida* Sieb. et Zucc. ···················· 2-248

　　西伯利亚刺柏 *Juniperus sibirica* Burgsd. ················ 2-252

　　兴安圆柏 *Juniperus sabina* var. *davurica*（Pall.）Farjon ·· 2-254

　侧柏属 *Platycladus* Spach ······································ 2-256

　　侧柏 *Platycladus orientalis*（L.）Franco ················· 2-256

　崖柏属 *Thuja* L. ··· 2-262

　　朝鲜崖柏 *Thuja koraiensis* Nakai ························· 2-262

红豆杉科 Taxaceae ·· 2-266

　红豆杉属 *Taxus* L. ··· 2-266

　　东北红豆杉 *Taxus cuspidata* Sieb. et Zucc. ·············· 2-266

麻黄科 Ephedraceae ··· 2-272

　麻黄属 *Ephedra* Tourn ex L. ·································· 2-272

　　中麻黄 *Ephedra intermedia* Schrenk ex Mey. ············ 2-272

　　草麻黄 *Ephedra sinica* Stapf ······························ 2-273

　　单子麻黄 *Ephedra monosperma* Gmel. ex Mey. ·········· 2-276

木贼麻黄 *Ephedra equisetina* Bge. ·· 2-277

第十四章 被子植物 ··· 2-281

胡桃科 Juglandaceae ··· 2-284

胡桃属 *Juglans* L. ·· 2-284

胡桃楸 *Juglans mandshurica* Maxim. ···················· 2-284

枫杨属 *Pterocarya* Kunth. ·· 2-291

枫杨 *Pterocarya stenoptera* C. DC. ····················· 2-291

杨柳科 Salicaceae ·· 2-296

钻天柳属 *Chosenia* Nakai ·· 2-296

钻天柳 *Chosenia arbutifolia*（Pall.）A. Skv. ·········· 2-296

杨属 *Populus* L. ·· 2-299

香杨 *Populus koreana* Rehd. ······························ 2-299

山杨 *Populus davidiana* Dode ····························· 2-301

小青杨 *Populus pseudo-simonii* Kitag. ·················· 2-307

小叶杨 *Populus simonii* Carr. ····························· 2-309

柳属 *Salix* L. ·· 2-312

五蕊柳 *Salix pentandra* L. ································· 2-312

旱柳 *Salix matsudana* Koidz. ····························· 2-315

旱垂柳 var. *pseudo-matsudana*（Y. L. Chou et Skv.）Y. L. ·· 2-316

龙爪柳 f. *tortuosa*（Vilm.）Rehd. ····················· 2-316

垂柳 *Salix babylonica* L. ································· 2-317

大黄柳 *Salix raddeana* Laksch. ·························· 2-320

粉枝柳 *Salix rorida* Laksch. ····························· 2-322

蒿柳 *Salix viminalis* L. ································· 2-324

细叶蒿柳 var. *angustifolia* Turcz. ····················· 2-325

细柱柳 *Salix gracilistyla* Miq. ·························· 2-326

筐柳 *Salix linearistipularis*（Franch.）Hao ··········· 2-328

桦木科 Batulaceae ·· 2-330

桤木属 *Alnus* Mill. ··· 2-330

日本桤木 *Alnus japonica*（Thunb.）Steud. ············ 2-330

辽东桤木 *Alnus hirsuta* Turcz. ·························· 2-332

东北桤木 *Alnus mandshurica*（Callier）Hand. - Mazz. ·· 2-336

桦属 *Betula* L. ·· 2-339

红桦 *Betula albosinensis* Burk. ·························· 2-339

白桦 *Betula platyphylla* Suk. ····························· 2-341

黑桦 *Betula dahurica* Pall. ································· 2-348

岳桦 *Betula ermanii* Cham. ······························ 2-350

坚桦 *Betula chinensis* Maxim. ···························· 2-354

鹅耳枥属 *Carpinus* L. ··· 2-357

鹅耳枥 *Carpinus turczaninowii* Hance ·················· 2-357

千金榆 *Carpinus cordata* Bl. ····························· 2-359

榛属 *Corylus* L. ·· 2-362

榛 *Corylus heterophylla* Fisch. ex Trautv. ············· 2-362

毛榛 *Corylus mandshurica* Maxim. et Rupr. ·········· 2-366

短苞毛榛 f. *brevituba*（Kom.）Kitag. ··················· 2-367

虎榛子属 *Ostryopsis* Decne. ····································· 2-369

虎榛子 *Ostryopsis davidiana* Decne. ···················· 2-369

壳斗科 Fagaceae ··· 2-374

栗属 *Castanea* Mill. 2-374

栗 *Castanea mollissima* Bl. 2-374

栎属 *Quercus* L. 2-377

麻栎 *Quercus acutissima* Carruth. 2-377

槲栎 *Quercus aliena* Bl. 2-379

蒙古栎 *Quercus mongolica* Fisch. ex Ledeb. 2-381

枹栎 *Quercus serrata* Thunb. 2-386

槲树 *Quercus dentata* Thunb. 2-388

辽东栎 *Quercus wutaishanica* Mayr 2-391

栓皮栎 *Quercus variabilis* Bl. 2-393

榆科 Ulmaceae 2-398

朴属 *Celtis* L. 2-398

大叶朴 *Celtis koraiersis* Nakai 2-398

黑弹树 *Celtis bungeana* Bl. 2-400

刺榆属 *Hemiptelea* Planch. 2-402

刺榆 *Hemiptelea davidii*（Hance）Planch. 2-402

青檀属 *Pteroceltis* Maxim. 2-404

青檀 *Pteroceltis tatarinowii* Maxim. 2-404

榆属 *Ulmus* L. 2-405

裂叶榆 *Ulmus laciniata*（Trautv.）Mayr. 2-405

榆树 *Ulmus pumila* L. 2-407

旱榆 *Ulmus glaucescens* Franch. 2-409

大果榆 *Ulmus macrocarpa* Hance 2-411

蒙古黄榆 var. *mongolica* Lion et Li 2-413

黑榆 *Ulmus davidiana* Planch. 2-414

春榆 *Ulmus davidiana* Planch. var. *japonica*（Rehd.）Nakai 2-415

桑科 Morlaceae 2-420

构属 *Broussonetia* L'Hert. ex Vent. 2-420

构树 *Broussonetia papyifera*（L.）L'Hert. ex Vent. 2-420

大麻属 *Cannabis* L. 2-423

大麻 *Cannabis sativa* L. 2-423

葎草属 *Humulus* L. 2-426

葎草 *Humulus scandens*（Lour.）Merr. 2-426

桑属 *Morus* L. 2-429

蒙桑 *Morus mongolica*（Bur.）Schneid. 2-429

桑 *Morus alba* L. 2-432

鸡桑 *Morus australis* Poir. 2-436

荨麻科 Urticaceae 2-438

苎麻属 *Boehmeria* Jacq. 2-438

细野麻 *Boehmeria spicata*（Thunb.）Thunb. 2-438

蝎子草属 *Girardinia* Gaud. 2-440

蝎子草 *Girardinia diversifolia* subsp. *suborbiculata*（C. J. Chen）C. J. Chen et Friis 2-440

艾麻属 *Laportea* Gaudich. 2-442

珠芽艾麻 *Laportea bulbifera*（Sieb. et Zucc.）Wedd. 2-442

墙草属 *Parietaria* L. 2-445

墙草 *Parietaria micrantha* Ledeb. 2-445

冷水花属 *Pilea* Lindl. 2-447

矮冷水花 *Pilea peploides*（Gaudich.）Hook. et Arn. 2-447

山冷水花 *Pilea japonica*（Maxim.）Hand. -Mazz. ·········· 2-448

透茎冷水花 *Pilea pumila*（L.）A. Gray ·········· 2-450

荫地冷水花 var. *hamaoi*（Makino）C. J. Chen ·········· 2-451

荨麻属 *Urtica* L. ·········· 2-452

麻叶荨麻 *Urtica cannabina* L. ·········· 2-452

宽叶荨麻 *Urtica laetevirens* Maxim. ·········· 2-455

狭叶荨麻 *Urtica angustifolia* Fisch. ex Hornem. ·········· 2-456

檀香科 Santalaceae ·········· 2-462

百蕊草属 *Thesium* L. ·········· 2-462

百蕊草 *Thesium chinense* Turcz. ·········· 2-462

长梗百蕊草 var. *longipidunculatum* Y. C. Chu ·········· 2-463

桑寄生科 Loranthaceae ·········· 2-466

桑寄生属 *Loranthus* Jacq. ·········· 2-466

北桑寄生 *Loranthus tanakae* Franch. et Sav. ·········· 2-466

槲寄生属 *Viscum* L. ·········· 2-468

槲寄生 *Viscum coloratum*（Kom.）Nakai ·········· 2-468

蓼科 Polygonaceae ·········· 2-474

木蓼属 *Atraphaxis* L. ·········· 2-474

东北木蓼 *Atraphaxis mandshurica* Kitag. ·········· 2-474

沙拐枣属 *Calligonum* L. ·········· 2-476

沙拐枣 *Calligonum mongolicum* Turcz. ·········· 2-476

荞麦属 *Fagopyrum* Gaertn. ·········· 2-478

荞麦 *Fagopyrum esculentum* Moench ·········· 2-478

苦荞麦 *Fagopyrum tataricum*（L.）Gaertn. ·········· 2-480

何首乌属 *Fallopia* Adans. ·········· 2-482

卷茎蓼 *Fallopia convolvulus*（L.）A. Love ·········· 2-482

齿翅蓼 *Fallopia dentato-alata*（F. Schm）Holub ·········· 2-484

山蓼属 *Oxyria* Hill. ·········· 2-486

山蓼 *Oxyria digyna*（L.）Hill. ·········· 2-486

蓼属 *Polygonum* L. ·········· 2-488

萹蓄 *Polygonum aviculare* L. ·········· 2-488

尼泊尔蓼 *Polygonum nepalense* Meisn. ·········· 2-491

两栖蓼 *Polygonum amphibium* L. ·········· 2-493

红蓼 *Polygonum orientale* L. ·········· 2-495

春蓼 *Polygonum persicaria* L. ·········· 2-498

香蓼 *Polygonum viscosum* Buch.-Ham. ex D. Don ·········· 2-501

酸模叶蓼 *Polygonum lapathifolium* L. ·········· 2-503

水蓼 *Polygonum hydropiper* L. ·········· 2-506

西伯利亚蓼 *Polygonum sibiricum* Laxm. ·········· 2-508

白山蓼 *Polygonum ocreatum* L. ·········· 2-510

叉分蓼 *Polygonum divaricatum* L. ·········· 2-511

珠芽蓼 *Polygonum viviparum* L. ·········· 2-514

拳参 *Polygonum bistorta* L. ·········· 2-516

太平洋蓼 *Polygonum pacificum* V. Petr. ex Kom. ·········· 2-518

倒根蓼 *Polygonum ochotense* V. Petr. ·········· 2-520

耳叶蓼 *Polygonum manshuriense* V. Petr. ex Kom. ·········· 2-522

杠板归 *Polygonum perfoliatum* L. ·········· 2-524

刺蓼 *Polygonum senticosum*（Meisn.）Franch. et Sav. ·········· 2-528

箭叶蓼 *Polygonum sieboldii* Meisn. ⋯⋯⋯⋯⋯⋯⋯⋯⋯⋯⋯⋯⋯⋯⋯⋯⋯⋯⋯⋯⋯⋯⋯ 2-530
稀花蓼 *Polygonum dissitiflorum* Hemsl ⋯⋯⋯⋯⋯⋯⋯⋯⋯⋯⋯⋯⋯⋯⋯⋯⋯⋯⋯⋯⋯ 2-533
戟叶蓼 *Polygonum thunbergii* Sieb. et Zucc. ⋯⋯⋯⋯⋯⋯⋯⋯⋯⋯⋯⋯⋯⋯⋯⋯⋯⋯ 2-535
虎杖属 *Reynoutria* Houtt. ⋯⋯⋯⋯⋯⋯⋯⋯⋯⋯⋯⋯⋯⋯⋯⋯⋯⋯⋯⋯⋯⋯⋯⋯⋯⋯⋯⋯⋯ 2-538
虎杖 *Reynoutria japonica* Houtt. ⋯⋯⋯⋯⋯⋯⋯⋯⋯⋯⋯⋯⋯⋯⋯⋯⋯⋯⋯⋯⋯⋯⋯⋯ 2-538
大黄属 *Rheum* L. ⋯⋯⋯⋯⋯⋯⋯⋯⋯⋯⋯⋯⋯⋯⋯⋯⋯⋯⋯⋯⋯⋯⋯⋯⋯⋯⋯⋯⋯⋯⋯⋯⋯⋯ 2-539
波叶大黄 *Rheum rhabarbarum* L. ⋯⋯⋯⋯⋯⋯⋯⋯⋯⋯⋯⋯⋯⋯⋯⋯⋯⋯⋯⋯⋯⋯⋯⋯ 2-539
华北大黄 *Rheum franzenbachii* Munt. ⋯⋯⋯⋯⋯⋯⋯⋯⋯⋯⋯⋯⋯⋯⋯⋯⋯⋯⋯⋯⋯⋯ 2-542
酸模属 *Rumex* L. ⋯⋯⋯⋯⋯⋯⋯⋯⋯⋯⋯⋯⋯⋯⋯⋯⋯⋯⋯⋯⋯⋯⋯⋯⋯⋯⋯⋯⋯⋯⋯⋯⋯⋯ 2-544
酸模 *Rumex acetosa* L. ⋯⋯⋯⋯⋯⋯⋯⋯⋯⋯⋯⋯⋯⋯⋯⋯⋯⋯⋯⋯⋯⋯⋯⋯⋯⋯⋯⋯⋯ 2-544
毛脉酸模 *Rumex gmelinii* Turcz. ex Ledeb. ⋯⋯⋯⋯⋯⋯⋯⋯⋯⋯⋯⋯⋯⋯⋯⋯⋯⋯ 2-547
皱叶酸模 *Rumex crispus* L. ⋯⋯⋯⋯⋯⋯⋯⋯⋯⋯⋯⋯⋯⋯⋯⋯⋯⋯⋯⋯⋯⋯⋯⋯⋯⋯ 2-549
巴天酸模 *Rumex patientia* L. ⋯⋯⋯⋯⋯⋯⋯⋯⋯⋯⋯⋯⋯⋯⋯⋯⋯⋯⋯⋯⋯⋯⋯⋯⋯ 2-552
刺酸模 *Rumex maritimus* L. ⋯⋯⋯⋯⋯⋯⋯⋯⋯⋯⋯⋯⋯⋯⋯⋯⋯⋯⋯⋯⋯⋯⋯⋯⋯⋯ 2-554
商陆科 Phytolaccaceae ⋯⋯⋯⋯⋯⋯⋯⋯⋯⋯⋯⋯⋯⋯⋯⋯⋯⋯⋯⋯⋯⋯⋯⋯⋯⋯⋯⋯⋯⋯⋯ 2-558
商陆属 *Phytolacca* L. ⋯⋯⋯⋯⋯⋯⋯⋯⋯⋯⋯⋯⋯⋯⋯⋯⋯⋯⋯⋯⋯⋯⋯⋯⋯⋯⋯⋯⋯⋯ 2-558
商陆 *Phytolacca acinosa* Roxb. ⋯⋯⋯⋯⋯⋯⋯⋯⋯⋯⋯⋯⋯⋯⋯⋯⋯⋯⋯⋯⋯⋯⋯⋯ 2-558
马齿苋科 Portulacaceae ⋯⋯⋯⋯⋯⋯⋯⋯⋯⋯⋯⋯⋯⋯⋯⋯⋯⋯⋯⋯⋯⋯⋯⋯⋯⋯⋯⋯⋯⋯ 2-564
马齿苋属 *Portulaca* L. ⋯⋯⋯⋯⋯⋯⋯⋯⋯⋯⋯⋯⋯⋯⋯⋯⋯⋯⋯⋯⋯⋯⋯⋯⋯⋯⋯⋯⋯ 2-564
马齿苋 *Portulaca oleracea* L. ⋯⋯⋯⋯⋯⋯⋯⋯⋯⋯⋯⋯⋯⋯⋯⋯⋯⋯⋯⋯⋯⋯⋯⋯⋯ 2-564
石竹科 Caryophyllaceae ⋯⋯⋯⋯⋯⋯⋯⋯⋯⋯⋯⋯⋯⋯⋯⋯⋯⋯⋯⋯⋯⋯⋯⋯⋯⋯⋯⋯⋯ 2-568
拟漆姑属 *Spergularia*（Pers.）J et C. Presl ⋯⋯⋯⋯⋯⋯⋯⋯⋯⋯⋯⋯⋯⋯⋯⋯⋯ 2-568
拟漆姑 *Spergularia salina* J. et C. Presl ⋯⋯⋯⋯⋯⋯⋯⋯⋯⋯⋯⋯⋯⋯⋯⋯⋯ 2-568
无心菜属 *Arenaria* L. ⋯⋯⋯⋯⋯⋯⋯⋯⋯⋯⋯⋯⋯⋯⋯⋯⋯⋯⋯⋯⋯⋯⋯⋯⋯⋯⋯⋯⋯ 2-570
无心菜 *Arenaria serpyllifolia* L. ⋯⋯⋯⋯⋯⋯⋯⋯⋯⋯⋯⋯⋯⋯⋯⋯⋯⋯⋯⋯⋯⋯⋯ 2-570
老牛筋 *Arenaria juncea* M. Bieb. ⋯⋯⋯⋯⋯⋯⋯⋯⋯⋯⋯⋯⋯⋯⋯⋯⋯⋯⋯⋯⋯⋯ 2-572
毛叶蚤缀 *Arenaria capillaris* Poir. ⋯⋯⋯⋯⋯⋯⋯⋯⋯⋯⋯⋯⋯⋯⋯⋯⋯⋯⋯⋯⋯ 2-574
卷耳属 *Cerastium* L. ⋯⋯⋯⋯⋯⋯⋯⋯⋯⋯⋯⋯⋯⋯⋯⋯⋯⋯⋯⋯⋯⋯⋯⋯⋯⋯⋯⋯⋯ 2-576
毛蕊卷耳 *Cerastium pauciflorum* Stev. ex Ser. var. *oxalidiflorum*（Makino）Ohwi ⋯⋯ 2-576
簇生卷耳 *Cerastium fontanum* Baumg. subsp. *vulgare*（Hartman）Greuter & Burdet ⋯⋯⋯ 2-578
六齿卷耳 *Cerastium cerastoides*（L.）Britt. ⋯⋯⋯⋯⋯⋯⋯⋯⋯⋯⋯⋯⋯⋯⋯⋯ 2-580
卷耳 *Cerastium arvense* L. ⋯⋯⋯⋯⋯⋯⋯⋯⋯⋯⋯⋯⋯⋯⋯⋯⋯⋯⋯⋯⋯⋯⋯⋯⋯ 2-582
鹅肠菜属 *Malachium* Fries ⋯⋯⋯⋯⋯⋯⋯⋯⋯⋯⋯⋯⋯⋯⋯⋯⋯⋯⋯⋯⋯⋯⋯⋯⋯⋯ 2-584
鹅肠菜 *Myosoton aquaticum*（L.）Moench ⋯⋯⋯⋯⋯⋯⋯⋯⋯⋯⋯⋯⋯⋯⋯⋯⋯ 2-584
种阜草属 *Moehringia* L. ⋯⋯⋯⋯⋯⋯⋯⋯⋯⋯⋯⋯⋯⋯⋯⋯⋯⋯⋯⋯⋯⋯⋯⋯⋯⋯⋯ 2-586
种阜草 *Moehringia lateriflora*（L.）Fenzl ⋯⋯⋯⋯⋯⋯⋯⋯⋯⋯⋯⋯⋯⋯⋯⋯⋯ 2-586
孩儿参属 *Pseudostellaria* Pax ⋯⋯⋯⋯⋯⋯⋯⋯⋯⋯⋯⋯⋯⋯⋯⋯⋯⋯⋯⋯⋯⋯⋯⋯ 2-589
细叶孩儿参 *Pseudostellaria sylvatica*（Maxim.）Pax ⋯⋯⋯⋯⋯⋯⋯⋯⋯⋯⋯ 2-589
蔓孩儿参 *Pseudostellaria davidii*（Franch.）Pax ⋯⋯⋯⋯⋯⋯⋯⋯⋯⋯⋯⋯⋯ 2-591
孩儿参 *Pseudostellaria heterophylla*（Miq.）Pax ⋯⋯⋯⋯⋯⋯⋯⋯⋯⋯⋯⋯⋯ 2-593
繁缕属 *Stellaria* L. ⋯⋯⋯⋯⋯⋯⋯⋯⋯⋯⋯⋯⋯⋯⋯⋯⋯⋯⋯⋯⋯⋯⋯⋯⋯⋯⋯⋯⋯⋯ 2-596
缀瓣繁缕 *Stellaria radians* L. ⋯⋯⋯⋯⋯⋯⋯⋯⋯⋯⋯⋯⋯⋯⋯⋯⋯⋯⋯⋯⋯⋯⋯ 2-596
叉歧繁缕 *Stellaria dichotoma* L. ⋯⋯⋯⋯⋯⋯⋯⋯⋯⋯⋯⋯⋯⋯⋯⋯⋯⋯⋯⋯⋯ 2-598
繁缕 *Stellaria media*（L.）Cyr. ⋯⋯⋯⋯⋯⋯⋯⋯⋯⋯⋯⋯⋯⋯⋯⋯⋯⋯⋯⋯⋯ 2-599
雀舌草 *Stellaria alsine* Grimm ⋯⋯⋯⋯⋯⋯⋯⋯⋯⋯⋯⋯⋯⋯⋯⋯⋯⋯⋯⋯⋯⋯⋯ 2-601
赛繁缕 *Stellaria neglecta* Weihe ex Bluff. et Fingerh ⋯⋯⋯⋯⋯⋯⋯⋯⋯⋯ 2-603
麦仙翁属 *Agrostemma* L. ⋯⋯⋯⋯⋯⋯⋯⋯⋯⋯⋯⋯⋯⋯⋯⋯⋯⋯⋯⋯⋯⋯⋯⋯⋯⋯ 2-604
麦仙翁 *Agrostemma githago* L. ⋯⋯⋯⋯⋯⋯⋯⋯⋯⋯⋯⋯⋯⋯⋯⋯⋯⋯⋯⋯⋯⋯ 2-604

狗筋蔓属 *Cucubalus* L. ······ 2-606

　狗筋蔓 *Cucubalus baccifer* L. ······ 2-606

石竹属 *Dianthus* L. ······ 2-609

　头石竹 *Dianthus barbatus* L. var. *asiaticus* Nakai ······ 2-609

　石竹 *Dianthus chinensis* L. ······ 2-611

　　高山石竹 var. *morii*（Nakai）Y. C. Chu ······ 2-613

　　兴安石竹 var. *versicolor*（Fisch. ex Link）Y. C. Ma ······ 2-614

　　蒙古石竹 var. *subulifolius*（Kitag.）Y. C. Chu ······ 2-614

　瞿麦 *Dianthus superbus* L. ······ 2-616

　　高山瞿麦 var. *speciosus* Reichb. ······ 2-619

石头花属 *Gypsophila* L. ······ 2-620

　长蕊石头花 *Gypsophila oldhamiana* Miq. ······ 2-620

　大叶石头花 *Gypsophila pacifica* Kom. ······ 2-624

　草原石头花 *Gypsophila davurica* Turcz. ex Fenzl ······ 2-626

剪秋罗属 *Lychnis* L. ······ 2-628

　丝瓣剪秋罗 *Lychnis wilfordii*（Regel）Maxim. ······ 2-628

　浅裂剪秋罗 *Lychnis cognata* Maxim. ······ 2-630

　剪秋罗 *Lychnis fulgens* Fisch. ······ 2-633

肥皂草属 *Saponaria* L. ······ 2-635

　肥皂草 *Saponaria officinalis* L. ······ 2-635

蝇子草属 *Silens* L. ······ 2-638

　坚硬女娄菜 *Silene firma* Sieb. et Zucc. ······ 2-638

　女娄菜 *Silene aprica* Turcz. ex Fisch. et Mey. ······ 2-641

　白玉草 *Silene venosa*（Gilib.）Aschers. ······ 2-643

　石生蝇子草 *Silene tatarinowii* Regel ······ 2-645

　蔓茎蝇子草 *Silene repens* Patr. ······ 2-647

　长柱蝇子草 *Silene macrostyla* Maxim. ······ 2-649

　山蚂蚱草 *Silene jenisseensis* Willd. ······ 2-650

　　长白山山蚂蚱草 var. *oliganthella*（Nakai ex Kitagawa）Y.C. Chu ······ 2-652

麦蓝菜属 *Vaccaria* Madic ······ 2-653

　麦蓝菜 *Vaccaria hispanica*（Mill.）Rauschert ······ 2-653

藜科 Chenopodiaceae ······ 2-658

沙蓬属 *Agriophyllum* Bieb. ······ 2-658

　沙蓬 *Agriophyllum squarrosum*（L.）Moq. ······ 2-658

轴藜属 *Axyris* L. ······ 2-660

　轴藜 *Axyris amaranthoides* L. ······ 2-660

假木贼属 *Anabasis* L. ······ 2-662

　短叶假木贼 *Anabasis brevifolia* C. A. Mey. ······ 2-662

滨藜属 *Atxiplex* L. ······ 2-665

　中亚滨藜 *Atriplex centralasiatica* Iljin ······ 2-665

雾冰藜属 *Bassia* All. ······ 2-667

　雾冰藜 *Bassia dasyphylla*（Fisch. et Mey.）O. Kuntze ······ 2-667

驼绒藜属 *Krascheninnikovia* Gueldenst. ······ 2-668

　驼绒藜 *Krascheninnikovia ceratoides*（L.）Gueldenst. ······ 2-668

藜属 *Chenopodium* L. ······ 3-001

　刺藜 *Chenopodium aristatum* L. ······ 3-001

　菊叶香藜 *Chenopodium foetidum* Schrad. ······ 3-003

　灰绿藜 *Chenopodium glaucum* L. ······ 3-004

尖头叶藜 *Chenopodium acuminatum* Willd. ·························· 3-006

杂配藜 *Chenopodium hybridum* L. ··································· 3-008

小藜 *Chenopodium ficifolium* Sm. ································· 3-011

藜 *Chenopodium album* L. ·· 3-013

虫实属 *Corispermum* L. ··· 3-017

兴安虫实 *Corispermum chinganicum* Iljin ························ 3-017

地肤属 *Kochia* All. ·· 3-019

地肤 *Kochia scoparia* （L.）Schrad. ····························· 3-019

碱地肤 var. *sieversiana*（Pall.）Ulbr. ex Aschers. et Graebn. ···· 3-022

木地肤 *Kochia prostrata*（L.）Schrad. ·························· 3-024

盐角草属 *Salicornia* L. ·· 3-026

盐角草 *Salicornia europaea* L. ··································· 3-026

猪毛菜属 *Kali* Mill. ··· 3-027

猪毛菜 *Kali collinum*（Pall.）Akhani & Roalson. ················ 3-027

刺沙蓬 *Kali tragus* Scop. ·· 3-030

无翅猪毛菜 *Kali komarovii*（Iljin）Akhani & Roalson. ·········· 3-032

碱蓬属 *Suaeda* Forsk. ex Scop. ···································· 3-034

碱蓬 *Suaeda glauca*（Bge.）Bge. ································· 3-034

盐地碱蓬 *Suaeda salsa*（L.）Pall. ······························ 3-037

苋科 Amaranthaceae ·· 3-042

牛膝属 *Achyranthes* L. ·· 3-042

牛膝 *Achyranthes bidentata* Blume ······························ 3-042

苋属 *Amaranthus* L. ··· 3-044

尾穗苋 *Amaranthus caudatus* L. ·································· 3-044

反枝苋 *Amaranthus retroflexus* L. ······························· 3-046

皱果苋 *Amaranthus viridis* L. ···································· 3-050

凹头苋 *Amaranthus blitum* L. ···································· 3-051

木兰科 Magnoliaceae ··· 3-056

木兰属 *Magnolia* L. ··· 3-056

天女花 *Magnolia sieboldii* K. Koch ······························ 3-056

五味子科 Schisandraceae ··· 3-064

五味子属 *Schisandra* Michx. ······································ 3-064

五味子 *Schisandra chinensis*（Turcz.）Baill. ···················· 3-064

樟科 Lauraceae ·· 3-072

山胡椒属 *Lindera* Thunb. ·· 3-072

三桠乌药 *Lindera obtusiloba* Bl. ································· 3-072

毛茛科 Ranunculaceae ·· 3-078

乌头属 *Aconitum* L. ··· 3-078

两色乌头 *Aconitum alboviolaceum* Kom. ························· 3-078

紫花高乌头 *Aconitum excelsum* Reichb. ························· 3-082

草地乌头 *Aconitum umbrosum*（Korsh.）Kom. ·················· 3-084

吉林乌头 *Aconitum kirinense* Nakai ····························· 3-087

牛扁 *Aconitum barbatum* Pers. var. *puberulum* Ledeb. ·········· 3-090

黄花乌头 *Aconitum coreanum*（Levl.）Rapaics ·················· 3-093

蔓乌头 *Aconitum volubile* Pall. ex Koelle ······················ 3-097

宽叶蔓乌头 *Aconitum sczukinii* Turcz. ························· 3-099

长白乌头 *Aconitum tschangbaischanense* S. H. Li et Y. H. Huang ··· 3-102

细叶乌头 *Aconitum macrorhynchum* Turcz. ····················· 3-106

鸭绿乌头 *Aconitum jaluense* Kom. ················· 3-109

弯枝乌头 *Aconitum fischeri* Reichb. var. *arcuatum*（Maxim.）Regel ················· 3-111

北乌头 *Aconitum kusnezoffii* Reichb. ················· 3-114

　　宽裂北乌头 var. *gibbferum*（Rchb.）Regel ················· 3-117

华北乌头 *Aconitum soongaricum* var. *angustius* W. T. Wang ················· 3-118

高山乌头 *Aconitum monanthum* Nakai ················· 3-120

类叶升麻属 *Actaca* L. ················· 3-122

类叶升麻 *Actaea asiatica* Hara ················· 3-122

红果类叶升麻 *Actaea erythrocarpa* Fisch. ················· 3-125

侧金盏属 *Adonis* L. ················· 3-128

侧金盏花 *Adonis amurensis* Regel et Radde ················· 3-128

辽吉侧金盏花 *Adonis ramosa* Franch. ················· 3-131

北侧金盏花 *Adonis sibirica* Patr. ex Ledeb. ················· 3-133

银莲花属 *Anemone* L. ················· 3-135

二歧银莲花 *Anemone dichotoma* L. ················· 3-135

大花银莲花 *Anemone silvesiris* L. ················· 3-139

银莲花 *Anemone cathayensis* Kitag. ················· 3-142

小花草玉梅 *Anemone rivularis* var. *flore-minore* Maxim. ················· 3-147

多被银莲花 *Anemone raddeana* Regel ················· 3-149

匍枝银莲花 *Anemone stolonifera* Maxim. ················· 3-153

黑水银莲花 *Anemone amurensis*（Korsh.）Kom. ················· 3-155

阴地银莲花 *Anemone umbrosa* C. A. Mey. ················· 3-158

反萼银莲花 *Anemone reflexa* Stephan ex Willd. ················· 3-160

毛果银莲花 *Anemone baicalensis* Turcz. ················· 3-162

细茎银莲花 *Anemone baicalensis* var. *rossii*（S. Moore）Kitag. ················· 3-164

耧斗菜属 *Aquilegia* L. ················· 3-167

小花耧斗菜 *Aquilegia parviflora* Ledeb. ················· 3-167

耧斗菜 *Aquilegia viridiflora* Pall. ················· 3-169

　　紫花耧斗菜 f. *atropupurea*（Willd.）Kitag. ················· 3-171

尖萼耧斗菜 *Aquilegia oxysepala* Trautv. et Mey. ················· 3-172

　　黄花尖萼耧斗菜 f. *pallidiflora*（Nakai）Kitag. ················· 3-174

华北耧斗菜 *Aquilegia yabeana* Kitag. ················· 3-176

白山耧斗菜 *Aquilegia japonica* Nakai et Hara ················· 3-178

驴蹄草属 *Caltha* L. ················· 3-182

白花驴蹄草 *Caltha natans* Pall. ················· 3-182

驴蹄草 *Caltha palustris* L. ················· 3-184

膜叶驴蹄草 *Caltha palustris* var. *membranacea* Turcz. ················· 3-187

升麻属 *Cimicifuga* L. ················· 3-190

兴安升麻 *Cimicifuga dahurica*（Turcz.）Maxim. ················· 3-190

大三叶升麻 *Cimicifuga heracleifolia* Kom. ················· 3-194

单穗升麻 *Cimicifuga simplex* Wormsk. ················· 3-198

铁线莲属 *Clematis* L. ················· 3-201

大叶铁线莲 *Clematis heracleifolia* DC. ················· 3-201

　　卷萼铁线莲 var. *daviaiana*（Decne. ex Verlot）O. Kuntze ················· 3-203

棉团铁线莲 *Clematis hexapetala* Pall. ················· 3-204

转子莲 *Clematis patens* Morr. et Decne ················· 3-208

辣蓼铁线莲 *Clematis terniflora* DC. var. *mandshurica*（Rupr.）Ohwi ················· 3-211

褐毛铁线莲 *Clematis fusca* Turcz. ················· 3-215

　　紫花铁线莲 var. *violacea* Maxim. ·················· 3-216

　芹叶铁线莲 *Clematis aethusifolia* Turcz. ·················· 3-217

　齿叶铁线莲 *Clematis serratifolia* Rehd. ·················· 3-219

　黄花铁线莲 *Clematis intricata* Bge. ·················· 3-222

　短尾铁线莲 *Clematis brevicaudata* DC. ·················· 3-224

　朝鲜铁线莲 *Clematis koreana* Kom. ·················· 3-226

　西伯利亚铁线莲 *Clematis sibirica*（L.）Mill. ·················· 3-228

　半钟铁线莲 *Clematis sibirica* var. *ochotensis*（Pall.）S. H. Li et Y. Hui Huang ·················· 3-230

　高山铁线莲 *Clematis nobilis* Nakai ·················· 3-232

　长瓣铁线莲 *Clematis macropetala* Ledeb. ·················· 3-234

　灌木铁线莲 *Clematis fruticosa* Turcz. ·················· 3-236

翠雀属 *Delphinium* L. ·················· 3-238

　宽苞翠雀 *Delphinium maackianum* Regel ·················· 3-238

　东北高翠雀 *Delphinium korshinskyanum* Nevski ·················· 3-242

　翠雀 *Delphinium grandiflorum* L. ·················· 3-245

菟葵属 *Eranthis* Salisb. ·················· 3-250

　菟葵 *Eranthis stellata* Maxim. ·················· 3-250

碱毛茛属 *Halerpestes* Green ·················· 3-254

　水葫芦苗 *Halerpestes cymbalaria*（Pursh）Green ·················· 3-254

　长叶碱毛茛 *Halerpestes ruthenica*（Jacq.）Ovcz. ·················· 3-256

獐耳细辛属 *Hepatica* Mill. ·················· 3-258

　獐耳细辛 *Hepatica nobilis* var. *asiatica* Schreb ·················· 3-258

扁果草属 *Isopyrum* L. ·················· 3-261

　东北扁果草 *Isopyrum manshuricum* Kom. ·················· 3-261

蓝堇草属 *Leptopyrum* Reichb. ·················· 3-263

　蓝堇草 *Leptopyrum fumarioides*（L.）Reichb. ·················· 3-263

白头翁属 *Pulsatilla* Mill. ·················· 3-265

　黄花白头翁 *Pulsatilla sukaczevii* Juz. ·················· 3-265

　白头翁 *Pulsatilla chinensis*（Bge.）Regel ·················· 3-268

　掌叶白头翁 *Pulsatilla patens* subsp. *multifida*（Pritz.）Zamels ·················· 3-272

　细叶白头翁 *Pulsatilla turczaninovii* Kryl. et Serg. ·················· 3-278

　朝鲜白头翁 *Pulsatilla cernua*（Thunb.）Bercht. et Opiz. ·················· 3-280

　兴安白头翁 *Pulsatilla dahurica*（Fisch.）Spreng. ·················· 3-283

毛茛属 *Ranunculus* L. ·················· 3-286

　松叶毛茛 *Ranunculus reptans* L. ·················· 3-286

　小掌叶毛茛 *Ranunculus gmelinii* DC. ·················· 3-287

　茴茴蒜 *Ranunculus chinensis* Bge. ·················· 3-289

　匍枝毛茛 *Ranunculus repens* L. ·················· 3-292

　石龙芮 *Ranunculus sceleralus* L. ·················· 3-295

　毛茛 *Ranunculus japonicus* Thunb. ·················· 3-297

　　白山毛茛 var. *monticola* Kitag. ·················· 3-300

　　重瓣毛茛 f. *plena* Y. C. Chu et D. C. ·················· 3-300

唐松草属 *Thalictrum* L. ·················· 3-303

　唐松草 *Thalictrum aquilegifolium* L. var. *sibiricum* Regel et Tiling ·················· 3-303

　深山唐松草 *Thalictrum tuberiferum* Maxim. ·················· 3-306

　瓣蕊唐松草 *Thalictrum petaloideum* L. ·················· 3-308

　展枝唐松草 *Thalictrum squarrosum* Steph. ex Willd. ·················· 3-311

　箭头唐松草 *Thalictrum simplex* L. ·················· 3-314

短梗箭头唐松草 var. *brevipes* Hara ·· 3-316

香唐松草 *Thalictrum foetidum* L. ·· 3-317

金莲花属 *Trollius* L. ·· 3-319

长瓣金莲花 *Trollius macropetalus* Fr. Schmidt ·· 3-319

短瓣金莲花 *Trollius ledebouri* Reichb. ·· 3-324

金莲花 *Trollius chinensis* Bge. ·· 3-330

宽瓣金莲花 *Trollius asiaticus* L. ·· 3-335

长白金莲花 *Trollius japonicus* Miq. ·· 3-336

小檗科 Berberidaceae ·· 3-344

小檗属 *Berberis* L. ·· 3-344

西伯利亚小檗 *Berberis sibirica* Pall. ·· 3-344

黄芦木 *Berberis amurensis* Rupr. ·· 3-346

细叶小檗 *Berberis poiretii* Schneid. ·· 3-349

红毛七属 *Caulophyllum* Michx. ·· 3-352

红毛七 *Caulophyllum robustum* Maxim. ·· 3-352

淫羊藿属 *Epimedium* L. ·· 3-355

朝鲜淫羊藿 *Epimedium koreanum* Nakai ·· 3-355

鲜黄连属 *Plagiorhegma* Maxim. ·· 3-359

鲜黄连 *Plagiorhegma dubium* Maxim. ·· 3-359

防己科 Menispermaceae ·· 3-364

木防己属 *Cocculus* DC. ·· 3-364

木防己 *Cocculus orbiculatus*（L.）DC. ·· 3-364

蝙蝠葛属 *Menispermum* L. ·· 3-367

蝙蝠葛 *Menispermum dauricum* DC. ·· 3-367

睡莲科 Nymphaeaceae ·· 3-374

芡属 *Euryale* Salisb. ex DC. ·· 3-374

芡实 *Euryale ferox* Salisb. ex K. D. Koenig & Sims ·· 3-374

莲属 *Nelumbo* Adens. ·· 3-378

莲 *Nelumbo nucifera* Gaertn. ·· 3-378

萍蓬草属 *Nuphar* Smith. ·· 3-384

萍蓬草 *Nuphar pumila*（Timm）DC. ·· 3-384

睡莲属 *Nymphaea* L. ·· 3-387

睡莲 *Nymphaea tetragona* Georgi ·· 3-387

金粟兰科 Chloranthaceae ·· 3-394

金粟兰属 *Chloranthus* Sw. ·· 3-394

银线草 *Chloranthus japonicus* Sieb. ·· 3-394

马兜铃科 Aristolochiaceae ·· 3-400

马兜铃属 *Aristolochia* L. ·· 3-400

木通马兜铃 *Aristolochia manshuriensis* Kom. ·· 3-400

北马兜铃 *Aristolochia contorta* Bge. ·· 3-404

细辛属 *Asarum* L. ·· 3-408

辽细辛 *Asarum heterotropoides* Fr. var. *manshuricum*（Maxim.）Kitag. ·· 3-408

汉城细辛 *Asarum sieboldii* Miq. ·· 3-411

芍药科 Paeoniaceae ·· 3-416

芍药属 *Paeonia* L. ·· 3-416

草芍药 *Paeonia obovata* Maxim. ·· 3-416

山芍药 *Paeonia japonica*（Makino）Miyabe et Takeda ·· 3-419

芍药 *Paeonia lactiflora* Pall. ·· 3-424

狝猴桃科 Actinidiaceae ··· 3-434

  狝猴桃属 *Actinidia* Lindl. ·· 3-434

    软枣狝猴桃 *Actinidia arguta*（Sieb. et Zucc）Planch. ex Miq. ············ 3-434

    狗枣狝猴桃 *Actinidia kolomikta*（Maxim. et Rupr.）Maxim. ············ 3-440

    葛枣狝猴桃 *Actinidia polygama*（Sieb. et Zucc.）Maxim. ············· 3-444

金丝桃科 Hypericaceae ··· 3-448

  金丝桃属 *Hypericum* L. ··· 3-448

    黄海棠 *Hypericum ascyron* L. ··· 3-448

    赶山鞭 *Hypericum attenuatum* Choisy ···································· 3-454

  三腺金丝桃属 *Triadenum* Raf. ··· 3-457

    红花金丝桃 *Tridenum japonicum*（Bl.）Makino ························· 3-457

茅膏菜科 Droseraceae ··· 3-462

  茅膏菜属 *Drosera* L. ·· 3-462

    圆叶茅膏菜 *Drosera rotundifolia* L. ······································ 3-462

    线叶茅膏菜 *Drosera anglica* Huds. ······································· 3-466

罂粟科 Papaveraceae ··· 3-470

  荷包藤属 *Adlumia* Rafin. ·· 3-470

    荷包藤 *Adlumia asiatica* Ohwi ·· 3-470

  白屈菜属 *Chelidonium* L. ··· 3-472

    白屈菜 *Chelidonium majus* L. ··· 3-472

  紫堇属 *Corydalis* DC. ·· 3-476

    东紫堇 *Corydalis buschii* Nakai ·· 3-476

    巨紫堇 *Corydalis gigantea* Trautv. et Mey. ······························ 3-477

    大花紫堇 *Corydalis macrantha*（Regel）M. Pop. ······················· 3-480

    齿瓣延胡索 *Corydalis turtschaninovii* Bess. ····························· 3-482

      栉裂齿瓣延胡索 f. *pectinata*（Kom.）Y. H. Chou ······················ 3-485

      线裂齿瓣延胡索 f. *lineariloba*（Maxim.）Kitag. ······················· 3-485

    全叶延胡索 *Corydalis repens* Mandl et Muehld ·························· 3-486

    角瓣延胡索 *Corydalis watanabei* Kitag. ·································· 3-488

    堇叶延胡索 *Corydalis fumariifolia* Maxim. ······························ 3-490

      齿裂堇叶延胡索 f. *pectinata*（Kom.）Y. C. Chu. ······················ 3-493

      线裂堇叶延胡索 f. *lineariloba*（Sieb. et Zucc.）Kitag. ··················· 3-493

      多裂堇叶延胡索 f. *multifida* Y. H. Chou ····························· 3-493

      圆裂堇叶延胡索 f. *rotundiloba* Maxim. ······························· 3-493

    临江延胡索 *Corydalis linjiangensis* Z. Y. Su ex Liden ···················· 3-495

    珠果黄堇 *Corydalis speciosa* Maxim. ····································· 3-497

      狭裂珠果黄堇 var. *speciosa*（Maxim.）Kom. ························· 3-499

    北紫堇 *Corydalis sibirica*（L. f.）Pers. ································· 3-500

    黄紫堇 *Corydalis ochotensis* Turcz. ······································ 3-502

    小黄紫堇 *Corydalis raddeana* Regel ······································ 3-504

    地丁草 *Corydalis bungeana* Turcz ·· 3-506

  荷青花属 *Hylomecon* Maxim. ··· 3-508

    荷青花 *Hylomecon japonica*（Thunb.）Prantl et Kundig ·················· 3-508

  角茴香属 *Hypecoum* L. ··· 3-512

    角茴香 *Hypecoum erectum* L. ·· 3-512

    节裂角茴香 *Hypecoum leptocarpum* Hook. f. et Thoms. ················· 3-514

  罂粟属 *Papaver* L. ··· 3-516

    长白山罂粟 *Papaver radicatum* Rottb. var. *pseudo-radicatum*（Kitag.）Kitag. ········· 3-516

野罂粟 *Papaver nudicaule* L. ······················ 3-520

黑水罂粟 *Papaver amurense*（N. Busch）N. Busch ex Tolmatchev ······················ 3-525

十字花科 Cruciferae ······················ 3-530

南芥属 *Arabis* L. ······················ 3-530

垂果南芥 *Arabis pendula* L. ······················ 3-530

荠属 *Capsella* Medic. ······················ 3-534

荠 *Capsella bursa-pastoris*（L.）Medic. ······················ 3-534

碎米荠属 *Cardamine* L. ······················ 3-537

草甸碎米荠 *Cardamine pratensis* L. ······················ 3-537

白花碎米荠 *Cardamine leucantha*（Tausch）O. E. Schulz ······················ 3-538

弯曲碎米荠 *Cardamine flexuosa* With. ······················ 3-540

大叶碎米荠 *Cardamine macrophylla* Willd. ······················ 3-542

播娘蒿属 *Descurainia* Webb. et Berthel ······················ 3-544

播娘蒿 *Descurainia sophia*（L.）Webb. ex Prantl ······················ 3-544

花旗杆属 *Dontostemon* Andrz. ex Ledeb. ······················ 3-547

花旗杆 *Dontostemon dentatus*（Bge.）Ledeb. ······················ 3-547

葶苈属 *Draba* L. ······················ 3-550

葶苈 *Draba nemorosa* L. ······················ 3-550

光果葶苈 var. *leiocarpa* Lindbl ······················ 3-551

糖芥属 *Erysimum* L. ······················ 3-553

糖芥 *Erysimum amurense* Kitag. ······················ 3-553

蒙古糖芥 *Erysimum flavum*（Georgi）Bobrov. ······················ 3-555

兴安糖芥 var. *shinganicum*（Y.L.Zhang）K. C. Kuan ······················ 3-556

波齿叶糖芥 *Erysimum macilentum* Bge. ······················ 3-557

香花芥属 *Hesperis* L. ······················ 3-559

香花芥 *Hesperis trichosepala* Turcz. ······················ 3-559

菘蓝属 *Isatis* L. ······················ 3-562

长圆果菘蓝 *Isatis oblongata* DC. ······················ 3-562

独行菜属 *Lepidium* L. ······················ 3-564

密花独行菜 *Lepidium densiflorum* Schrad. ······················ 3-564

独行菜 *Lepidium apetalum* Willd. ······················ 3-566

柱毛独行菜 *Lepidium ruderale* Linnaeus ······················ 3-570

蔊菜属 *Rorippa* Scop. ······················ 3-572

风花菜 *Rorippa globosa*（Turcz.）Hayek ······················ 3-572

沼生蔊菜 *Rorippa palustris*（L.）Bess. ······················ 3-574

大蒜芥属 *Sisymbrium* L. ······················ 3-577

垂果大蒜芥 *Sisymbrium heteromallum* C. A. Mey. ······················ 3-577

菥蓂属 *Thlaspi* L. ······················ 3-579

菥蓂 *Thlaspi arvense* L. ······················ 3-579

山菥蓂 *Thlaspi caerulescens* J. Presl et C. Presl ······················ 3-582

景天科 Crassulaceae ······················ 3-586

八宝属 *Hylotelephium* H. Ohba ······················ 3-586

轮叶八宝 *Hylotelephium verticillatum*（L.）H. Ohba ······················ 3-586

珠芽八宝 *Hylotelephium vivparum*（Maxim.）H. Ohba ······················ 3-589

长药八宝 *Hylotelephium spectabile*（Bor.）H. Ohba ······················ 3-591

白八宝 *Hylotelephium pallesceus*（Freyn）H. Ohba ······················ 3-594

紫八宝 *Hylotelephium triphyllum*（Haw.）Holub ······················ 3-597

华北八宝 *Hylotelephium tatarinowii*（Maxim.）H. Ohba ······················ 3-599

瓦松属 *Orostachys*（DC.）Fisch. ……………………………………………… 3-601

钝叶瓦松 *Orostachys malacophyllus*（Pall.）Fisch. ……………………… 3-601

瓦松 *Orostachys fimbriata*（Turcz.）A. Berger ………………………… 3-603

黄花瓦松 *Orostachys spinosus*（L.）C. A. Mey ………………………… 3-605

小瓦松 *Orostachys minutus*（Kom.）Berger …………………………… 3-607

狼爪瓦松 *Orostachys cartilagineus* A. Bor. …………………………… 3-609

红景天属 *Rhodiola* L. ……………………………………………………… 3-612

小丛红景天 *Rhodiola dumulosa*（Franch.）S. H. Fu …………………… 3-612

长白红景天 *Rhodiola angusta* Nakai …………………………………… 3-614

红景天 *Rhodiola rosea* L. ……………………………………………… 3-617

库页红景天 *Rhodiola sachalinensis* A. Bor. …………………………… 3-619

狭叶红景天 *Rhodiola kirilowii*（Regel）Maxim. ………………………… 3-622

景天属 *Sedum* L. …………………………………………………………… 3-624

火焰草 *Sedum stellariifolium* Franch. ………………………………… 3-624

藓状景天 *Sedum polytrichoides* Hemsl. ……………………………… 3-626

垂盆草 *Sedum sarmentosum* Bge. ……………………………………… 3-628

费菜属 *Phedimus* Rafin. …………………………………………………… 3-630

费菜 *Phedimus aizoon*（L.）'t Hart. …………………………………… 3-630

宽叶费菜 var. *latifolius*（Maxim.）H.Ohba K.T.Fu et B.M.Barthol. … 3-633

狭叶费菜 var. *yamatutae*（Kitag.）H.Ohba K.T.Fu et B.M.Barthol. … 3-634

吉林费菜 *Phedimus middendorffianus*（Maxim.）'t Hart ……………… 3-635

勘察加费菜 *Phedimus kamtschaticus*（Fisch.）'t Hart. ………………… 3-638

虎耳草科 Saxifragaceaee ………………………………………………… 3-642

落新妇属 *Astilbe* Buch.-Ham …………………………………………… 3-642

落新妇 *Astilbe chinensis*（Maxim.）Franch. et Sav. ………………… 3-642

大落新妇 *Astilbe grandis* Stapf ex Wils. ……………………………… 3-646

大叶子属 *Astilboides*（Hemsl.）Engl. …………………………………… 3-648

大叶子 *Astilboides tabularis*（Hemsl.）Engler ………………………… 3-648

金腰属 *Chrysosplenium* Tourn. ex L. …………………………………… 3-651

中华金腰 *Chrysosplenium sinicum* Maxim. …………………………… 3-651

日本金腰 *Chrysosplenium japonicum*（Maxim.）Makino ……………… 3-654

互叶金腰 *Chrysosplenium serreanum* Hand.-Mazz. ………………… 3-655

毛金腰 *Chrysosplenium pilosum* Maxim. ……………………………… 3-657

溲疏属 *Deutzia* Thunb ……………………………………………………… 3-659

大花溲疏 *Deutzia grandiflora* Bge. …………………………………… 3-659

光萼溲疏 *Deutzia glabrata* Kom. ……………………………………… 3-661

东北溲疏 *Deutzia glabrata* Kom. var. *amurensis* Rgl. ……………… 3-663

小花溲疏 *Deutzia parviflora* Bge. ……………………………………… 3-665

槭叶草属 *Mukdenia* Koidz. ………………………………………………… 3-667

槭叶草 *Mukdenia rossii*（Oliv.）Koidz. ………………………………… 3-667

独根草属 *Oresitrophe* Bge. ………………………………………………… 3-671

独根草 *Oresitrophe rupifraga* Bge. …………………………………… 3-671

梅花草属 *Parnassia* L. ……………………………………………………… 3-673

梅花草 *Parnassia palustris* L. ………………………………………… 3-673

扯根菜属 *Penthorum* L. …………………………………………………… 3-676

扯根菜 *Penthorum chinense* Pursh. …………………………………… 3-676

山梅花属 *Philadelphus* L. ………………………………………………… 4-001

太平花 *Philadelphus pekinensis* Rupr. ………………………………… 4-001

薄叶山梅花 *Philadelphus tenuifolius* Rupr. ex Maxim. ·· 4-004

东北山梅花 *Philadelphus schrenkii* Rupr. ·· 4-006

茶藨子属 *Ribes* L. ·· 4-008

长白茶藨子 *Ribes komarovii* Pojark. ·· 4-008

尖叶茶藨子 *Ribes maximowiczianum* Kom. ·· 4-010

华蔓茶藨子 *Ribes fasciculatum* var. *chinense* Maxim. ·· 4-012

东北茶藨子 *Ribes mandshuricum*（Maxim.）Kom. ·· 4-014

光叶东北茶藨子 var. *subglabrum* Kom. ··· 4-016

糖茶藨子 *Ribes himalense* Royle ex Decne ·· 4-017

双刺茶藨子 *Ribes diacanthum* Pall. ·· 4-019

美丽茶藨子 *Ribes pulchellum* Turcz. ·· 4-021

刺果茶藨子 *Ribes burejense* Fr. ·· 4-023

水葡萄茶藨子 *Ribes procumbens* Pall. ·· 4-026

鬼灯檠属 *Rodgersia* Gray. ·· 4-028

鬼灯檠 *Rodgersia podophylla* Gray. ·· 4-028

虎耳草属 *Saxifraga* Tourn. ex L. ·· 4-029

刺虎耳草 *Saxifraga bronchialis* L. ·· 4-029

长白虎耳草 *Saxifraga laciniata* Makai et Takeda ·· 4-031

零余虎耳草 *Saxifraga cernua* L. ·· 4-033

球茎虎耳草 *Saxifraga sibirica* L. ·· 4-035

腺毛虎耳草 *Saxifraga manshuriensis*（Engl.）Kom. ·· 4-037

镜叶虎耳草 *Saxifraga fortunei* Hook. f. var. *koraiensis* Nakai ·· 4-039

斑点虎耳草 *Saxifraga punctata* L. ·· 4-042

蔷薇科 Rosaceae ·· 4-046

假升麻属 *Aruncus* Adans. ·· 4-046

假升麻 *Aruncus sylvester* Kostel. ·· 4-046

白鹃梅属 *Exochorda* Lindl. ·· 4-049

白鹃梅 *Exochorda racemosa*（Lindl.）Rehd. ·· 4-049

齿叶白鹃梅 *Exochorda serratifolia* S. Moore ·· 4-051

珍珠梅属 *Sorbaria*（Ser.）A. Br. ex Aschers. ·· 4-053

珍珠梅 *Sorbaria sorbifolia*（L.）A. Br. ·· 4-053

华北珍珠梅 *Sorbaria kirilowii*（Regel）Maxim. ·· 4-056

绣线菊属 *Spiraea* L. ·· 4-058

绣线菊 *Spiraea salicifolia* L. ·· 4-058

华北绣线菊 *Spiraea fritschiana* Schneid. ·· 4-061

三裂绣线菊 *Spiraea trilobata* L. ·· 4-063

土庄绣线菊 *Spiraea pubescens* Turcz. ·· 4-065

欧亚绣线菊 *Spiraea media* Schmidt ·· 4-067

金丝桃叶绣线菊 *Spiraea hypericifolia* L. ·· 4-069

绣球绣线菊 *Spiraea blumei* G. Don ·· 4-071

石蚕叶绣线菊 *Spiraea chamaedryfolia* L. ·· 4-073

小米空木属 *Stephanandra* Sieb. & Zucc. ·· 4-075

小米空木 *Stephanandra incisa*（Thunb.）Zabel ·· 4-075

龙芽草属 *Agrimonia* L. ·· 4-077

龙芽草 *Agrimonia pilosa* Ledeb. ·· 4-077

地蔷薇属 *Chamaerhodos* Bge. ·· 4-080

地蔷薇 *Chamaerhodos erecta*（L.）Bge. ·· 4-080

灰毛地蔷薇 *Chamaerhodos canescens* Krause ·· 4-082

沼委陵菜属 *Comarum* L. ··· 4-084

沼委陵菜 *Comarum palustre* L. ··· 4-084

蛇莓属 *Duchesnea* J. E. Smith ··· 4-086

蛇莓 *Duchesnea indica*（Andr.）Focke ·· 4-086

蚊子草属 *Filipendula* Mill. ··· 4-089

蚊子草 *Filipendula palmate*（Pall.）Maxim. ··································· 4-089

槭叶蚊子草 *Filipendula purpurea* Maxim. ······································ 4-092

翻白蚊子草 *Filipendula intermedia*（Glehn）Juzep. ························· 4-094

细叶蚊子草 *Filipendula angustiloba*（Turcz.）Maxim. ····················· 4-096

草莓属 *Fragaria* L. ··· 4-098

东方草莓 *Fragaria orientalis* Lozinsk. ·· 4-098

路边青属 *Geum* L. ··· 4-101

路边青 *Geum aleppicum* Jacp. ·· 4-101

重瓣路边青 f. *plenum* Yang et P. H. Wang ································ 4-102

委陵菜属 *Potentilla* L. ·· 4-104

小叶金露梅 *Potentilla parvifolia* Fisch. ·· 4-104

金露梅 *Potentilla fruticosa* L. ·· 4-107

银露梅 *Potentilla gabra* Lodd. ·· 4-111

蕨麻 *Potentilla anserina* L. ··· 4-115

蛇莓委陵菜 *Potentilla centigrana* Maxim. ······································ 4-119

匍枝委陵菜 *Potentilla flagellaris* Willd. ex Schlecht. ······················ 4-121

蛇含委陵菜 *Potentilla kleiniana* Wight et Arn. ······························· 4-123

星毛委陵菜 *Potentilla acaulis* L. ··· 4-125

雪白委陵菜 *Potentilla nivea* L. ··· 4-127

白叶委陵菜 *Potentilla betonicifolia* Poir. ······································ 4-129

狼牙委陵菜 *Potentilla cryptotaeniae* Maxim. ··································· 4-131

三叶委陵菜 *Potentilla freyniana* Bornm. ······································· 4-133

皱叶委陵菜 *Potentilla ancistrifolia* Bge. ·· 4-135

翻白草 *Potentilla discolor* Bge. ·· 4-137

轮叶委陵菜 *Potentilla verticillaris* Steph. ex Willd. ························· 4-140

多茎委陵菜 *Potentilla multicaulis* Bge. ·· 4-142

委陵菜 *Potentilla chinensis* Ser. ·· 4-144

二裂委陵菜 *Potentilla bifurca* L. ··· 4-147

朝天委陵菜 *Potentilla supina* L. ·· 4-150

莓叶委陵菜 *Potentilla fragarioides* L. ··· 4-152

菊叶委陵菜 *Potentilla tanacetifolia* Willd. ex Schlecht. ···················· 4-154

腺毛委陵菜 *Potentilla longifolia* Willd. ex Schlecht. ······················· 4-156

绢毛匍匐委陵菜 *Potentilla reptans* L. var. *sericophylla* Franch. ·········· 4-158

鸡麻属 *Rhodotypos* Sieb. et Zucc. ·· 4-160

鸡麻 *Rhodotypos scandens*（Thunb.）Makino ································ 4-160

蔷薇属 *Rosa* L. ··· 4-163

野蔷薇 *Rosa multiflora* Thunb. ··· 4-163

伞花蔷薇 *Rosa maximowicziana* Regel. ··· 4-166

长白蔷薇 *Rosa koreana* Kom. ·· 4-168

腺叶长白蔷薇 var. *glandttlosa* Yu et Ku ································· 4-170

玫瑰 *Rosa rugosa* Thunb. ··· 4-171

山刺玫 *Rosa davurica* Pall. ··· 4-175

长果山刺玫 var. *ellipsoidea* Nakai ·· 4-179

刺蔷薇 *Rosa acicularis* Lindl. ·································· 4-180

  白花刺蔷薇 var. *albifloris* X. Lin et Y. L. ·················· 4-183

黄刺玫 *Rosa xanthina* Lindl. ································· 4-184

悬钩子属 *Rubus* L. ·· 4-188

北悬钩子 *Rubus arcticus* L. ······························· 4-188

石生悬钩子 *Rubus saxatilis* L. ····························· 4-191

兴安悬钩子 *Rubus ehamaemorus* L. ·························· 4-193

库页悬钩子 *Rubus sachalinensis* Leveille. ··················· 4-195

茅莓 *Rubus parvifolius* L. ································· 4-198

绿叶悬钩子 *Rubus komarovi* Nakai ························· 4-201

牛叠肚 *Rubus crataegifolius* Bge. ·························· 4-203

地榆属 *Sanguisorba* L. ···································· 4-206

大白花地榆 *Sanguisorba stipulata* Raf. ···················· 4-206

地榆 *Sanguisorba officinalis* L. ··························· 4-209

  腺地榆 var. *glandulosa*（Kom.）Worosch. ················· 4-214

细叶地榆 *Sanguisorba tenuifolia* Fisch. ex Link ·············· 4-215

小白花地榆 *Sanguisorba tenuifolia* var. *alba* Trautv. et Mey. ··· 4-216

山莓草属 *Sibbaldia* L. ····································· 4-219

山莓草 *Sibbaldia procumbens* L. ·························· 4-219

唐棣属 *Amelanchier* Medic. ································ 4-221

东亚唐棣 *Amelanchier asiatica*（Sieb. et Zucc.）Endl. ex Walp. ·· 4-221

栒子属 *Cotoneaster* B. Ehrhart ····························· 4-222

全缘栒子 *Cotoneaster integerrimus* Medic. ·················· 4-222

黑果栒子 *Cotoneaster melanocarpus* Lodd. ·················· 4-224

水栒子 *Cotoneaster multiflorus* Bge. ······················· 4-226

山楂属 *Crataegus* L. ······································ 4-229

山楂 *Crataegus pinnatifida* Bge. ·························· 4-229

毛山楂 *Crataegus maximowiczii* Schneid. ··················· 4-233

辽宁山楂 *Crataegus sanguinea* Pall. ······················· 4-236

光叶山楂 *Crataegus dahurica* Koehne ex Schneid. ············· 4-238

苹果属 *Malus* Mill. ······································· 4-240

山荆子 *Malus baccata*（L.）Borkh. ························· 4-240

山楂海棠 *Malus komarovii*（Sarg.）Rehd. ·················· 4-243

三叶海棠 *Malus sieboldii*（Regel）Rehd. ··················· 4-244

梨属 *Pyrus* L. ··· 4-247

秋子梨 *Pyrus ussuriensis* Maxim. ························· 4-247

杜梨 *Pyrus betulaefolia* Bge. ···························· 4-250

花楸属 *Sorbus* L. ·· 4-253

水榆花楸 *Sorbus alnifolia*（Sieb. et Zucc.）K. Koch. ·········· 4-253

  裂叶水榆花楸 var. *lobuiata* Rehd ························· 4-254

花楸树 *Sorbus pohuashanensis*（Hance）Hedl. ··············· 4-256

扁核木属 *Prinsepias* Royle ································· 4-260

东北扁核木 *Prinsepia sinensis*（Oliv.）Oliv. ex Bean ········· 4-260

桃属 *Amygdalus* L. ······································ 4-262

榆叶梅 *Amygdalus triloba*（Lindl.）Ricker ················· 4-262

杏属 *Armeniaca* Mill. ····································· 4-265

山杏 *Armeniaca sibirica*（L.）Lam. ······················· 4-265

东北杏 *Armeniaca mandshurica*（Maxim.）Skv. ·············· 4-273

樱属 *Cerasus* Mill. ·· 4-277
　黑樱桃 *Cerasus maximowiczii*（Rupr.）Kom. ·· 4-277
　山樱花 *Cerasus serrulata*（Lindl.）G. Don ex London ····························· 4-280
　欧李 *Cerasus humilis*（Bge.）Bar. & Lion ··· 4-283
　郁李 *Cerasus japonica*（Thunb.）Lois. ··· 4-285
　　长梗郁李 var. *nakaii*（Levl.）Yu et Li ··· 4-286
　毛樱桃 *Cerasus tomentosa*（Thunb.）Wall. ·· 4-288
稠李属 *Padus* Mill. ··· 4-292
　斑叶稠李 *Padus maackii*（Rupr.）Kom. ·· 4-292
　稠李 *Padus avium* Mill. ·· 4-295
李属 *Prunus* L. ··· 4-299
　东北李 *Prunus ussuriensis* Kov. et Kost. ··· 4-299
豆科 Leguminosae ··· 4-304
合欢属 *Albizia* Durazz. ·· 4-304
　合欢 *Albizia julibrissin* Durazz. ··· 4-304
决明属 *Senna* Mill. ··· 4-307
　豆茶决明 *Senna nomame*（Makino）T. C. Chen ··································· 4-307
皂荚属 *Gleditsia* L. ·· 4-310
　山皂荚 *Gleditsia japonica* Miq. ··· 4-310
　野皂荚 *Gleditsia microphylla* Gordon ex Y. T. Lee ································· 4-314
田皂角属 *Aecschynomene* L. ·· 4-316
　合萌 *Aecschynomene indica* L. ··· 4-316
紫穗槐属 *Amorpha* L. ·· 4-319
　紫穗槐 *Amorpha fruticosa* L. ··· 4-319
两型豆属 *Amphicarpaea* Elliot ·· 4-322
　两型豆 *Amphicarpaea edgeworthii* Benth. ·· 4-322
黄芪属 *Astragalus* L. ·· 4-326
　糙叶黄芪 *Astragalus scaberrimus* Bge. ··· 4-326
　湿地黄芪 *Astragalus uliginosus* L. ·· 4-328
　草珠黄芪 *Astragalus capillipes* Fisch. ex Bge. ····································· 4-331
　斜茎黄芪 *Astragalus laxmannii* Jacq. ··· 4-333
　华黄芪 *Astragalus chinensis* L. f. ·· 4-336
　草木樨状黄芪 *Astragalus melilotoides* Pall. ··· 4-339
　黄芪 *Astragalus membranacens*（Fisch.）Bge. ····································· 4-342
　　蒙古黄芪 var. *mongholicus*（Bge.）P. K. Hsiao ··································· 4-345
　达乌里黄芪 *Astragalus dahuricus*（Pall.）DC. ····································· 4-346
　背扁黄芪 *Astragalus complanatus* Bge. ··· 4-349
　乳白黄芪 *Astragalus galactites* Pall. ·· 4-351
笐子梢属 *Campylotropis* Bge. ··· 4-353
　笐子梢 *Campylotropis macrocarpa*（Bge.）Rehd. ································· 4-353
锦鸡儿属 *Caragana* Fabr. ··· 4-354
　红花锦鸡儿 *Caragana rosea* Turcz. ex Maxim. ····································· 4-354
　树锦鸡儿 *Caragana arborescens*（Amm.）Lam. ··································· 4-357
　小叶锦鸡儿 *Caragana microphylla* Lam. ·· 4-360
　狭叶锦鸡儿 *Caragana stenophylla* Pojark ·· 4-363
　柠条锦鸡儿 *Caragana korshinskii* Kom. ·· 4-365
猪屎豆属 *Crotalaria* L. ·· 4-368
　野百合 *Crotalaria sessiliflora* L. ··· 4-368

大豆属 *Glycine* L. ·· 4-371

  野大豆 *Glycine soja* Sieb. et Zucc. ·· 4-371

    狭叶野大豆 f. *lanceolata*（Skv.）P. Y. Fu et Y. A. Chen ····················· 4-374

甘草属 *Glycyrrhiza* L. ·· 4-375

  刺果甘草 *Glycyrrhiza pallidiflora* Maxim. ·· 4-375

  甘草 *Glycyrrhiza uralensis* Fisch. ·· 4-378

米口袋属 *Gueldenstaedtia* Fisch. ··· 4-384

  米口袋 *Gueldenstaedtia verna*（Georgi）Boriss. ··································· 4-384

岩黄芪属 *Hedysarum* L. ··· 4-386

  山竹岩黄芪 *Hedysarum fruticosum* Pall. ·· 4-386

  山岩黄芪 *Hedysarum alpinum* L. ··· 4-388

  拟蚕豆岩黄芪 *Hedysarum vicioides* Turcz. ·· 4-391

  短翼岩黄芪 *Hedysarum brachypterum* Bge. ·· 4-394

木蓝属 *Indigofera* L. ··· 4-398

  花木蓝 *Indigofera kirilowii* Maxim. ex Palibin ····································· 4-398

  河北木蓝 *Indigofera bungeana* Walp. ·· 4-401

鸡眼草属 *Kummerowia* Schindl. ··· 4-404

  长萼鸡眼草 *Kummerowia stipulacea*（Maxim.）Makino ························ 4-404

山黧豆属 *Lathyrus* L. ·· 4-407

  牧地山黧豆 *Lathyrus pratensis* L. ·· 4-407

  大山黧豆 *Lathyrus davidii* Hance ·· 4-409

  海滨山黧豆 *Lathyrus maritimus*（L.）Bigelow ···································· 4-412

  矮山黧豆 *Lathyms humilis*（Ser.）Spreng. ··· 4-413

  山黧豆 *Lathyrus quinquenervius*（Miq.）Litv. ···································· 4-414

  三脉山黧豆 *Lathyrus komarovii* Ohwi ·· 4-416

  东北山黧豆 *Lathyrus vaniotii* Levl. ··· 4-418

胡枝子属 *Lespedeza* Michx. ··· 4-420

  胡枝子 *Lespedeza bicolor* Turcz. ·· 4-420

  短梗胡枝子 *Lespedeza cyrtobotrya* Miq. ·· 4-424

  兴安胡枝子 *Lespedeza daurica*（Laxm.）Schindl. ······························· 4-426

  多花胡枝子 *Lespedeza floribunda* Bge. ··· 4-428

  阴山胡枝子 *Lespedeza inschanica*（Maxim.）Schindl. ························· 4-430

  绒毛胡枝子 *Lespedeza tomentosa*（Thunb.）Sieb. ex Maxim. ·············· 4-432

  尖叶铁扫帚 *Lespedeza juncea*（L. f.）Pers. ······································ 4-433

  细梗胡枝子 *Lespedeza virgata*（Thunb.）DC. ····································· 4-435

马鞍树属 *Maackia* Rupr. et Maxim. ··· 4-436

  朝鲜槐 *Maackia amurensis* Rupr. et Maxim. ·· 4-436

苜蓿属 *Medicago* L. ·· 4-440

  紫苜蓿 *Medicago sativa* L. ·· 4-440

  天蓝苜蓿 *Medicago lupulina* L. ··· 4-442

  野苜蓿 *Medicago falcata* L. ·· 4-444

  花苜蓿 *Medicago ruthenica*（L.）Trautv. ·· 4-446

草木樨属 *Melilotus* Adans. ·· 4-448

  草木樨 *Melilotus officinalis*（L.）Lam. ·· 4-448

  白花草木樨 *Melilotus alba* Medic. ·· 4-452

棘豆属 *Oxytropis* DC. ·· 4-454

  长白棘豆 *Oxytropis anertii* Nakai ex Kitag. ··· 4-454

    白花长白棘豆 f. *albiflora*（Z. J. Zong ex X. R. He）X. Y. Zhu & H.Ohashi ··· 4-455

多叶棘豆 *Oxytropis myriophylla*（Pall.）DC. ·················· 4-457

砂珍棘豆 *Oxytropis racemosa* Turcz. ·················· 4-462

海拉尔棘豆 *Oxytropis oxyphylla*（Pall.）DC. ·················· 4-464

硬毛棘豆 *Oxytropis hirta* Bge. ·················· 4-466

蓝花棘豆 *Oxytropis coerulea*（Pall.）DC. ·················· 4-468

黄毛棘豆 *Oxytropis ochrantha* Turcz. ·················· 4-470

猫头刺 *Oxytropis aciphylla* Ledeb. ·················· 4-471

山泡泡 *Oxytropis leptophylla*（Pall.）DC. ·················· 4-475

二色棘豆 *Oxytropis bicolor* Bge. ·················· 4-476

球花棘豆 *Oxytropis latibracteata* Jurtzev ·················· 4-478

大花棘豆 *Oxytropis grandiflora*（Pall.）DC. ·················· 4-480

长柄山蚂蝗属 *Hylodesmum* H. Ohashi & R. R. Mill. ·················· 4-482

宽卵叶长柄山蚂蝗 *Hylodesmum podocarpum* subsp. *fallax*（Schindl.）H. Ohashi & R. R. Mill. 4-482

羽叶长柄山蚂蟥 *Hylodesmum oldhamii*（Oliv.）H. Ohashi & R. R. Mill. ·················· 4-485

葛属 *Pueraria* DC. ·················· 4-487

葛 *Pueraria montana* var. *lobata* （Willd.）Maesen et S. M. Almeida ex Sanjappa et Predeep ··· 4-487

刺槐属 *Robinia* L. ·················· 4-493

刺槐 *Robinia pseudoacacia* L. ·················· 4-493

槐属 *Sophora* L. ·················· 4-496

槐 *Sophora japonica* L. ·················· 4-496

苦参 *Sophora flavescens* Alt. ·················· 4-499

苦马豆属 *Sphaerophysa* DC. ·················· 4-502

苦马豆 *Sphaerophysa salsula*（Pall.）DC. ·················· 4-502

野决明属 *Thermopsis* R. Br. ·················· 4-507

披针叶野决明 *Thermopsis lanceolata* R. Br. ·················· 4-507

车轴草属 *Trifolium* L. ·················· 4-512

野火球 *Trifolium lupinaster* L. ·················· 4-512

白花野火球 var. *albiflorum* Ser ·················· 4-514

白车轴草 *Trifolium repens* L. ·················· 4-515

红车轴草 *Trifolium pratense* L. ·················· 4-518

杂种车轴草 *Trifolium hybridum* L. ·················· 4-521

野豌豆属 *Vicia* L. ·················· 4-523

山野豌豆 *Vicia amoena* Fisch. ex DC. ·················· 4-523

白花山野豌豆 f. *albiflora* P. Y. Fu et Y. A. Chen ·················· 4-523

多茎野豌豆 *Vicia multicaulis* Ledeb. ·················· 4-525

广布野豌豆 *Vicia cracca* L. ·················· 4-527

大花野豌豆 *Vicia bungei* Ohwi ·················· 4-530

北野豌豆 *Vicia ramuliflora*（Maxim.）Ohwi ·················· 4-532

柳叶野豌豆 *Vicia venosa*（Willd.）Maxim. ·················· 4-534

歪头菜 *Vicia unijuga* A. Br. ·················· 4-535

头序歪头菜 *Vicia ohwiana* Hosokawa ·················· 4-538

豇豆属 *Vigna* Savi ·················· 4-540

贼小豆 *Vigna minima*（Roxb.）Ohwi et Ohashi ·················· 4-540

酢浆草科 Oxalidaceae ·················· 4-544

酢浆草属 *Oxalis* L. ·················· 4-544

酢浆草 *Oxalis corniculata* L. ·················· 4-544

直酢浆草 var. *stricta*（L.）Huang et L. R. Xu ·················· 4-546

白花酢浆草 *Oxalis acetosella* L. ·················· 4-548

三角酢浆草 *Oxalis obtriangulata* Maxim. ································ 4-550

牻牛儿苗科 Geraniaceae ································ 4-552

牻牛儿苗属 *Erodium* L' Her. ································ 4-552

牻牛儿苗 *Erodium stephanianum* Willd. ································ 4-552

芹叶牻牛儿苗 *Erodium cicutarium*（L.）L' Her. ex Ait. ································ 4-554

老鹳草属 *Geranium* L. ································ 4-556

毛蕊老鹳草 *Geranium platyanthum* Duthie ································ 4-556

东北老鹳草 *Geranium erianthum* DC. ································ 4-560

突节老鹳草 *Geranium krameri* Franch. et Sav. ································ 4-562

线裂老鹳草 *Geranium soboliferum* Kom. ································ 4-564

灰背老鹳草 *Geranium wlassowianum* Fisch. ex Link. ································ 4-567

兴安老鹳草 *Geranium maximowiczii* Regel et Maack ································ 4-568

朝鲜老鹳草 *Geranium koreanum* Kom. ································ 4-570

粗根老鹳草 *Geranim dahuricum* DC. ································ 4-572

草原老鹳草 *Geranium pratense* L. ································ 4-574

鼠掌老鹳草 *Geranium sibiricum* L. ································ 4-577

老鹳草 *Geranium wilfordii* Maxim. ································ 4-580

蒺藜科 Zygophyllaceae ································ 4-584

白刺属 *Nitraria* L. ································ 4-584

白刺 *Nitraria tangutorum* Bobr. ································ 4-584

小果白刺 *Nitraria sibirica* Pall. ································ 4-586

蒺藜属 *Tribulus* L. ································ 4-591

蒺藜 *Tribulus terrestris* L. ································ 4-591

骆驼蓬属 *Peganum* L. ································ 4-594

匍根骆驼蓬 *Peganum nigellastrum* Bge. ································ 4-594

霸王属 *Zygophyllum* L. ································ 4-596

霸王 *Zygophyllum xanthoxylon*（Bge.）Maxim. ································ 4-596

亚麻科 Linaceae ································ 4-600

亚麻属 *Linum* L. ································ 4-600

野亚麻 *Linum stelleroides* Planch. ································ 4-600

宿根亚麻 *Linum perenne* L. ································ 4-604

黑水亚麻 *Linum amurense* Alef. ································ 4-606

大戟科 Euphorbiaceae ································ 4-610

铁苋菜属 *Acalypha* L. ································ 4-610

铁苋菜 *Acalypha australis* L. ································ 4-610

大戟属 *Euphorbia* L. ································ 4-613

斑地锦 *Euphorbia maculata* L. ································ 4-613

地锦 *Euphorbia humifusa* Willd. ex Schlecht. ································ 4-614

泽漆 *Euphorbia helioscopia* L. ································ 4-616

狼毒大戟 *Euphorbia fischeriana* Steud. ································ 4-618

毛狼毒大戟 f. *pilosa*（Regel）Kitag. ································ 4-623

林大戟 *Euphorbia lucorum* Rupr. ································ 4-626

大戟 *Euphorbia pekinensis* Rupr. ································ 4-628

钩腺大戟 *Euphorbia sieboldiana* Morr. ································ 4-630

东北大戟 *Euphorbia mandshurica* Maxim. ································ 4-632

乳浆大戟 *Euphorbia esula* L. ································ 4-634

猫眼草 *Euphorbia lunulata* Bge. ································ 4-637

雀舌木属 *Leptopus* Decne. ································ 4-638

雀儿舌头 *Leptopus chinensis*（Bge.）Pojark. ·········· 4-638

叶下珠属 *Phyllanthus* L. ······················· 4-640

黄珠子草 *Phyllanthus virgatus* Forst. f. ············· 4-640

白饭树属 *Flueggea* Willd. ······················ 4-642

一叶萩 *Flueggea suffruticosa*（Pall.）Baill. ········· 4-642

地构叶属 *Speranskia* Baill. ······················ 4-646

地构叶 *Speranskia tuberculata*（Bge.）Baill. ········ 4-646

芸香科 Rutaceae ·································· 4-650

白鲜属 *Dictamnus* L. ························· 4-650

白鲜 *Dictamnus dasycarpus* Turcz. ·············· 4-650

吴茱萸属 *Evodia* J. R. et G. Forst. ··············· 4-657

臭檀吴萸 *Evodia daniellii*（Benn.）Hemsl. ········· 4-657

拟芸香属 *Haplophyllum* A. Juss. ················· 4-660

北芸香 *Haplophyllum dauricum*（L.）G. Don ······· 4-660

黄檗属 *Phellodendron* Rupr. ···················· 4-663

黄檗 *Phellodendron amurense* Rupr. ·············· 4-663

花椒属 *Zanthoxylum* L. ························ 4-668

青花椒 *Zanthoxylum schinifolium* Sieb. et Zucc. ····· 4-668

苦木科 Simaroubaceae ····························· 4-672

臭椿属 *Ailanthus* Desf. ························ 4-672

臭椿 *Ailanthus altissima*（Mill.）Swingle ·········· 4-672

苦树属 *Picrasma* Bl. ·························· 4-675

苦树 *Picrasma quassioides*（D. Don）Benn. ········· 4-675

远志科 Polygalaceae ······························ 4-678

远志属 *Polygala* L. ·························· 4-678

小扁豆 *Polygala tatarinowii* Regel ·············· 4-678

远志 *Polygala tenuifolia* Willd. ··············· 4-680

瓜子金 *Polygala japonica* Houtt. ··············· 5-001

西伯利亚远志 *Polygala sibirica* L. ·············· 5-004

漆树科 Anacardiaceae ····························· 5-006

黄栌属 *Cotinus*（Tourn.）Mill. ················· 5-006

毛黄栌 *Cotinus coggygria* var. *pubescens* Engl. ······ 5-006

盐肤木属 *Rhus*（Tourn.）L. emend. Moench ········· 5-008

盐肤木 *Rhus chinensis* Mill. ·················· 5-008

火炬树 *Rhus typhina* L. ···················· 5-013

漆属 *Toxicodendron*（Tourn）Mill. ·············· 5-017

漆 *Toxicodendron vernicifluum*（Stokes）F. A. Barkl. ·· 5-017

槭树科 Aceraceae ································· 5-022

槭属 *Acer* L. ······························ 5-022

色木槭 *Acer pictum* subsp. *mono*（Maxim.）Ohashi ··· 5-022

元宝槭 *Acer truncatum* Bge. ·················· 5-026

青楷槭 *Acer tegmentosum* Maxim. ··············· 5-030

茶条槭 *Acer tataricum* subsp. *ginnala*（Maxim.）Wesmael ·· 5-034

髭脉槭 *Acer barbinerve* Maxim. ················ 5-038

梣叶槭 *Acer negundo* L. ···················· 5-040

无患子科 Sapindaceae ····························· 5-044

栾树属 *Koelreuteria* Laxm. ···················· 5-044

栾树 *Koelreuteria paniculata* Laxm. ············· 5-044

文冠果属 *Xanthoceras* Bge. ···································· 5-046

　文冠果 *Xanthoceras sorbifolium* Bge. ··················· 5-046

凤仙花科 Balsaminaceae ··································· 5-051

　凤仙花属 *Impatiens* L. ································· 5-051

　　水金凤 *Impatiens noli-tangere* L. ·················· 5-051

　　东北凤仙花 *Impatiens furcillata* Hemsl. ············ 5-055

　　野凤仙花 *Impatiens textori* Miq. ················· 5-057

卫矛科 Celastraceae ··································· 5-062

　南蛇藤属 *Celastrus* L. ······················· 5-062

　　刺苞南蛇藤 *Celastrus flagellaris* Rupr. ············ 5-062

　　南蛇藤 *Celastrus orbiculatus* Thunb. ·············· 5-065

　卫矛属 *Euonymus* L. ··························· 5-068

　　胶州卫矛 *Euonymus kiautschovicus* Loes. ·········· 5-068

　　卫矛 *Euonymus alatus* （Thunb.）Sieb. ············· 5-070

　　　毛脉卫矛 var. *pubescens* Maxim. ················ 5-073

　　白杜 *Euonymus maackii* Rupr. ···················· 5-074

　雷公藤属 *Tripterygium* Hook. f. ················· 5-077

　　东北雷公藤 *Tripterygium regelii* Sprague et Takeda ······ 5-077

省沽油科 Staphyleaceae ································· 5-085

　省沽油属 *Staphylea* L. ························· 5-085

　　省沽油 *Staphylea bumalda* DC. ·················· 5-085

鼠李科 Rhamnaceae ··································· 5-088

　鼠李属 *Rhamnus* L. ··························· 5-088

　　柳叶鼠李 *Rhamnus erythroxylon* Pall. ············· 5-088

　　鼠李 *Rhamnus davurica* Pall. ··················· 5-090

　　乌苏里鼠李 *Rhamnus ussuriensis* J. Vass. ·········· 5-093

　　长梗鼠李 *Rhamnus schneideri* Levl. et Vant. ······· 5-095

　　金刚鼠李 *Rhamnus diamantiaca* Nakai ············· 5-096

　　小叶鼠李 *Rhamnus parvifolia* Bge. ··············· 5-097

　　锐齿鼠李 *Rhamnus arguta* Maxim. ··············· 5-099

　枣属 *Ziziphus* Mill. ··························· 5-101

　　酸枣 *Ziziphus jujuba* var. *spinosa*（Bge.）Hu ex H. F. Chow. ····· 5-101

葡萄科 Vitaceae ····································· 5-106

　蛇葡萄属 *Ampelopsis* Michx. ··················· 5-106

　　东北蛇葡萄 *Ampelopsis glandulosa* var. *brevipedunculata* （Maxim.）Momiy. ·· 5-106

　　葎叶蛇葡萄 *Ampelopsis humulifolia* Bge. ··········· 5-109

　　掌裂蛇葡萄 *Ampelopsis aconitifolia* Bge. var. *glabra* Diels et Gilg. ···· 5-111

　　白蔹 *Ampelopsis japonica*（Thunb.）Makino ········· 5-114

　地锦属 *Parthenocissus* Planch. ················· 5-116

　　爬山虎 *Parthenocissus tricuspidata*（Sieb. & Zucc.）Planch. ···· 5-116

　　五叶地锦 *Parthenocissus quinquefolia*（L.）Planch. ····· 5-120

　葡萄属 *Vitis* L. ····························· 5-124

　　山葡萄 *Vitis amurensis* Rupr. ················· 5-124

椴树科 Tiliaceae ···································· 5-128

　田麻属 *Corchoropsis* Sieb. et Zucc. ··············· 5-128

　　田麻 *Corchoropsis crenata* Sieb. et Zucc ··········· 5-128

　扁担杆属 *Grewia* L. ························· 5-130

　　小花扁担杆 *Grewia biloba* G. Don var. *parviflora* （Bge.）Hand. -Mazz. ···· 5-130

椴树属 *Tilia* L. ·· 5-132

 辽椴 *Tilia mandshurica* Rupr. et Maxim. ·········· 5-132

 蒙椴 *Tilia mongolica* Maxim. ······················ 5-135

 紫椴 *Tilia amurensis* Rupr. ······················· 5-137

  小叶紫椴 var. *taquetii*（Schneid.）Liou et Li ···· 5-138

锦葵科 Malvaceae ···································· 5-140

苘麻属 *Abutilon* Mill. ································· 5-140

 苘麻 *Abutilon theophrasti* Medic. ················· 5-140

木槿属 *Hibiscus* L. ·································· 5-144

 野西瓜苗 *Hibiscus trionum* L. ···················· 5-144

锦葵属 *Malva* L. ···································· 5-146

 野葵 *Malva verticillata* L. ························ 5-146

瑞香科 Thymelaeaceae ······························· 5-152

瑞香属 *Daphna* L. ··································· 5-152

 芫花 *Daphne genkwa* Sieb. et Zucc. ··············· 5-152

 东北瑞香 *Daphne pseudo-mezereum* A. Gray ········ 5-154

草瑞香属 *Diarthron* Turcz. ··························· 5-156

 草瑞香 *Diarthron linifolium* Turcz. ················ 5-156

狼毒属 *Stellera* L. ·································· 5-158

 狼毒 *Stellera chamaejasme* L. ····················· 5-158

胡颓子科 Elaeagnaceae ······························· 5-162

胡颓子属 *Elaeagnus* L. ······························ 5-162

 沙枣 *Elaeagnus angustifolia* L. ···················· 5-162

 牛奶子 *Elaeagnus umbellata* Thunb. ··············· 5-166

 木半夏 *Elaeagnus multiflora* Thunb. ··············· 5-168

沙棘属 *Hippophae* L. ································· 5-170

 中国沙棘 *Hippophae rhamnoides* subsp. *sinensis* Rous ··· 5-170

堇菜科 Violaceae ··································· 5-177

堇菜属 *Viola* L. ···································· 5-177

 双花堇菜 *Viola biflora* L. ························· 5-177

 东方堇菜 *Viola orientalis*（Maxim.）W. Beck. ······· 5-178

 奇异堇菜 *Viola mirabilis* L. ······················ 5-180

 鸡腿堇菜 *Viola acuminata* Ledeb. ················· 5-182

 库页堇菜 *Viola sacchalinensis* De Boiss. ············ 5-185

  高山库页堇菜 var. *alpicola* P. Y. Fu et Y. C. Teng ··· 5-186

 裂叶堇菜 *Viola dissecta* Ledeb. ··················· 5-189

 南山堇菜 *Viola chaerophylloides*（Regel）W. Beck. ··· 5-191

 球果堇菜 *Viola collina* Bess. ····················· 5-193

 辽宁堇菜 *Viola rossii* Hemsl. ex Forbes et Hemsl. ···· 5-195

 东北堇菜 *Viola mandshurica* W. Beck. ············· 5-197

  白花东北堇菜 f. *albiflora* P. Y. Fu et Y. C. Teng ··· 5-198

 紫花地丁 *Viola philippica* Cav. ··················· 5-199

 深山堇菜 *Viola selkirkii* Pursh ex Gold ············· 5-202

 茜堇菜 *Viola phalacrocarpa* Maxim. ··············· 5-204

 斑叶堇菜 *Viola variegata* Fisch ex Link ············· 5-206

 早开堇菜 *Viola prionantha* Bge. ·················· 5-208

 堇菜 *Viola verecunda* A. Gray ······················ 5-212

 大叶堇菜 *Viola diamantiaca* Nakai ················ 5-214

蒙古堇菜 *Viola mongolica* Franch. ································· 5-216

柽柳科 Tamaricaceae ·· 5-218

  红砂属 *Reaumria* L. ·· 5-218

  红砂 *Reaumuria songarica* （Pall.）Maxim. ·················· 5-218

  柽柳属 *Tamarix* L. ··· 5-222

  柽柳 *Tamarix chinensis* Lour. ··· 5-222

秋海棠科 Begoniaceae ·· 5-226

  秋海棠属 *Begonia* L. ·· 5-226

  中华秋海棠 *Begonia grandis* Dry subsp. *sinensis* （A. DC.）Irmsch. ··· 5-226

葫芦科 Cucubitaceae ··· 5-230

  盒子草属 *Actinostemma* Griff. ·· 5-230

  盒子草 *Actinostemma tenerum* Griff. ·································· 5-230

  假贝母属 *Bolbostemma* Franquet ······································ 5-233

  假贝母 *Bolbostemma paniculatum* （Maxim.）Franquet ········ 5-233

  裂瓜属 *Schizopepon* Maxim. ·· 5-235

  裂瓜 *Schizopepon bryoniaefolius* Maxim. ·························· 5-235

  赤瓟属 *Thladiantha* Bge. ·· 5-238

  赤瓟 *Thladiantha dubia* Bge. ··· 5-238

千屈菜科 Lythraceae ·· 5-244

  千屈菜属 *Lythrum* L. ·· 5-244

  千屈菜 *Lythrum salicaria* L. ·· 5-244

  无毛千屈菜 var. *glabrum* Ledeb. ······································ 5-249

菱科 Trapaceae ··· 5-252

  菱属 *Trapa* L. ··· 5-252

  东北菱 *Trapa natans* L. ·· 5-252

  格菱 *Trapa pseudoincisa* Nakai ·· 5-254

柳叶菜科 Onagraceae ··· 5-258

  露珠草属 *Circaea* L. ·· 5-258

  露珠草 *Circaea cordata* Royle ·· 5-258

  水珠草 *Circaea canadensis* subsp. *quadrisulcata* （Maxim.）Boufford ··· 5-260

  绿萼水珠草 f. *viridicalyx*（Hara）Kitag. ·························· 5-262

  高山露珠草 *Circaea alpina* L. ·· 5-263

  深山露珠草 var. *caulescens* Kom ······································ 5-265

  柳叶菜属 *Epilobium* L. ··· 5-266

  柳兰 *Epilobium angustifolium* L. ······································ 5-266

  柳叶菜 *Epilbium hirsutum* L. ··· 5-272

  沼生柳叶菜 *Epilobium palustre* L. ···································· 5-276

  月见草属 *Oenothera* L. ··· 5-278

  月见草 *Oenothera biennis* L. ··· 5-278

小二仙草科 Haloragidaceae ··· 5-284

  狐尾藻属 *Myriophyllum* L. ·· 5-284

  狐尾藻 *Myriophyllum verticillatum* L. ······························ 5-284

  穗状狐尾藻 *Myriophyllum spicatum* L. ······························ 5-286

杉叶藻科 Hippuridaceae ·· 5-290

  杉叶藻属 *Hippuris* L. ··· 5-290

  杉叶藻 *Hippuris vulgaris* L. ·· 5-290

锁阳科 Cynomoriaceae ··· 5-294

  锁阳属 *Cynomorium* L. ··· 5-294

　　锁阳 *Cynomorium songaricum* Rupr. ·· 5-294

八角枫科 Alangiaceae ·· 5-296

　八角枫属 *Alangium* Lam. ·· 5-296

　　瓜木 *Alangium platanifolium* （Sieb. et Zucc.）Harms ····························· 5-296

山茱萸科 Cornaceae ·· 5-300

　山茱萸属 *Cornus* L. ·· 5-300

　　灯台树 *Cornus controversa* Hemsl. ·· 5-300

　草茱萸属 *Chamaepericlymenum* Graebn. ·· 5-304

　　草茱萸 *Chamaepericlymenum canadens* （L.）Asch. et Graebn. ·················· 5-304

　梾木属 *Swida* Opiz ·· 5-306

　　红瑞木 *Swida alba* L. ·· 5-306

　　毛梾木 *Swida walteri* Wangerin ·· 5-309

五加科 Araliaceae ·· 5-314

　五加属 *Eleutherococcus* Maxim. ·· 5-314

　　刺五加 *Eleutherococcus senticosus* （Rupr. et Maxim.）Maxim. ·················· 5-314

　　无梗五加 *Eleutherococcus sessiliflorus* （Rupr. et Maxim.）S. Y. Hu ············ 5-319

　楤木属 *Aralia* L. ·· 5-322

　　辽东楤木 *Aralia elata* （Miq.）Seem. ·· 5-322

　　东北土当归 *Aralia continentalis* Kitag. ·· 5-325

　刺楸属 *Kalopanax* Miq. ·· 5-328

　　刺楸 *Kalopanax septemlobus* （Thunb.）Koidz. ·································· 5-328

　刺参属 *Oplopanax* Miq. ·· 5-331

　　刺参 *Oplopanax elatus* Nakai ·· 5-331

　人参属 *Panax* L. ·· 5-334

　　人参 *Panax ginseng* C. A. Mey. ·· 5-334

伞形科 Umbelliferae ·· 5-346

　羊角芹属 *Aegopodium* L. ·· 5-346

　　东北羊角芹 *Aegopodium alpestre* Ledeb. ·· 5-346

　当归属 *Angelica* L. ·· 5-348

　　拐芹 *Angelica polymorpha* Maxim. ·· 5-348

　　朝鲜当归 *Angelica gigas* Nakai ·· 5-350

　　东北长鞘当归 *Angelica cartilagino-marginata* （Makino）Nakai ·················· 5-354

　　狭叶当归 *Angelica anomala* Ave-Lall. ·· 5-356

　　黑水当归 *Angelica amurensis* Schischk. ·· 5-358

　　白芷 *Angelica dahurica* （Fisch. ex Hoffm.）Benth. et Hook. f. ex Franch. et Sav. ········· 5-363

　　鸭巴前胡 *Angelica decursiva* （Miq.）Franch. et Sav. f. *albiflora* （Maxim.）Nakai ····· 5-366

　峨参属 *Anthriscus* （Pers.）Hoffrn. ·· 5-368

　　峨参 *Anthriscus sylvestris* （L.）Hoffrn. ·· 5-368

　柴胡属 *Bupleurum* L. ·· 5-372

　　大苞柴胡 *Bupleurum euphorbioides* Nakai ·· 5-372

　　黑柴胡 *Bupleurum smithii* Wolff ·· 5-374

　　兴安柴胡 *Bupleurum sibiricum* Vest ·· 5-376

　　大叶柴胡 *Bupleurum longiradiatum* Turcz. ·· 5-378

　　红柴胡 *Bupleurum scorzonerifolium* Willd. ·· 5-382

　　线叶柴胡 *Bupleurum angustissimum* （Franch.）Kitagawa ····························· 5-386

　　长白柴胡 *Bupleurum komarovianum* Lincz. ·· 5-388

　　北柴胡 *Bupleurum chinense* DC. ·· 5-390

　葛缕子属 *Carum* L. ·· 5-394

葛缕子 *Carum carvi* L. ·· 5-394

田葛缕子 *Carum buriaticum* Turcz. ·································· 5-396

毒芹属 *Cicuta* L. ·· 5-398

毒芹 *Cicuta virosa* L. ·· 5-398

细叶毒芹 f. *angustifolia*（Kitaibel）Schube. ·················· 5-400

蛇床属 *Cnidium* Cuss. ·· 5-402

蛇床 *Cnidium monnieri*（L.）Cuss. ································ 5-402

兴安蛇床 *Cnidium dahuricum*（Jacq.）Turcz. ················ 5-405

高山芹属 *Coelopleurum* Ledeb. ·· 5-407

高山芹 *Coelopleurum saxatile*（Turcz.）Drude ·············· 5-407

长白高山芹 *Coelopleurum nakaianum*（Kitag.）Kitag. ····· 5-410

鸭儿芹属 *Cryptotaenia* DC. ·· 5-412

鸭儿芹 *Cryptotaenia japonica* Hasskarl ·························· 5-412

绒果芹属 *Eriocycla* Lindl. ·· 5-415

绒果芹 *Eriocycla albescens*（Franch.）Wolff ················· 5-415

阿魏属 *Ferula* L. ··· 5-417

硬阿魏 *Ferula bungeana* Kitagawa ·································· 5-417

珊瑚菜属 *Glehnia* Fr. Schmidt ex Miq. ····························· 5-420

珊瑚菜 *Glehnia littoralis* Fr. Schmidt ex Miq. ·················· 5-420

独活属 *Heracleum* L. ·· 5-423

兴安独活 *Heracleum dissectum* Ledebl ···························· 5-423

短毛独活 *Heracleum moellendorffii* Hance ······················· 5-426

狭叶短毛独活 var. *subbipinnatum*（Franch.）Kitag. ········· 5-428

岩风属 *Libanotis* Zinn. ·· 5-430

香芹 *Libanotis seseloides*（Fisch. et Mey.）Turcz. ············ 5-430

藁本属 *Ligusticum* L. ·· 5-433

辽藁本 *Ligusticum jeholense*（Nakai et Kitagawa）Nakai et Kitagawa ···· 5-433

细叶藁本 *Ligusticum tenuissimum*（Nakai）Kitagawa ········ 5-436

岩茴香 *Ligusticum tachiroei*（Franch. et Sav.）Hiroe et Constance ···· 5-440

水芹属 *Oenanthe* L. ·· 5-442

水芹 *Oenanthe javanica*（Blume）DC. ···························· 5-442

香根芹属 *Osmorhiza* Raf. ··· 5-444

香根芹 *Osmorhiza aristata*（Thunb.）Makino et Yabe ········ 5-444

山芹属 *Ostericum* Hoffrn. ·· 5-447

全叶山芹 *Ostericum maximowiczii*（Fr. Schmidt ex Maxim.）Kitagawa ···· 5-447

大齿山芹 *Ostericum grosseserratum*（Maxim.）Kitag. ········ 5-449

前胡属 *Peucedanum* L. ·· 5-451

刺尖前胡 *Peucedanum elegans* Komarov ························· 5-451

石防风 *Peucedanum terebinthaceum*（Fisch.）Fisch. ex Turcz. ···· 5-453

泰山前胡 *Peucedanum wawrae*（Wolff）Su ····················· 5-456

茴芹属 *Pimpinella* L. ·· 5-457

短果茴芹 *Pimpinella brachycarpa*（Komar.）Nakai ··········· 5-457

棱子芹属 *Pleurospermum* Hoffm. ····································· 5-460

棱子芹 *Pleurospermum uralense* Hoffm. ·························· 5-460

变豆菜属 *Sanicula* L. ·· 5-463

变豆菜 *Sanicula chinensis* Bge. ······································ 5-463

红花变豆菜 *Sanicula rubriflora* Fr. Schmidt ···················· 5-467

防风属 *Saposhnikovia* Schischk. ······································ 5-469

防风 *Saposhnikovia divaricata*（Turcz.）Schischk. ·················· 5-469

泽芹属 *Sium* L. ·················· 5-474

　泽芹 *Sium suave* Walt. ·················· 5-474

迷果芹属 *Sphallerocarpus* Bess. ex DC. ·················· 5-478

　迷果芹 *Sphallerocarpus gracilis*（Bess.）K. -Pol. ·················· 5-478

窃衣属 *Torilis* Adans. ·················· 5-482

　小窃衣 *Torilis japonica*（Houtt.）DC. ·················· 5-482

鹿蹄草科 Pyrolaceae ·················· 5-486

假水晶兰属 *Monotropastrum* Andres ·················· 5-486

　球果假水晶兰 *Monotropastrum humile*（D. Don）H. Hara ·················· 5-486

喜冬草属 *Chimaphila* Pursh. ·················· 5-488

　喜冬草 *Chimaphila japonica* Miq. ·················· 5-488

　伞形喜冬草 *Chimaphila umbellata*（L.）W. Barton ·················· 5-490

水晶兰属 *Monotropa* L. ·················· 5-492

　松下兰 *Monotropa hypopitys* L. ·················· 5-492

　　毛花松下兰 var. *hirsuta* Roth ·················· 5-493

单侧花属 *Orthilia* Rafin. ·················· 5-494

　单侧花 *Orthilia secunda*（L.）House ·················· 5-494

　钝叶单侧花 *Orthilia obtusata*（Turcz.）Hara ·················· 5-496

鹿蹄草属 *Pyrola* L. ·················· 5-498

　肾叶鹿蹄草 *Pyrola renifolia* Maxim. ·················· 5-498

　红花鹿蹄草 *Pyrola asarifolia* subsp. *incarnata*（DC.）E. Haber et H. Takahashi ·················· 5-500

　短柱鹿蹄草 *Pyrola minor* L. ·················· 5-504

　日本鹿蹄草 *Pyrola japonica* Klenze ex Alef. ·················· 5-507

　兴安鹿蹄草 *Pyrola dahurica*（H. Andr.）Kom. ·················· 5-509

杜鹃花科 Ericaceae ·················· 5-514

北极果属 *Arctous* Niedenzu ·················· 5-514

　黑北极果 *Arctous alpinus*（L.）Niedenzu ·················· 5-514

杜香属 *Ledum* L. ·················· 5-517

　杜香 *Ledum palustre* L. ·················· 5-517

　　宽叶杜香 var. *kilatatum* Wahlinb. ·················· 5-519

杜鹃花属 *Rhododendron* L. ·················· 5-520

　牛皮杜鹃 *Rhododendron aureum* Georgi ·················· 5-520

　照山白 *Rhododendron micranthum* Turcz. ·················· 5-525

　高山杜鹃 *Rhododendron lapponicum*（L.）Wahl. ·················· 5-530

　兴安杜鹃 *Rhododendron dauricum* L. ·················· 5-533

　　白花兴安杜鹃 var. *albiflorum*（Turcz.）C. F. Fang ·················· 5-539

　迎红杜鹃 *Rhododendron mucronulatum* Turcz. ·················· 5-541

　　白花迎红杜鹃 f. *album* Nakai. ·················· 5-542

越橘属 *Vaccinium* L. ·················· 5-547

　越橘 *Vaccinium vitis-idaea* L. ·················· 5-547

　笃斯越橘 *Vaccinium uliginosum* L. ·················· 5-550

　　高山笃斯越橘 var. *alpinum* Nakai ·················· 5-552

　　长果笃斯越橘 f. *ellipticum* Nakai ·················· 5-552

　红果越橘 *Vaccinium koreanum* Nakai ·················· 5-554

　红莓苔子 *Vaccinium oxycoccos* L. ·················· 5-556

　小果红莓苔子 *Vaccinium microcarpum*（Turcz. ex Rupr.）Schmalh. ·················· 5-558

岩高兰科 Empetraceae ·················· 5-562

岩高兰属 *Empetrum* L. ·································· 5-562

东北岩高兰 *Empetrum nigrum* L. var. *japonicum* K. Koch ·································· 5-562

报春花科 Primulaceae ·································· 5-568

点地梅属 *Androsace* L. ·································· 5-568

点地梅 *Androsace umbellata*（Lour.）Merr. ·································· 5-568

小点地梅 *Androsace gmelinii*（Gaertn.）Roem. et Schult. ·································· 5-571

东北点地梅 *Androsace filiformis* Retz. ·································· 5-573

北点地梅 *Androsace septentrionalis* L. ·································· 5-575

大苞点地梅 *Androsace maxima* L. ·································· 5-577

旱生点地梅 *Androsace lehmanniana* Spreng. ·································· 5-579

白花点地梅 *Androsace incana* Lam. ·································· 5-581

西藏点地梅 *Androsace mariae* Kanitz ·································· 5-583

海乳草属 *Glaux* L. ·································· 5-585

海乳草 *Glaux maritima* L. ·································· 5-585

珍珠菜属 *Lysimachia* L. ·································· 5-587

黄连花 *Lysimachia davurica* Ledeb. ·································· 5-587

狼尾花 *Lysimachia barystachys* Bge. ·································· 5-590

矮桃 *Lysimachia clethroides* Duby ·································· 5-593

狭叶珍珠菜 *Lysimachia pentapetala* Bge. ·································· 5-596

报春花属 *Primula* L. ·································· 5-598

樱草 *Primula sieboldii* E. Morren ·································· 5-598

肾叶报春 *Primula loeseneri* Kitag. ·································· 5-601

粉报春 *Primula farinosa* L. ·································· 5-602

裸报春 var. *denudata* Koch. ·································· 5-604

箭报春 *Primula fistulosa* Turkev. ·································· 5-606

胭脂花 *Primula maximowiczii* Regel ·································· 5-609

天山报春 *Primula nutans* Georgi ·································· 5-612

七瓣莲属 *Trientalis* L. ·································· 5-616

七瓣莲 *Trientalis europaea* L. ·································· 5-616

白花丹科 Plumbaginaceae ·································· 5-620

驼舌草属 *Goniolimon* Boiss. ·································· 5-620

驼舌草 *Goniolimon speciosum*（L.）Boiss. ·································· 5-620

补血草属 *Limonium* Mill. ·································· 5-623

黄花补血草 *Limonium aureum*（L.）Hill. ·································· 5-623

补血草 *Limonium sinense*（Girard）Kuntze ·································· 5-627

二色补血草 *Limonium bicolor*（Bge.）Kuntze ·································· 5-629

曲枝补血草 *Limonium flexuosum*（L.）Kuntze ·································· 5-632

安息香科 Styracaceae ·································· 5-636

安息香属 *Styrax* L. ·································· 5-636

玉铃花 *Styrax obassia* Sieb. et Zucc. ·································· 5-636

山矾科 Symplocaceae ·································· 5-642

山矾属 *Symplocos* Jacq. ·································· 5-642

白檀 *Symplocos paniculata*（Thunb.）Miq. ·································· 5-642

木樨科 Oleaceae ·································· 5-648

流苏树属 *Chionanthus* L. ·································· 5-648

流苏树 *Chionanthus retusus* Lindl. et Paxt. ·································· 5-648

雪柳属 *Fontanesia* Labill ·································· 5-650

雪柳 *Fontanesia phillyreoides* subsp. *fortunei*（Carrière）Yalt. ·································· 5-650

连翘属 *Forsythia* Vahl ·· 5-652
  东北连翘 *Forsythia mandschurica* Uyeki ·················· 5-652
梣属 *Fraxinus* L. ·· 5-654
  花曲柳 *Fraxinus chinensis* subsp. *rhynchophylla* （Hance） E. Murray ·········· 5-654
  水曲柳 *Fraxinus mandschurica* Rupr. ······················ 5-658
  白蜡树 *Fraxinus chinensis* Roxb. ··························· 5-661
  小叶梣 *Fraxinus bungeana* DC. ····························· 5-662
女贞属 *Ligustrum* L. ··· 5-664
  辽东水蜡树 *Ligustrum obtusifolium* Sieb. & Zucc. subsp. *suave* （Kitag.） Kitag. ·········· 5-664
丁香属 *Syringa* L. ··· 6-001
  暴马丁香 *Syringa reticulata* subsp. *amurensis* （Rupr.） P. S. Green et M. C. Chang ·········· 6-001
  北京丁香 *Syringa reticulata* subsp. *pekinensis* （Rupr.） P. S. Green et M. C. Chang ·········· 6-006
  红丁香 *Syringa villosa* Vahl ································· 6-008
  辽东丁香 *Syringa wolfii* Schneid. ························· 6-011
  小叶巧玲花 *Syringa pubescens* Turcz. subsp. *microphylla* （Diels） M. C. Chang & X. L. Chen··· 6-012
  紫丁香 *Syringa oblata* Lindl. ······························ 6-014
龙胆科 Gentianaceae ··· 6-018
  百金花属 *Centaurium* Hill. ································ 6-018
    百金花 *Centaurium pulchellum* var. *altaicum* （Griseb.） Kitag. et Hara ·········· 6-018
  龙胆属 *Gentiana* L. ·· 6-020
    三花龙胆 *Gentiana triflora* Pall. ······················ 6-020
    朝鲜龙胆 *Gentiana uchiyamai* Nakai ·················· 6-022
    龙胆 *Gentiana scabra* Bge. ····························· 6-025
    条叶龙胆 *Gentiana manshurica* Kitag. ················ 6-029
    秦艽 *Gentiana macrophylla* Pall. ······················ 6-031
    达乌里秦艽 *Gentiana dahurica* Fisch. ················ 6-034
    高山龙胆 *Gentiana algida* Pall. ······················ 6-037
    笔龙胆 *Gentiana zollingeri* Fawc. ····················· 6-040
    长白山龙胆 *Gentiana jamesii* Hemsl. ················· 6-042
    鳞叶龙胆 *Gentiana squarrosa* Ledeb. ················· 6-045
    假水生龙胆 *Gentiana pseudo-aquatica* Kusnez. ········ 6-047
    丛生龙胆 *Gentiana thunbergii* （G. Don） Griseb. ······ 6-049
  假龙胆属 *Gentianella* Moench ····························· 6-050
    尖叶假龙胆 *Gentianella acuta* （Michx.） Hulten ······ 6-050
  扁蕾属 *Gentianopsis* Ma ·································· 6-052
    扁蕾 *Gentianopsis babarta* （Froel） Ma ·············· 6-052
  花锚属 *Halenia* Borkh ···································· 6-054
    花锚 *Halenia corniculata* （L.） Cornaz ·············· 6-054
  肋柱花属 *Lomatogonium* A. Br. ·························· 6-057
    肋柱花 *Lomatogonium carinthiacum* （Wulf.） Reichb. ··· 6-057
  翼萼蔓属 *Pterygocalyx* Maxim. ·························· 6-059
    翼萼蔓 *Pterygocalyx volubilis* Maxim. ················ 6-059
  獐牙菜属 *Swertia* L. ······································ 6-061
    瘤毛獐牙菜 *Swertia pseudochinensis* Hara ············ 6-061
    歧伞獐牙菜 *Swertia dichotoma* L. ···················· 6-063
    卵叶獐牙菜 *Swertia tetrapetala* Pall. ················· 6-065
    红直獐牙菜 *Swertia erythrosticta* Maxim. ············ 6-066
睡菜科 Menyanthaceae ·· 6-070

睡菜属 *Menyanthes*（Tourn.）L. ············ 6-070

　睡菜 *Menyanthes trifoliata* L. ············ 6-070

荇菜属 *Nymphoides* Seguier ············ 6-073

　金银莲花 *Nymphoides indica*（L.）O. Kuntze ············ 6-073

　荇菜 *Nymphoides peltata*（Gmel.）O. Kuntze ············ 6-075

夹竹桃科 Apocynaceae ············ 6-082

罗布麻属 *Apocynum* L. ············ 6-082

　罗布麻 *Apocynum venetum* L. ············ 6-082

萝藦科 Asclepiadaceae ············ 6-086

鹅绒藤属（白前属）*Cynanchum* L. ············ 6-086

　白薇 *Cynanchum atratum* Bge. ············ 6-086

　合掌消 *Cynanchum amplexicaule*（Sieb. et Zucc.）Hemsl ············ 6-089

　　紫花合掌消 var. *castaneum* Makino ············ 6-090

　潮风草 *Cynanchum ascyrifolium*（Franch. et Sav.）Matsum. ············ 6-091

　竹灵消 *Cynanchum inamoenum*（Maxim.）Loes ············ 6-094

　华北白前 *Cynanchum hancockianum*（Maxim.）Iljinski ············ 6-097

　紫花杯冠藤 *Cynanchum purpureum*（Pall.）K. Schum. ············ 6-099

　徐长卿 *Cynanchum paniculatum*（Bge.）Kitagawa ············ 6-101

　地梢瓜 *Cynanchum thesioides*（Freyn）K. Schum. ············ 6-104

　隔山消 *Cynanchum wilfordii*（Maxim.）Hemsl. ············ 6-106

　白首乌 *Cynanchum bungei* Decne ············ 6-109

　鹅绒藤 *Cynanchum chinense* R. Br. ············ 6-112

　变色白前 *Cynanchum versicolor* Bge. ············ 6-114

萝藦属 *Metaplexis* R. Br. ············ 6-116

　萝藦 *Metaplexis japonica*（Thunb.）Makino ············ 6-116

杠柳属 *Periploca* L. ············ 6-120

　杠柳 *Periploca sepium* Bge. ············ 6-120

茜草科 Rubiaceae ············ 6-126

拉拉藤属 *Galium* L. ············ 6-126

　北方拉拉藤 *Galium boreale* L. ············ 6-126

　三脉猪殃殃 *Galium kamtschaticum* Steller ex Roem. et Schult. ············ 6-128

　林猪殃殃 *Galium paradoxum* Maxim. ············ 6-129

　东北猪殃殃 *Galium davuricum* Turcz. var. *manshuricum*（Kitagawa）Hara ············ 6-130

　拉拉藤 *Galium aparine* L. ············ 6-132

　蓬子菜 *Galium verum* L. ············ 6-134

　　白花蓬子菜 var. *lacteum* Maxim. ············ 6-137

茜草属 *Rubia* L. ············ 6-140

　中国茜草 *Rubia chinensis* Regel et Maack ············ 6-140

　茜草 *Rubia cordifolia* L. ············ 6-142

　　黑果茜草 var. *pratensis* Maxim. ············ 6-144

花荵科 Polemoniaceae ············ 6-148

花荵属 *Polemonium* L. ············ 6-148

　中华花荵 *Polemonium chinense*（Brand）Brand ············ 6-148

　花荵 *Polemonium caeruleum* L. ············ 6-152

旋花科 Convolvulaceae ············ 6-158

打碗花属 *Calystegia* R. Br. ············ 6-158

　肾叶打碗花 *Calystegia soldanella*（L.）R. Br. Prodr. ············ 6-158

　藤长苗 *Calystegia pellita*（Ledeb.）G. Don ············ 6-160

打碗花 *Calystegia hederacea* Wall. ·················· 6-162

柔毛打碗花 *Calystegia japonica* Choisy ·················· 6-165

宽叶打碗花 *Calystegia sepium* （L.）R. Br. ·················· 6-167

旋花属 *Convolvulus* L. ·················· 6-170

银灰旋花 *Convolvulus ammannii* Desr. ·················· 6-170

田旋花 *Convolvulus arvensis* L. ·················· 6-173

刺旋花 *Convolvulus tragacanthoides* Turcz. ·················· 6-176

菟丝子属 *Cuscuta* L. ·················· 6-179

菟丝子 *Cuscuta chinensis* Lam. ·················· 6-179

金灯藤 *Cuscuta japonica* Choisy ·················· 6-182

欧洲菟丝子 *Cuscuta europaea* L. ·················· 6-184

鱼黄草属 *Merremia* Dennst ·················· 6-185

北鱼黄草 *Merremia sibirica* （L.）Hall. f. ·················· 6-185

虎掌藤属 *Ipomoea* L. ·················· 6-187

圆叶牵牛 *Ipomoea purpurea* （L.）Roth ·················· 6-187

牵牛 *Ipomoea nil* （L.）Roth ·················· 6-192

紫草科 Boraginaceae ·················· 6-196

钝背草属 *Amblynotus* Johnst ·················· 6-196

钝背草 *Amblynotus rupestris* （Pall.）Popov ·················· 6-196

斑种草属 *Bothriospermum* Bge. ·················· 6-198

斑种草 *Bothriospermum chinense* Bge. ·················· 6-198

狭苞斑种草 *Bothriospermum kusnezowii* Bge. ·················· 6-200

山茄子属 *Brachybotrys* Maxim. ex Oliv ·················· 6-202

山茄子 *Brachybotrys paridiformis* Maxim. ·················· 6-202

琉璃草属 *Cynoglossum* L. ·················· 6-205

大果琉璃草 *Cynoglossum divaricatum* Steph. ex Lehm. ·················· 6-205

齿缘草属 *Eritrichium* Schrad ·················· 6-207

石生齿缘草 *Eritrichium pauciflorum* （Ledeb.）DC. ·················· 6-207

鹤虱属 *Lappula* Gilib ·················· 6-209

鹤虱 *Lappula myosotis* V. Wolf ·················· 6-209

卵盘鹤虱 *Lappula redowskii* （Hornem.）Greene ·················· 6-211

紫草属 *Lithospermum* L. ·················· 6-214

紫草 *Lithospermum erythrorhizon* Sieb. et Zucc. ·················· 6-214

小花紫草 *Lithospermum officinale* L. ·················· 6-217

田紫草 *Lithospermum arvense* L. ·················· 6-218

砂引草属 *Messerschmidia* L. ·················· 6-220

砂引草 *Messerschmidia sibirica* L. ·················· 6-220

狭叶砂引草 var. *angustior* （DC.）Nakai ·················· 6-223

紫筒草属 *Stenosolenium* Turcz. ·················· 6-224

紫筒草 *Stenosolenium saxatile* （Pall.）Turcz. ·················· 6-224

聚合草属 *Symphytum* L. ·················· 6-227

聚合草 *Symphytum uplandicum* Nyman ·················· 6-227

盾果草属 *Thyrocarpus* Hance ·················· 6-229

弯齿盾果草 *Thyrocarpus glochidiatus* Maxim. ·················· 6-229

附地菜属 *Trigonotis* Stev. ·················· 6-230

附地菜 *Trigonotis peduncularis* （Trev.）Benth. ·················· 6-230

钝萼附地菜 *Trigonotis peduncularis* var. *amblyosepala* （Nakai et Kitag.）W. T. Wang ·················· 6-233

马鞭草科 Verbenaceae ·················· 6-238

紫珠属 *Callicarpa* L. ⋯⋯⋯⋯⋯⋯⋯⋯⋯⋯⋯⋯⋯⋯⋯⋯⋯⋯⋯⋯⋯⋯⋯ 6-238

　日本紫珠 *Callicarpa japonica* Thunb. ⋯⋯⋯⋯⋯⋯⋯⋯⋯⋯⋯⋯⋯⋯⋯⋯ 6-238

　白棠子树 *Callicarpa dichotoma*（Lour.）K. Koch ⋯⋯⋯⋯⋯⋯⋯⋯⋯⋯⋯ 6-240

莸属 *Caryopteris* Bge. ⋯⋯⋯⋯⋯⋯⋯⋯⋯⋯⋯⋯⋯⋯⋯⋯⋯⋯⋯⋯⋯⋯⋯ 6-242

　蒙古莸 *Caryopteris mongholica* Bge. ⋯⋯⋯⋯⋯⋯⋯⋯⋯⋯⋯⋯⋯⋯⋯⋯ 6-242

祯桐属 *Clerodendrum* L. ⋯⋯⋯⋯⋯⋯⋯⋯⋯⋯⋯⋯⋯⋯⋯⋯⋯⋯⋯⋯⋯⋯ 6-244

　海州常山 *Clerodendrum trichotomum* Thunb. ⋯⋯⋯⋯⋯⋯⋯⋯⋯⋯⋯⋯⋯ 6-244

牡荆属 *Vitex* L. ⋯⋯⋯⋯⋯⋯⋯⋯⋯⋯⋯⋯⋯⋯⋯⋯⋯⋯⋯⋯⋯⋯⋯⋯⋯ 6-247

　荆条 *Vitex negundo* L. var. *heterophylla*（Franch.）Rehd. ⋯⋯⋯⋯⋯⋯ 6-247

　单叶蔓荆 *Vitex rotundifolia* L. f. ⋯⋯⋯⋯⋯⋯⋯⋯⋯⋯⋯⋯⋯⋯⋯⋯⋯ 6-251

水马齿科 Callitrichaceae ⋯⋯⋯⋯⋯⋯⋯⋯⋯⋯⋯⋯⋯⋯⋯⋯⋯⋯⋯⋯ 6-256

水马齿属 *Callitriche* L. ⋯⋯⋯⋯⋯⋯⋯⋯⋯⋯⋯⋯⋯⋯⋯⋯⋯⋯⋯⋯⋯ 6-256

　沼生水马齿 *Callitriche palustris* L. ⋯⋯⋯⋯⋯⋯⋯⋯⋯⋯⋯⋯⋯⋯⋯⋯ 6-256

唇形科 Labiatae ⋯⋯⋯⋯⋯⋯⋯⋯⋯⋯⋯⋯⋯⋯⋯⋯⋯⋯⋯⋯⋯⋯⋯ 6-258

藿香属 *Agastache* Clayt. et Gronov ⋯⋯⋯⋯⋯⋯⋯⋯⋯⋯⋯⋯⋯⋯⋯⋯ 6-258

　藿香 *Agastache rugosa*（Fisch. et C. A. Mey.）O. Kuntze ⋯⋯⋯⋯⋯⋯ 6-258

筋骨草属 *Ajuga* L. ⋯⋯⋯⋯⋯⋯⋯⋯⋯⋯⋯⋯⋯⋯⋯⋯⋯⋯⋯⋯⋯⋯⋯ 6-262

　白苞筋骨草 *Ajuga lupulina* Maxim. ⋯⋯⋯⋯⋯⋯⋯⋯⋯⋯⋯⋯⋯⋯⋯⋯ 6-262

　多花筋骨草 *Ajuga multiflora* Bge. ⋯⋯⋯⋯⋯⋯⋯⋯⋯⋯⋯⋯⋯⋯⋯⋯ 6-264

水棘针属 *Amethystea* L. ⋯⋯⋯⋯⋯⋯⋯⋯⋯⋯⋯⋯⋯⋯⋯⋯⋯⋯⋯⋯⋯ 6-267

　水棘针 *Amethystea caerulea* L. ⋯⋯⋯⋯⋯⋯⋯⋯⋯⋯⋯⋯⋯⋯⋯⋯⋯⋯ 6-267

风轮菜属 *Clinopodium* L. ⋯⋯⋯⋯⋯⋯⋯⋯⋯⋯⋯⋯⋯⋯⋯⋯⋯⋯⋯⋯⋯ 6-270

　风车草 *Clinopodium urticifolium*（Hance）C. Y. Wu et Hsuan ex H. W. Li ⋯ 6-270

青兰属 *Dracocephalum* L. ⋯⋯⋯⋯⋯⋯⋯⋯⋯⋯⋯⋯⋯⋯⋯⋯⋯⋯⋯⋯ 6-274

　光萼青兰 *Dracocephalum argunense* Fisch. ex Link ⋯⋯⋯⋯⋯⋯⋯⋯⋯ 6-274

　垂花青兰 *Dracocephalum nutans* L. ⋯⋯⋯⋯⋯⋯⋯⋯⋯⋯⋯⋯⋯⋯⋯⋯ 6-276

　香青兰 *Dracocephalum moldavica* L. ⋯⋯⋯⋯⋯⋯⋯⋯⋯⋯⋯⋯⋯⋯⋯⋯ 6-278

　青兰 *Dracocephalum ruyschiana* L. ⋯⋯⋯⋯⋯⋯⋯⋯⋯⋯⋯⋯⋯⋯⋯⋯ 6-282

　毛建草 *Dracocephalum rupestre* Hance ⋯⋯⋯⋯⋯⋯⋯⋯⋯⋯⋯⋯⋯⋯⋯ 6-284

　白花枝子花 *Dracocephalum heterophyllum* Benth. ⋯⋯⋯⋯⋯⋯⋯⋯⋯⋯ 6-286

香薷属 *Elsholtzia* Willd ⋯⋯⋯⋯⋯⋯⋯⋯⋯⋯⋯⋯⋯⋯⋯⋯⋯⋯⋯⋯⋯ 6-288

　木香薷 *Elsholtzia stauntoni* Benth. ⋯⋯⋯⋯⋯⋯⋯⋯⋯⋯⋯⋯⋯⋯⋯⋯ 6-288

　密花香薷 *Elsholtzia densa* Benth. ⋯⋯⋯⋯⋯⋯⋯⋯⋯⋯⋯⋯⋯⋯⋯⋯⋯ 6-290

　海州香薷 *Elsholtzia splendens* Nakai ex F. Maekawa ⋯⋯⋯⋯⋯⋯⋯⋯ 6-292

　香薷 *Elsholtzia ciliata*（Thunb.）Hyland. ⋯⋯⋯⋯⋯⋯⋯⋯⋯⋯⋯⋯⋯ 6-294

鼬瓣花属 *Galeopsis* L. ⋯⋯⋯⋯⋯⋯⋯⋯⋯⋯⋯⋯⋯⋯⋯⋯⋯⋯⋯⋯⋯ 6-299

　鼬瓣花 *Galeopsis bifida* Boenn ⋯⋯⋯⋯⋯⋯⋯⋯⋯⋯⋯⋯⋯⋯⋯⋯⋯⋯ 6-299

活血丹属 *Glechoma* L. ⋯⋯⋯⋯⋯⋯⋯⋯⋯⋯⋯⋯⋯⋯⋯⋯⋯⋯⋯⋯⋯ 6-303

　活血丹 *Glechoma longituba*（Nakai）Rupr. ⋯⋯⋯⋯⋯⋯⋯⋯⋯⋯⋯⋯ 6-303

夏至草属 *Lagopsis* Bge. ex Benth ⋯⋯⋯⋯⋯⋯⋯⋯⋯⋯⋯⋯⋯⋯⋯⋯⋯ 6-306

　夏至草 *Lagopsis supina*（Steph.）Ik. - Gal. ex Knorr. ⋯⋯⋯⋯⋯⋯⋯ 6-306

野芝麻属 *Lamium* L. ⋯⋯⋯⋯⋯⋯⋯⋯⋯⋯⋯⋯⋯⋯⋯⋯⋯⋯⋯⋯⋯⋯ 6-310

　野芝麻 *Lamium barbatum* Sieb. et Zucc. ⋯⋯⋯⋯⋯⋯⋯⋯⋯⋯⋯⋯⋯⋯ 6-310

　　粉花野芝麻 var. *barbatum*（Sieb. et Zucc.）Franch. et Sav. ⋯⋯⋯⋯⋯ 6-312

益母草属 *Leonurus* L. ⋯⋯⋯⋯⋯⋯⋯⋯⋯⋯⋯⋯⋯⋯⋯⋯⋯⋯⋯⋯⋯ 6-314

　大花益母草 *Leonurus macranthus* Maxim. ⋯⋯⋯⋯⋯⋯⋯⋯⋯⋯⋯⋯⋯ 6-314

　錾菜 *Leonurus pseudomacranthus* Kitagawa ⋯⋯⋯⋯⋯⋯⋯⋯⋯⋯⋯⋯ 6-317

　益母草 *Leonurus japonicus* Houtt. ⋯⋯⋯⋯⋯⋯⋯⋯⋯⋯⋯⋯⋯⋯⋯⋯ 6-319

　　　白花益母草 var. *albiflorus*（Migo）S. Y. Hu. ·································· 6-322

　　细叶益母草 *Leonurus sibirica* L. ·· 6-323

地笋属 *Lycopus* L. ·· 6-327

　　小花地笋 *Lycopus parviflorus* Maxim. ···································· 6-327

　　小叶地笋 *Lycopus cavaleriei* H. Lév. ····································· 6-329

　　地笋 *Lycopus lucidus* Turcz. ex Benth. ··································· 6-331

龙头草属 *Meehania* Britt. ex Small. et Vaill ······························· 6-334

　　荨麻叶龙头草 *Meehania urticifolia*（Miq.）Makino ······················· 6-334

薄荷属 *Mentha* L. ·· 6-337

　　兴安薄荷 *Mentha dahurica* Fisch. ex Benth. ····························· 6-337

　　薄荷 *Mentha canadensis* L. ··· 6-339

荠苎属 *Mosla* Buch-Ham. ex Maxim. ··· 6-343

　　荠苎 *Mosla grosseserrata* Maxim. ······································· 6-343

　　石荠苎 *Mosla scabra*（Thumb.）C. Y. Wu et H. W. Li ···················· 6-345

荆芥属 *Nepeta* L. ··· 6-347

　　康藏荆芥 *Nepeta prattii* Levl. ·· 6-347

脓疮草属 *Panzeria* Moench ··· 6-350

　　脓疮草 *Panzerina lanata*（L.）Sojak ····································· 6-350

糙苏属 *Phlomoides* Moench ··· 6-352

　　块根糙苏 *Phlomoides tuberosa*（L.）Moench. ··························· 6-352

　　大叶糙苏 *Phlomoides maximowiczii*（Regel）Kamelin & Makhm. ·········· 6-357

　　糙苏 *Phlomoides umbrosa*（Turcz.）Kamelin & Makhm. ··················· 6-360

　　长白糙苏 *Phlomoides koraiensis*（Nakai）Kamelin & Makhm. ············ 6-363

　　串铃草 *Phlomoides mongolica*（Turcz.）Kamelin & A. L. Budantzev ······ 6-365

　　尖齿糙苏 *Phlomoides dentosa*（Franch.）Kamelin & Makhm ··············· 6-367

夏枯草属 *Prunella* L. ··· 6-369

　　山菠菜 *Prunella asiatica* Nakai ··· 6-369

香茶菜属 *Isodon*（Schrad. ex Benth.）Spach ································· 6-374

　　溪黄草 *Isodon serra*（Maxim.）Kudo ···································· 6-374

　　尾叶香茶菜 *Isodon excisus*（Maxim.）Kudo ······························ 6-377

　　蓝萼香茶菜 *Isodon japonicus* var. *glaucocalyx*（Maxim.）H. W. Li ········ 6-381

鼠尾草属 *Salvia* L. ··· 6-384

　　丹参 *Salvia miltiorrhiza* Bge. ·· 6-384

　　荔枝草 *Salvia plebeia* R. Br. ··· 6-387

　　荫生鼠尾草 *Salvia umbratica* Hance ····································· 6-390

裂叶荆芥属 *Schizonepeta* Briq. ·· 6-392

　　裂叶荆芥 *Schizonepeta tenuifolia*（Benth.）Briq. ······················· 6-392

　　多裂叶荆芥 *Schizonepeta multifida*（L.）Briq. ·························· 6-394

黄芩属 *Scutellaria* L. ·· 6-398

　　纤弱黄芩 *Scutellaria dependens* Maxim. ·································· 6-398

　　黏毛黄芩 *Scutellaria viscidula* Bge. ···································· 6-400

　　黄芩 *Scutellaria baicalensis* Georgi ····································· 6-405

　　京黄芩 *Scutellaria pekinensis* Maxim. ··································· 6-410

　　　乌苏里黄芩 var. *ussuriensis*（Regel）Hand.-Mazz. ···················· 6-411

　　狭叶黄芩 *Scutellaria regeliana* Nakai ··································· 6-413

　　沙滩黄芩 *Scutellaria strigillosa* Hemsl. ·································· 6-415

　　并头黄芩 *Scutellaria scordifolia* Fisch. ex Schrank ······················ 6-417

　　念珠根茎黄芩 *Scutellaria moniliorrhiza* Komarov ························ 6-419

盔状黄芩 *Scutellaria galericulata* L. ……………………………………………… 6-421

水苏属 *Stachys* L. ……………………………………………………………… 6-423

  甘露子 *Stachys sieboldii* Miq. …………………………………………… 6-423

  毛水苏 *Stachys baicalensis* Fisch. ex Benth. ……………………………… 6-427

  华水苏 *Stachys chinensis* Bge. ex Benth. ………………………………… 6-430

  水苏 *Stachys japonica* Miq. ……………………………………………… 6-432

百里香属 *Thymus* L. …………………………………………………………… 6-435

  地椒 *Thymus quinquecostatus* Celak. …………………………………… 6-435

  百里香 *Thymus mongolicus* Ronn. ……………………………………… 6-437

  兴安百里香 *Thymus dahuricus* Serg. …………………………………… 6-441

茄科 Solanaceae ……………………………………………………………… 6-444

曼陀罗属 *Datura* L. …………………………………………………………… 6-444

  曼陀罗 *Datura stramonium* L. …………………………………………… 6-444

  毛曼陀罗 *Datura innoxia* Mill. …………………………………………… 6-448

天仙子属 *Hyoscyamus* L. ……………………………………………………… 6-450

  天仙子 *Hyoscyamus niger* L. …………………………………………… 6-450

  小天仙子 *Hyoscyamus bohemicus* F. W. Schmidt ……………………… 6-454

枸杞属 *Lycium* L. ……………………………………………………………… 6-457

  枸杞 *Lycium chincnse* Mill. ……………………………………………… 6-457

  宁夏枸杞 *Lycium barbarum* L. …………………………………………… 6-460

假酸浆属 *Nicandra* Adans …………………………………………………… 6-462

  假酸浆 *Nicandra physaloides*（L.）Gaertn. ………………………… 6-462

散血丹属 *Physaliastrum* Makino ……………………………………………… 6-464

  日本散血丹 *Physaliastrum japonica*（Franch. et Sav.）Honda ……… 6-464

酸浆属 *Physalis* L. …………………………………………………………… 6-466

  挂金灯 *Physalis alkekengi* L. var. *francheti*（Mast.）Makino ………… 6-466

  毛酸浆 *Physalis pubescens* L. …………………………………………… 6-470

泡囊草属 *Physochlaina* G. Don ……………………………………………… 6-473

  泡囊草 *Physochlaina physaloides*（L.）G. Don ………………………… 6-473

茄属 *Solanum* L. ……………………………………………………………… 6-476

  野海茄 *Solanum japonense* Nakai ……………………………………… 6-476

  白英 *Solanum lyratum* Thunb …………………………………………… 6-479

  龙葵 *Solanum nigrum* L. ………………………………………………… 6-481

  青杞 *Solanum septemlobum* Bge. ………………………………………… 6-485

玄参科 Scrophulariaceae …………………………………………………… 6-490

芯芭属 *Cymbaria* L. …………………………………………………………… 6-490

  达乌里芯芭 *Cymbaria dahurica* L. ……………………………………… 6-490

  蒙古芯芭 *Cymbaria mongolica* Maxim. ………………………………… 6-494

小米草属 *Euphrasia* L. ………………………………………………………… 6-496

  小米草 *Euphrasia pectinata* Ten. ………………………………………… 6-496

  芒小米草 *Euphrasia pectinata* subsp. *simplex*（Freyn）Hong. ……… 6-498

水茫草属 *Limosella* L. ………………………………………………………… 6-500

  水茫草 *Limosella aquatica* L. …………………………………………… 6-500

柳穿鱼属 *Linaria* Mill. ………………………………………………………… 6-502

  多枝柳穿鱼 *Linaria buriatica* Turcz. ex Benth. ………………………… 6-502

  海滨柳穿鱼 *Linaria japonica* Miq. ……………………………………… 6-503

  柳穿鱼 *Linaria vulgaris* subsp. *chinensis*（Debeaux）D. Y. Hong …… 6-504

母草属 *Lindernia* All. ································· 6-507

  陌上菜 *Lindernia procumbens*（Krock.）Philcox ················· 6-507

通泉草属 *Mazus* Lour. ································· 6-509

  通泉草 *Mazus pumilus* （Burm. f.）Steenis ··············· 6-509

  弹刀子菜 *Maxus stachydifolius*（Turcz.）Maxim. ··············· 6-512

山罗花属 *Melampyrum* L. ································· 6-514

  山罗花 *Melampyrum roseum* Maxim. ··············· 6-514

    狭叶山罗花 var. *setaceum* Maxim. ex Palib. ··············· 6-517

沟酸浆属 *Mimulus* L. ································· 6-518

  沟酸浆 *Mimulus tenellus* Bge. ··············· 6-518

疗齿草属 *Odontites* Ludwig ································· 6-520

  疗齿草 *Odontites vulgaris* Moench ··············· 6-520

马先蒿属 *Pedicularis* L. ································· 6-522

  旌节马先蒿 *Pedicularis sceptrum-carolinum* L. ··············· 6-522

  中国马先蒿 *Pedicularis chinensis* Maxim. ··············· 6-524

  埃氏马先蒿 *Pedicularis artselaeri* Maxim. ··············· 6-525

  秀丽马先蒿 *Pedicularis venusta* Schangan ex Bge. ··············· 6-528

  红纹马先蒿 *Pedicularis striata* Pall. ··············· 6-529

  野苏子 *Pedicularis grandiflora* Fisch. ··············· 6-531

  红色马先蒿 *Pedicularis rubens* Steph. ex Willd. ··············· 6-534

  返顾马先蒿 *Pedicularis resupinata* L. ··············· 6-536

    白花返顾马先蒿 var. *albiflora*（Nakai）S. H Li. ··············· 6-538

    多枝返顾马先蒿 f. *ramose* Kom.（Nakai）Fl. Manch. ··············· 6-538

  穗花马先蒿 *Pedicularis spicata* Pall. ··············· 6-539

  轮叶马先蒿 *Pedicularis verticillata* L. ··············· 6-544

松蒿属 *Phtheirospermum* Bge. ································· 6-546

  松蒿 *Phtheirospermum japonicum*（Thunb.）Kanitz. ··············· 6-546

地黄属 *Rehmannia* Libosch ex Fisch. et C. A. Mey. ············· 6-549

  地黄 *Rehmannia glutinosa*（Gaert.）Libosch ex Fisch. et C. A. Mey. ······· 6-549

鼻花属 *Rhinanthus* L. ································· 6-552

  鼻花 *Rhinanthus glaber* Lam. ··············· 6-552

玄参属 *Scrophularia* L. ································· 6-554

  玄参 *Scrophularia ningpoensis* Hemsl. ··············· 6-554

  砾玄参 *Scrophularia incisa* Weinm ··············· 6-556

  北玄参 *Scrophularia buergeriana* Miq. ··············· 6-559

  丹东玄参 *Scrophularia kakudensis* Franch. ··············· 6-561

阴行草属 *Siphonostegia* Benth. ································· 6-563

  阴行草 *Siphonostegia chinensis* Benth. ··············· 6-563

婆婆纳属 *Veronica* L. ································· 6-566

  细叶婆婆纳 *Veronica linariifolia* Pall. ex Link ··············· 6-566

  白婆婆纳 *Veronica incana* L. ··············· 6-568

  东北婆婆纳 *Veronica rotunda* Nakai var. *subintegra*（Nakai）Yamazaki ······· 6-570

  小婆婆纳 *Veronica serpyllifolia* L. ··············· 6-572

  大婆婆纳 *Veronica dahurica* Stev. ··············· 6-574

  兔儿尾苗 *Veronica longifolia* L. ··············· 6-577

  蚊母草 *Veronica peregrina* L. ··············· 6-580

  石蚕叶婆婆纳 *Veronica chamaedrys* L. ··············· 6-581

北水苦荬 *Veronica anagallis*-aquatica L. ················ 6-584

水苦荬 *Veronica undulata* Wall. ···················· 6-586

阿拉伯婆婆纳 *Veronica persica* Poir. ·················· 6-587

腹水草属 *Veronicastrum* Heist. et Farbic ················ 6-589

草本威灵仙 *Veronicastrum sibiricum*（L.）Pennell ········· 6-589

管花腹水草 *Veronicastrum tubiflorum*（Fisch. et Mey.）Hara. ···· 6-594

紫葳科 Bignoniaceae ·························· 6-596

梓属 *Catalpa* Scop. ·························· 6-596

梓 *Catalpa ovata* G. Don ······················ 6-596

角蒿属 *Incarvillea* Juss. ······················ 6-600

角蒿 *Incarvillea sinensis* Lam. ··················· 6-600

苦苣苔科 Gesneriaceae ························· 6-602

旋蒴苣苔属 *Boea* Comm. ex Lam. ·················· 6-602

旋蒴苣苔 *Boea hygrometrica*（Bge.）R. Br. ············· 6-602

列当科 Orobanchaceae ························ 6-606

草苁蓉属 *Boschniakia* C. A. Mey. ex Bongard ············ 6-606

草苁蓉 *Boschniakia rossica*（Cham. et Schlecht.）Fedtsch. et Flerov ··· 6-606

列当属 *Orobanche* L. ························ 6-610

列当 *Orobanche coerulescens* Steph. ················ 6-610

黄花列当 *Orobanche pycnostachya* Hance ·············· 6-613

黑水列当 *Orobanche pycnostachya* var. *amurensis* G.Beck. ······ 6-616

弯管列当 *Orobanche cernua* Loefling ················ 6-618

美丽列当 *Orobanche anoena* C. A. Mey. ··············· 6-620

黄筒花属 *Phacellanthus* Sieb. et Zucc. ··············· 6-621

黄筒花 *Phacellanthus tubiflorus* Sieb. et Zucc. ··········· 6-621

肉苁蓉属 *Cistanche* Hoffmg. et Link ················ 6-623

沙苁蓉 *Cistanche sinensis* G. Beck ·················· 6-623

狸藻科 Lentibulariaceae ······················· 6-628

狸藻属 *Utricularia* L. ························ 6-628

弯距狸藻 *Utricularia vulgaris* subsp. Macrorhiza（Le Conte）R. T. Clausen ··· 6-628

透骨草科 Phrymaceae ························· 6-632

透骨草属 *Phryma* L. ························ 6-632

透骨草 *Phryma leptostachya* subsp. *asiatica*（Hara）Kitamura ····· 6-632

车前科 Plantaginaceae ························ 6-636

车前属 *Plantago* L. ························· 6-636

车前 *Plantago asiatica* L. ······················ 6-636

平车前 *Plantago depressa* Willd. ·················· 6-640

毛平车前 var. *montana* Kitag. ·················· 6-642

大车前 *Plantago major* L. ····················· 6-643

长叶车前 *Plantago lanceolata* L. ·················· 6-646

盐生车前 *Plantago maritima* subsp. *ciliata* Printz ········· 6-649

条叶车前 *Plantago minuta* Pall. ·················· 6-650

忍冬科 Caprifoliaceae ························ 6-654

六道木属 *Abelia* R. Br. ······················· 6-654

六道木 *Abelia biflora* Turcz. ···················· 6-654

忍冬属 *Lonicera* L. ························· 6-657

小叶忍冬 *Lonicera microphylla* Willd. ex Roem. et Schult. ····· 6-657

忍冬 *Lonicera japonica* Thunb. ·· 6-659

蓝靛果 *Lonicera caerulea* L. var. *edulis* Turcz. ex Herd. ·········· 6-662

金银忍冬 *Lonicera maackii*（Rupr.）Maxim. ···················· 6-665

金花忍冬 *Lonicera chrysantha* Turcz. ·························· 6-668

葱皮忍冬 *Lonicera ferdinandii* Franch. ························· 6-671

华北忍冬 *Lonicera tatarinowii* Maxim. ························ 6-673

接骨木属 *Sambucus* L. ··· 7-001

接骨木 *Sambucus williamsii* Hance ···························· 7-001

朝鲜接骨木 var. *coreana*（Nakai）Nakai ················· 7-006

东北接骨木 *Sambucus mandshurica* Kitag. ················ 7-007

莛子藨属 *Triosteum* L. ··· 7-009

腋花莛子藨 *Triosteum sinuatum* Maxim. ····················· 7-009

荚蒾属 *Viburnum* L. ·· 7-011

蒙古荚蒾 *Viburnum mongolicum* （Pall.）Rehd. ············· 7-011

鸡树条 *Viburnum opulus* subsp. *calvescens* （Rehder）Sugim. ········ 7-013

朝鲜荚蒾 *Viburnum koreanum* Nakai ························· 7-017

锦带花属 *Weigela* Thunb. ··· 7-019

锦带花 *Weigela florida*（Buneg）DC. ························ 7-019

白锦带花 f. *alba*（Nakai）C. F. Fang ··················· 7-022

早锦带花 *Weigela praeccox*（Lemoine）Bailey ················ 7-023

白花早锦带花 f. *albiflora*（Y. C. Chu）C. F. Fang ········ 7-025

五福花科 Adoxaceae ·· 7-028

五福花属 *Adoxa* L. ·· 7-028

五福花 *Adoxa moschatellina* L. ································ 7-028

败酱科 Valerianaceae ·· 7-034

败酱属 *Patrinia* Juss. ··· 7-034

败酱 *Patrinia scabiosaefolia* Fisch. ex Trev. ················ 7-034

岩败酱 *Patrinia rupestris*（Pall.）Dufr. ····················· 7-040

糙叶败酱 *Patrinia scabra* Bge. ······························ 7-043

墓头回 *Patrinia heterophylla* Bge. ··························· 7-045

攀倒甑 *Patrinia villosa*（Thunb.）Juss. ····················· 7-047

西伯利亚败酱 *Patrinia sibirica* （L.）Juss. ················· 7-050

缬草属 *Valeriana* L. ··· 7-052

黑水缬草 *Valeriana amurensis* Smirn ex Kom. ·············· 7-052

缬草 *Valeriana officinalis* L. ································· 7-055

毛节缬草 var. *stolonifera* Bar. et Skv. ················· 7-059

川续断科 Dipsacaceae ··· 7-062

川续断属 *Dipsacus* L. ··· 7-062

日本续断 *Dipsacus japonicus* Miq. ·························· 7-062

蓝盆花属 *Scabiosa* L. ··· 7-065

窄叶蓝盆花 *Scabiosa comosa* Fisch. ex Roem. et Schult. ········ 7-065

白花窄叶蓝盆花 f. *albiflora* S. H. Li ··················· 7-067

华北蓝盆花 *Scabiosa tschiliensis* Grun. ····················· 7-069

白花华北蓝盆花 f. *albiflora* S. H. Li ··················· 7-071

桔梗科 Campanulaceae ·· 7-074

沙参属 *Adenophora* Fisch. ··· 7-074

轮叶沙参 *Adenophora tetraphylla*（Thunb.）Fisch. ·············· 7-074

展枝沙参 *Adenophora divaricata* Franch. et Sav. ·································· 7-078

狭叶展枝沙参 f. *angustifolia* Bar. ······································ 7-080

长白沙参 *Adenophora pereskiifolia* (Fisch. ex Roem. et Schult.) G. Don ········· 7-081

荠苨 *Adenophora trachelioides* Maxim. ································· 7-083

薄叶荠苨 *Adenophora remotiflora* (Sieb. et Zucc.) Miq. ················ 7-085

沼沙参 *Adenophora palustris* Kom. ·································· 7-088

扫帚沙参 *Adenophora stenophylla* Hemsl. ····························· 7-090

长柱沙参 *Adenophora stenanthina* (Ledeb.) Kitagawa ················ 7-092

石沙参 *Adenophora polyantha* Nakai ································ 7-094

狭叶沙参 *Adenophora gmelinii* (Spreng.) Fisch. ····················· 7-097

锯齿沙参 *Adenophora tricuspidata* (Fisch. ex Roem. et Schult.) A. DC. ········ 7-099

牧根草属 *Asyneuma* Griseb. et Schenk. ································· 7-101

牧根草 *Asyneuma japonicum* (Miq.) Briq. ····························· 7-101

风铃草属 *Campanula* L. ·· 7-105

紫斑风铃草 *Campanula punctata* Lam. ······························· 7-105

红紫斑风铃草 var. *rubriflora* Makino ······························· 7-108

聚花风铃草 *Campanula glomerata* L. ································· 7-109

党参属 *Codonopsis* Wall. ··· 7-114

党参 *Codonopsis pilosula* (Franch.) Nannf. ························· 7-114

羊乳 *Codonopsis lanceolata* (Sieb. et Zucc.) Trautv. ················· 7-117

雀斑党参 *Codonopsis ussuriensis* (Rupr. et Maxim.) Hemsl. ··········· 7-121

半边莲属 *Lobelia* L. ·· 7-124

山梗菜 *Lobelia sessilifolia* Lamb. ·································· 7-124

桔梗属 *Platycodon* A. DC. ·· 7-127

桔梗 *Platycodon grandiflorus* (Jacq.) A. DC. ······················ 7-127

白花桔梗 var. *album* Hort. ··· 7-129

菊科 Compositae ·· 7-136

泽兰属 *Eupatorium* L. ··· 7-136

白头婆 *Eupatorium japonicum* Thunb. ······························· 7-136

林泽兰 *Eupatorium lindleyanum* DC. ································· 7-140

紫菀属 *Aster* L. ·· 7-143

高山紫菀 *Aster alpinus* L. ··· 7-143

紫菀 *Aster tataricus* L. ··· 7-147

三脉紫菀 *Aster trinervius* subsp. *ageratoides* (Turcz.) Grierson ········· 7-152

圆苞紫菀 *Aster maackii* Regel ······································ 7-156

翠菊属 *Callistephus* Cass. ··· 7-159

翠菊 *Callistephus chinensis* (L.) Ness ······························ 7-159

白酒草属 *Conyza* Less. ·· 7-163

小蓬草 *Erigeron canadensis* (L.) Cronq. ··························· 7-163

东风菜属 *Doellingeria* Nees ·· 7-167

东风菜 *Doellingeria scaber* (Thunb.) Nees ·························· 7-167

飞蓬属 *Erigeron* L. ··· 7-171

一年蓬 *Erigeron annus* (L.) Pers. ·································· 7-171

山飞蓬 *Erigeron komarovii* Botsch. ·································· 7-176

长茎飞蓬 *Erigeron acris* subsp. *politus* (Fr.) H. Lindb. ·············· 7-179

飞蓬 *Erigeron acer* L. ··· 7-182

狗娃花属 *Heteropappus* Less. ··· 7-185

阿尔泰狗娃花 *Heteropappus altaicus* Willd. ························ 7-185

狗娃花 *Heteropappus hispidus* Thunb. ························ 7-188

马兰属 *Kalimeris* Cass. ························ 7-193

全叶马兰 *Kalimeris integrifolia* Turcz. ex DC. ························ 7-193

山马兰 *Kalimeris lautureana* （Debex.l）Kitam. ························ 7-196

裂叶马兰 *Kalimeris incisa* （Fisch.）DC. ························ 7-199

蒙古马兰 *Kalimeris mongolica* （Franch.）Kitam. ························ 7-202

一枝黄花属 *Solidago* L. ························ 7-204

兴安一枝黄花 *Solidago virgaurea* L. var. *dahurica* Kitag. ························ 7-204

朝鲜一枝黄花 var. *coreana* Nakai ························ 7-208

女菀属 *Turczaninowia* DC. ························ 7-209

女菀 *Turczaninowia fastigiata*（Fisch.）DC. ························ 7-209

和尚菜属 *Adenocaulon* Hook. ························ 7-214

和尚菜 *Adenocaulon himalaicum* Edgew. ························ 7-214

香青属 *Anaphalis* DC. ························ 7-219

铃铃香青 *Anaphalis hancockii* Maxim. ························ 7-219

天名精属 *Carpesium* L. ························ 7-221

大花金挖耳 *Carpesium macrocephalum* Franch. et Sav. ························ 7-221

烟管头草 *Carpesium cernuum* L. ························ 7-224

暗花金挖耳 *Carpesium trista* Maxim. ························ 7-227

金挖耳 *Carpesium divaricatum* Sieb. et Zucc. ························ 7-228

鼠麴草属 *Gnaphalium* L. ························ 7-230

湿生鼠麴草 *Gnaphalium tranzschelii* Kirp. ························ 7-230

旋覆花属 *Inula* L. ························ 7-231

柳叶旋覆花 *Inula salicina* L. ························ 7-231

线叶旋覆花 *Inula linariaefolia* Turcz. ························ 7-234

欧亚旋覆花 *Inula britannica* L. ························ 7-238

旋覆花 *Inula japonica* Thunb. ························ 7-240

多枝旋覆花 var. *ramosa*（Kom.）C. Y. Li ························ 7-244

土木香 *Inula helenium* L. ························ 7-247

蓼子朴 *Inula salsoloides* （Turcz.）Ostrnf. ························ 7-249

火绒草属 *Leontopodium* R. Br. ························ 7-253

火绒草 *Leontopodium leontopodioides*（Willd.）Beauv. ························ 7-253

团球火绒草 *Leontopodium conglobatum* （Turcz.）Hand. -Mazz. ························ 7-256

长叶火绒草 *Leontopodium longifolium* Ling ························ 7-259

豚草属 *Ambrosia* L. ························ 7-261

豚草 *Ambrosia artemisiifolia* L. ························ 7-261

三裂叶豚草 *Ambrosia trifida* L. ························ 7-265

鬼针草属 *Bidens* L. ························ 7-268

柳叶鬼针草 *Bidens cernua* L. ························ 7-268

金盏银盘 *Bidens biternata*（Lour.）Merr. et Sherff ························ 7-271

小花鬼针草 *Bidens parviflora* Willd. ························ 7-274

婆婆针 *Bidens bipinnata* L. ························ 7-277

狼杷草 *Bidens tripartita* L. ························ 7-279

羽叶鬼针草 *Bidens maximowicziana* Oett. ························ 7-282

大狼杷草 *Bidens frondosa* L. ························ 7-285

鳢肠属 *Eclipta* L. ························ 7-287

鳢肠 *Eclipta prostrata*（L.）L. ·· 7-287

牛膝菊属 *Galinsogo* Ruiz. et Pav. ·· 7-289

  粗毛牛膝菊 *Galinsoga quadriradiata* Ruiz et Pav. ·· 7-289

向日葵属 *Helianthus* L. ·· 7-291

  菊芋 *Helianthus tuberosus* L. ·· 7-291

金光菊属 *Rudbeckia* L. ·· 7-297

  黑心金光菊 *Rudbeckia hirta* L. ·· 7-297

豨莶属 *Siegesbeckia* L. ·· 7-301

  腺梗豨莶 *Siegesbeckia pubescens* Makino ·· 7-301

  毛梗豨莶 *Siegesbeckia glabrescens* Makino ·· 7-305

松香草属 *Siliphium* L. ·· 7-307

  串叶松香草 *Siliphium perfoliatum* L. ·· 7-307

苍耳属 *Xanthium* L. ·· 7-310

  苍耳 *Xanthium strumarium* L. ·· 7-310

  蒙古苍耳 *Xanthium mongolicum* Kitag. ·· 7-314

蓍属 *Achillea* L. ·· 7-317

  齿叶蓍 *Achillea acuminata*（Ledeb.）Sch. -Bip. ·· 7-317

  高山蓍 *Achillea alpina* L. ·· 7-319

  短瓣蓍 *Achillea ptarmicoides* Maxim. ·· 7-322

  蓍 *Achillea millefolium* L. ·· 7-325

  亚洲蓍 *Achillea asiatica* Serg. ·· 7-329

蒿属 *Artemisia* L. ·· 7-333

  大籽蒿 *Artemisia sieversiana* Ehrhart et Willd. ·· 7-333

  冷蒿 *Artemisia frigida* Willd. ·· 7-337

  白山蒿 *Artemisia lagocephala*（Fisch. ex Bess.）DC. ·· 7-339

  青蒿 *Artemisia carvifolia* Buch.-Ham. ·· 7-341

  黄花蒿 *Artemisia annua* L. ·· 7-343

  山蒿 *Artemisia brachyloba* Franch. ·· 7-346

  白莲蒿 *Artemisia sacrorum* Ledeb. ·· 7-348

  毛莲蒿 *Artemisia vestita* Wall. ex Bess. ·· 7-350

  裂叶蒿 *Artemisia tanacetifolia* L. ·· 7-352

  林艾蒿 *Artemisia viridissima*（Komar.）Pamp ·· 7-355

  菴蔺 *Artemisia keiskeana* Miq. ·· 7-356

  蒌蒿 *Artemisia selengensis* Turcz. ·· 7-359

  矮蒿 *Artemisia lancea* Van ·· 7-363

  蒙古蒿 *Artemisia mongolica*（Fisch. ex Bess.）Nakai ·· 7-365

  艾 *Artemisia argyi* Levl. et Vant. ·· 7-366

  宽叶山蒿 *Artemisia stolonifera*（Maxim.）Kom. ·· 7-369

  盐蒿 *Artemisia halodendron* Turcz. ex Bess ·· 7-372

  牡蒿 *Artemisia japonica* Thunb. ·· 7-374

  南牡蒿 *Artemisia eriopoda* Bge. ·· 7-376

  猪毛蒿 *Artemisia scoparia* Waldst. et Kit. ·· 7-378

  沙蒿 *Artemisia desertorum* Spreng. ·· 7-381

  茵陈蒿 *Artemisia capillaries* Thunb. ·· 7-382

石胡荽属 *Centipeda* Lour. ·· 7-385

  石胡荽 *Centipeda minima*（L.）A. Br. et Aach. ·· 7-385

小滨菊属 *Leucanthemella* Tzvel. ·· 7-387

小滨菊 *Leucanthemella linearis*（Matsum.）Tzvel. ·································· 7-387

菊属 *Chrysanthemum* L. ·· 7-389

野菊 *Chrysanthemum indicum* Thunb ·· 7-389

甘菊 *Chrysanthemum lavandulifolium*（Fisch. ex Trautv.）Makino ·········· 7-392

甘野菊 var. *seticuspe*（Maxim.）Shin ······································ 7-394

小红菊 *Chrysanthemum chanetii* H. Lév. ······································ 7-395

楔叶菊 *Chrysanthemum naktongense* Nakai ·································· 7-397

紫花野菊 *Chrysanthemum zawadskii* Herbich ·································· 7-400

小山菊 *Chrysanthemum oreastrum* Hance ······································ 7-401

线叶菊属 *Filifolium* Kitam. ·· 7-405

线叶菊 *Filifolium sibiricum*（L.）Kitam. ······································ 7-405

母菊属 *Matricaria* L. ·· 7-408

同花母菊 *Matricaria matricarioides*（Less.）Porter ex Britton ·········· 7-408

栉叶蒿属 *Neopallasia* Poljak. ·· 7-410

栉叶蒿 *Neopallasia pectinata*（Pall.）Poljak. ······························ 7-410

菊蒿属 *Tanacetum* L. ·· 7-412

菊蒿 *Tanacetum vulgare* L. ·· 7-412

三肋果属 *Tripleurospermum* Sch. -Bip. ·· 7-415

三肋果 *Tripleurospermum limosum*（Maxim.）Pobed. ···················· 7-415

蟹甲草属 *Parasenecio* W. W. Smith et J. Small ·································· 7-417

耳叶蟹甲草 *Parasenecio auriculatus*（DC.）H. Koyama ·················· 7-417

山尖子 *Parasenecio hastatus*（L.）H. Koyama ······························ 7-419

橐吾属 *Ligularia* Cass. ·· 7-422

合苞橐吾 *Ligularia schmidtii*（Maxim.）Makino ···························· 7-422

长白山橐吾 *Ligularia jamesii*（Hemsl.）Kom. ······························ 7-424

全缘橐吾 *Ligularia mongolica*（Turcz.）DC. ································ 7-428

复序橐吾 *Ligularia jaluensis* Kom. ·· 7-431

蹄叶橐吾 *Ligularia fischeri*（Ledeb.）Turcz. ································ 7-434

多毛蹄叶橐吾 f. *diabolica* Kitam. ·· 7-436

橐吾 *Ligularia sibirica*（L.）Cass. ·· 7-438

狭苞橐吾 *Ligularia intermedia* Nakai ·· 7-442

蜂斗菜属 *Petasites* Mill. ·· 7-446

蜂斗菜 *Petasites japonicus*（Sieb. et Zucc.）Maxim. ······················ 7-446

千里光属 *Senecio* L. ·· 7-448

欧洲千里光 *Senecio vulgaris* L. ·· 7-448

林荫千里光 *Senecio nemorensis* L. ·· 7-451

麻叶千里光 *Senecio cannabifolius* Less. ···································· 7-454

全叶千里光 var. *integrifolius*（Koidz.）Kitam. ·························· 7-456

额河千里光 *Senecio argunensis* Turcz. ·· 7-461

兔儿伞属 *Syneilesis* Maxim. ·· 7-464

兔儿伞 *Syneilesis aconitifolia*（Bge.）Maxim. ······························ 7-464

狗舌草属 *Tephroseris*（Rchb.）Rchb. ·· 7-468

红轮狗舌草 *Tephroseris flammea*（Turcz. ex DC.）Holub. ················ 7-468

长白狗舌草 *Tephroseris phoeantha*（Nakai）C. Juffrey et Y. L. Chen ······ 7-471

狗舌草 *Tephroseris campestris*（Rutz.）Rchb. ······························ 7-474

北狗舌草 f. *spathulatus*（Miq.）R. Yin et C. Y. Li ························ 7-477

湿生狗舌草 *Tephroseris palustris*（L.）Four. ································ 7-478

款冬属 *Tussilago* L. ……………………………………………………… 7-483

款冬 *Tussilago farfara* L. ………………………………………………… 7-483

蓝刺头属 *Echinops* L. …………………………………………………… 7-486

砂蓝刺头 *Echinops gmelini* Turcz. ……………………………………… 7-486

驴欺口 *Echinops davuricus* Trevir. ……………………………………… 7-489

牛蒡属 *Arctium* L. ………………………………………………………… 7-491

牛蒡 *Arctium lappa* L. …………………………………………………… 7-491

顶羽菊属 *Acroptilon* Cass. ……………………………………………… 7-495

顶羽菊 *Acroptilon repens*（L.）DC. …………………………………… 7-495

苍术属 *Atractylodes* DC. ………………………………………………… 7-497

关苍术 *Atractylodes japonica* Koidz. ex Kitam. ……………………… 7-497

苍术 *Atractylodes lancea*（Thunb.）DC. ……………………………… 7-501

朝鲜苍术 *Atractylodes koreana*（Nakai）Kitam. …………………… 7-504

飞廉属 *Carduus* L. ………………………………………………………… 7-506

丝毛飞廉 *Carduus crispus* L. …………………………………………… 7-506

蓟属 *Cirsium* Mill. ………………………………………………………… 7-510

刺儿菜 *Cirsium segetum* Bge. …………………………………………… 7-510

大刺儿菜 *Cirsium setosum*（Willd.）Bieb. …………………………… 7-514

白花大刺儿菜 f. *albiflora*（Kitag.）Kitag. ……………………… 7-515

绒背蓟 *Cirsium vlassovianum* Fisch. ex DC. ………………………… 7-520

莲座蓟 *Cirsium esculentum*（Sievers）C. A. Mey. ………………… 7-524

林蓟 *Cirsium schantranse* Trautv. et Mey. …………………………… 7-527

绿蓟 *Cirsium chinense* Gardn. et Champ. …………………………… 7-530

烟管蓟 *Cirsium pendulum* Fisch. ex DC. …………………………… 7-532

野蓟 *Cirsium maackii* Maxim. ………………………………………… 7-535

魁蓟 *Cirsium leo* Nakai et Kitag. ……………………………………… 7-539

泥胡菜属 *Hemistepta* Bge. ……………………………………………… 7-542

泥胡菜 *Hemistepta lyrata* Bge. ………………………………………… 7-542

蝟菊属 *Olgaea* Iljin ……………………………………………………… 7-545

火媒草 *Olgaea leucophylla*（Turcz.）Iljin …………………………… 7-545

蝟菊 *Olgaea lomonosowii*（Trautv.）Iljin …………………………… 7-548

漏芦属 *Rhaponticum* Ludw. ……………………………………………… 7-550

漏芦 *Rhaponticum uniflorum*（L.）DC. ……………………………… 7-550

风毛菊属 *Saussurea* DC. ………………………………………………… 7-554

紫苞雪莲 *Saussurea iodostegia* Hance ………………………………… 7-554

草地风毛菊 *Saussurea amara* DC. …………………………………… 7-556

风毛菊 *Saussurea japonica*（Thunb.）DC. …………………………… 7-559

美花风毛菊 *Saussurea pulchella*（Fisch.）Fisch. ………………… 7-561

柳叶风毛菊 *Saussurea epilobioides* Maxim. ………………………… 7-564

银背风毛菊 *Saussurea nivea* Turcz. …………………………………… 7-566

龙江风毛菊 *Saussurea amurensis* Turcz. ……………………………… 7-568

麻花头属 *Serratula* L. …………………………………………………… 7-570

伪泥胡菜 *Serratula coronata* L. ………………………………………… 7-570

麻花头 *Serratula centauroides* L. ……………………………………… 7-574

缢苞麻花头 *Serratula strangulata* Iljin ……………………………… 7-578

水飞蓟属 *Silybum* Adans. ……………………………………………… 7-580

水飞蓟 *Silybum marianum*（L.）Gaertn ……………………………… 7-580

山牛蒡属 *Synurus* Iljin ·· 7-582

  山牛蒡 *Synurus deltoides*（Ait.）Nakai ································ 7-582

大丁草属 *Leibnitzia* Cass. ·· 7-586

  大丁草 *Leibnitzia anandria*（L.）Turcz. ····························· 7-586

猫儿菊属 *Hypochaeris* L. ·· 7-589

  猫儿菊 *Hypochaeris ciliata*（Thunb.）Makino ······················ 7-589

菊苣属 *Cichorium* L. ·· 7-595

  菊苣 *Cichorium intybus* L. ··· 7-595

还阳参属 *Crepis* L. ·· 7-598

  屋根草 *Crepis tectorum* L. ··· 7-598

  还阳参 *Crepis crocea*（Lamk.）Babc. ······························ 7-605

山柳菊属 *Hieracium* L. ·· 7-607

  宽叶山柳菊 *Hieracium coreanum* Nakai ····························· 7-607

  山柳菊 *Hieracium umbellatum* L. ··································· 7-611

小苦荬属 *Ixeridium*（A. Gray）Tzvel. ································ 7-615

  中华小苦荬 *Ixeridium chinense*（Thunb.）Tzvel. ··················· 7-615

    丝叶小苦荬 var. *graminiforlia*（Ledeb.）H. C.Fu ················ 7-618

  抱茎小苦荬 *Ixeridium sonchifolia* Hance ···························· 7-620

苦荬菜属 *Ixeris* Cass. ·· 7-624

  沙苦荬菜 *Ixeris repens* A. Gray ···································· 7-624

莴苣属 *Lactuca* L. ·· 7-625

  山莴苣 *Lactuca sibirica*（L.）Benth. ex Maxim. ···················· 7-625

  野莴苣 *Lactuca seriola* Torner ····································· 7-629

  乳苣 *Lactuca tatarica*（L.）C. A. Mey. ···························· 7-632

黄瓜菜属 *Paraixeris* Nakai ·· 7-634

  少花黄瓜菜 *Paraixeris chelidonifolia*（Makino）Nakai ·············· 7-634

  黄瓜菜 *Paraixeris denticulata*（Houtt.）Nakai ····················· 7-637

    羽叶黄瓜菜 f. *pinnatipartita*（Makino）Kitag. ··················· 7-641

毛连菜属 *Picris* L. ·· 7-643

  日本毛连菜 *Picris japonica* Thunb. ································· 7-643

翅果菊属 *Pterocypsela* Shih ·· 7-646

  翼柄翅果菊 *Pterocypsela triangulata*（Maxim.）Shih ·············· 7-646

  翅果菊 *Pterocypsela indica*（L.）Shih ····························· 7-649

鸦葱属 *Scorzonera* L. ·· 7-652

  东北鸦葱 *Scorzonera manshurica* Nakai ···························· 7-652

  华北鸦葱 *Scorzonera albicaulis* Bge. ······························· 7-654

  毛梗鸦葱 *Scorzonera radiata* Fisch. ································· 7-657

  丝叶鸦葱 *Scorzonera curvata*（Popl.）Lipsch. ······················ 7-659

  鸦葱 *Scorzonera austriaca* Willd. ··································· 7-660

  桃叶鸦葱 *Scorzonera sinensis* Lipsch. et Krasch. ex Lipsch. ········ 7-663

  帚状鸦葱 *Scorzonera pseudodivaricata* Lipsch. ····················· 7-665

苦苣菜属 *Sonchus* L. ·· 7-667

  长裂苦苣菜 *Sonchus brachyotus* DC. ······························· 7-667

  苦苣菜 *Sonchus oleraceus* L. ······································· 7-674

  花叶滇苦菜 *Sonchus asper*（L.）Hill. ······························ 7-677

蒲公英属 *Taraxacum* F. H. Wigg. ·· 8-001

  白花蒲公英 *Taraxacum pseudo-albidum* Kitag. ······················ 8-001

朝鲜蒲公英 *Taraxacum coreanum* Nakai ·························· 8-003

蒲公英 *Taraxacum mongolicum* Hand-Mazz. ·························· 8-004

芥叶蒲公英 *Taraxacum brassicaefolium* Kitag. ·························· 8-008

东北蒲公英 *Taraxacum ohwianum* Kitag. ·························· 8-009

华蒲公英 *Taraxacum borealisinense* Kitam. ·························· 8-014

白缘蒲公英 *Taraxacum platypecidum* Diels ·························· 8-016

婆罗门参属 *Tragopogon* L. ·························· 8-018

东方婆罗门参 *Tragopogon orientalis* L. ·························· 8-018

黄鹌菜属 *Youngia* Cass. ·························· 8-021

细叶黄鹌菜 *Youngia tenuifolia* （Willd.）Babcock et Stebbins ·························· 8-021

细茎黄鹌菜 *Youngia tenuicaulis* （Babc. et Stebb.）Czerep ·························· 8-024

泽泻科 Alismataceae ·························· 8-028

泽泻属 *Alisma* L. ·························· 8-028

东方泽泻 *Alisma orientale*（Samuel.）Juz. ·························· 8-028

草泽泻 *Alisma gramineum* Lej. ·························· 8-031

慈姑属 *Sagittaria* L. ·························· 8-033

野慈姑 *Sagittaria trifolia* L. ·························· 8-033

剪刀草 var. *angustifolia*（Sieb.）Kitag. ·························· 8-035

花蔺科 Butomaceae ·························· 8-038

花蔺属 *Butomus* L. ·························· 8-038

花蔺 *Butomus umbellatus* L. ·························· 8-038

水鳖科 Hydrocharitaceae ·························· 8-044

黑藻属 *Hydrilla* Rich. ·························· 8-044

黑藻 *Hydrilla verticillata*（L. f.）Royle ·························· 8-044

水鳖属 *Hydrocharis* L. ·························· 8-045

水鳖 *Hydrocharis dubia*（Bl.）Backer ·························· 8-045

水车前属 *Ottelia* Pers. ·························· 8-047

龙舌草 *Ottelia alismoides*（L.）Pers. ·························· 8-047

苦草属 *Vallisneria* L. ·························· 8-051

苦草 *Vallisneria natans*（Lour.）Hara. ·························· 8-051

水麦冬科 Juncaginaceae ·························· 8-054

水麦冬属 *Triglochin* L. ·························· 8-054

水麦冬 *Triglochin palustre* L. ·························· 8-054

海韭菜 *Triglochin maritimum* L. ·························· 8-057

眼子菜科 Potamogetonaceae ·························· 8-062

眼子菜属 *Potamogeton* L. ·························· 8-062

眼子菜 *Potamogeton distinctus* A. Benn ·························· 8-062

竹叶眼子菜 *Potamogeton wrightii* Morong ·························· 8-065

浮叶眼子菜 *Potamogeton natans* L. ·························· 8-066

异叶眼子菜 *Potamogeton heterophyllus* Schreb. ·························· 8-067

菹草 *Potamogeton crispus* L. ·························· 8-068

穿叶眼子菜 *Potamogeton perfoliatus* L. ·························· 8-070

百合科 Liliaceae ·························· 8-074

葱属 *Allium* L. ·························· 8-074

茖葱 *Allium victorialis* L. ·························· 8-074

细叶韭 *Allium tenuissimum* L. ·························· 8-077

野韭 *Allium ramosum* L. ·························· 8-079

碱韭 *Allium polyrhizum* Turcz. ex Regel ·················· 8-081

薤白 *Allium macrostemon* Bge. ·················· 8-083

密花小根蒜 var. *uratense*（Franch.）Airy-Shaw. ·················· 8-085

球序韭 *Allium thunbergii* G. Don ·················· 8-087

砂韭 *Allium bidentatum* Fisch. ex Prokh. ·················· 8-090

天蓝韭 *Allium cyaneum* Regel ·················· 8-092

山韭 *Allium senescens* L. ·················· 8-093

长梗韭 *Allium neriniflorum*（Herb.）Baker ·················· 8-096

蒙古韭 *Allium mongolicum* Regel ·················· 8-099

知母属 *Anemarrhena* Bge. ·················· 8-101

知母 *Anemarrhena asphodeloides* Bge. ·················· 8-101

天门冬属 *Aspargagus* L. ·················· 8-104

龙须菜 *Aspargagus schoberioides* Kunth. ·················· 8-104

兴安天门冬 *Asparagus dauricus* Fisch. ex Link ·················· 8-108

曲枝天门冬 *Asparagus trichophyllus* Bge. ·················· 8-110

南玉带 *Asparagus oligoclonos* Maxim. ·················· 8-111

攀援天门冬 *Asparagus brachyphyllus* Turcz. ·················· 8-114

戈壁天门冬 *Asparagus gobicus* Ivan. ex Grubov ·················· 8-116

七筋姑属 *Clintonia* Raf. ·················· 8-118

七筋姑 *Clintonia udensis* Trautv. et Mey. ·················· 8-118

铃兰属 *Convallaria* L. ·················· 8-122

铃兰 *Convallaria majalis* L. ·················· 8-122

万寿竹属 *Disporum* Salisb. ·················· 8-127

宝珠草 *Disporum viridescens*（Maxim.）Nakai ·················· 8-127

宝铎草 *Disporum sessile* D. Don ·················· 8-130

猪牙花属 *Erythronim* L. ·················· 8-133

猪牙花 *Erythronium japonicum* Decne ·················· 8-133

无斑叶猪牙花 f. *immaculatum* Q. S. Sun ·················· 8-136

白花猪牙花 f. *album* Fang et Qin ·················· 8-138

贝母属 *Fritillaria* L. ·················· 8-139

平贝母 *Fritillaria ussuriensis* Maxim. ·················· 8-139

黄花平贝母 f. *lutosa* Ding et Fang ·················· 8-142

轮叶贝母 *Fritillaria maximowiczii* Freyn ·················· 8-143

顶冰花属 *Gagea* Salisb. ·················· 8-146

顶冰花 *Gagea nakaiana* Kitagawa ·················· 8-146

三花顶冰花 *Gagea triflora*（Ledeb.）Roem. et Schult. ·················· 8-150

萱草属 *Hemerocallis* L. ·················· 8-152

北黄花菜 *Hemerocallis lilio-asphodelus* L. ·················· 8-152

小黄花菜 *Hemerocallis minor* Mill. ·················· 8-155

大苞萱草 *Hemerocallis middendorfii* Trautv. et Mey. ·················· 8-160

玉簪属 *Hosta* Tratt. ·················· 8-166

东北玉簪 *Hosta ensata* F. Maekawa ·················· 8-166

卵叶玉簪 var. *normalis*（F. Maekawa）Q. S. Sun ·················· 8-167

百合属 *Lilium* L. ·················· 8-170

山丹 *Lilium pumilum* DC. ·················· 8-170

毛百合 *Lilium dauricum* Ker-Gawl. ·················· 8-178

渥丹 *Lilium concolor* Salisb. ·················· 8-182

　　　有斑百合 var. *pulchellum*（Fisch.）Regel ···················· 8-184

　　　大花百合 var. *megalanthum* Wang et Tang ···················· 8-188

　　卷丹 *Lilium tigrinum* Ker Gawler ···························· 8-189

　　朝鲜百合 *Lilium amabile* Palib. ···························· 8-192

　　大花卷丹 *Lilium leichtlinii* Hook. f. var. *maximowiczii*（Regel）Baker ··· 8-194

　　条叶百合 *Lilium callosum* Sieb. et Zucc. ···················· 8-197

　　垂花百合 *Lilium cernuum* Kom. ···························· 8-199

　　东北百合 *Lilium distichum* Nakai ·························· 8-203

山麦冬属 *Liriope* Lour. ···································· 8-207

　　山麦冬 *Liriope spicata*（Thunb.）Lour. ···················· 8-207

洼瓣花属 *Lloydia* Salisb. ···································· 8-208

　　洼瓣花 *Lloydia serotina*（L.）Rchb. ························ 8-208

舞鹤草属 *Maianthemum* Web. ·································· 8-210

　　二叶舞鹤草 *Maianthemum bifolium*（L.）F. W. Schm. ·········· 8-210

　　舞鹤草 *Maianthemum dilatatum*（Wood）Nels. et Mach. ········ 8-213

重楼属 *Paris* L. ·· 8-215

　　四叶重楼 *Paris quadrifolia* L. ···························· 8-215

　　北重楼 *Paris verticillata* M.-Bieb. ························ 8-217

　　　倒卵叶重楼 var. *obovata*（Ledeb.）Hara ···················· 8-223

黄精属 *Polygonatum* Mill. ·································· 8-224

　　黄精 *Polygonatum sibiricum* Reddoute ······················ 8-224

　　狭叶黄精 *Polygonatum stenophyllum* Maxim. ················ 8-228

　　玉竹 *Polygonatum odoratum*（Mill.）Druce ·················· 8-231

　　毛筒玉竹 *Polygonatum inflatum* Kom. ······················ 8-237

　　五叶黄精 *Polygonatum acuminatifolim* Kom. ················ 8-240

　　小玉竹 *Polygonatum humile* Fisch. ex Maxim. ················ 8-244

　　热河黄精 *Polygonatum macropodium* Turcz. ·················· 8-248

　　二苞黄精 *Polygonatum involucratum* Maxim. ················ 8-251

　　长苞黄精 *Polygonatum desoulavyi* Maxim. ·················· 8-254

绵枣儿属 *Barnardia* Lindl. ·································· 8-256

　　绵枣儿 *Barnardia japonica*（Thunberg）Schultes & J. H. Schultes ··· 8-256

鹿药属 *Smilacina* Desf. ···································· 8-260

　　兴安鹿药 *Smilacina davurica* Turcz. ······················ 8-260

　　三叶鹿药 *Smilacina trifolia* Desf. ························ 8-263

　　鹿药 *Smilacina japonica* A. Gray ·························· 8-264

　　两色鹿药 *Smilacina bicolor* Nakai ························ 8-267

菝葜属 *Smilax* L. ·· 8-269

　　白背牛尾菜 *Smilax nipponica* Miq. ························ 8-269

　　　东北牛尾菜 var. *mandshurica*（Kitag.）Kitag. ················ 8-271

　　牛尾菜 *Smilax riparia* A. DC. ···························· 8-273

　　华东菝葜 *Smilax sieboldii* Miq. ·························· 8-276

　　菝葜 *Smilax china* L. ·································· 8-279

扭柄花属 *Streptopus* Michx. ·································· 8-283

　　卵叶扭柄花 *Streptopus ovalis*（Ohwi）Wang et Y. C. Tang ······ 8-283

油点草属 *Tricyrtis* Wall. ···································· 8-286

　　黄花油点草 *Tricyrtis pilosa* Wall. ························ 8-286

延龄草属 *Trillium* L. ······································ 8-288

吉林延龄草 *Trillium camschatcense* Ker-Gawl. ·········· 8-288

郁金香属 *Tulipa* L. ·········· 8-292

　　老鸦瓣 *Tulipa edulis*（Miq.）Baker ·········· 8-292

藜芦属 *Veratrum* L. ·········· 8-295

　　藜芦 *Veratrum nigrum* L. ·········· 8-295

　　毛穗藜芦 *Veratrum maackii* Regel ·········· 8-300

　　兴安藜芦 *Veratrum dahuricum*（Turcz.）Loes. F. ·········· 8-303

　　尖被藜芦 *Veratrum oxysepalum* Turcz. ·········· 8-306

棋盘花属 *Zigadenus* Michx. ·········· 8-312

　　棋盘花 *Zigadenus sibiricus*（L.）A. Gray ·········· 8-312

薯蓣科 Dioscoreaceae ·········· 8-316

　薯蓣属 *Discorea* L. ·········· 8-316

　　穿龙薯蓣 *Dioscorea nipponica* Makino ·········· 8-316

　　薯蓣 *Dioscorea polystachya* Turcz. ·········· 8-321

雨久花科 Pontederiaceae ·········· 8-326

　雨久花属 *Monochoria* Presl. ·········· 8-326

　　雨久花 *Monochoria korsakowii* Regel et Maack ·········· 8-326

　　鸭舌草 *Monochoria vaginalis*（Burm. f.）Presl ·········· 8-330

鸢尾科 Iridaceae ·········· 8-334

　射干属 *Belamcanda* Adans. ·········· 8-334

　　射干 *Belamcanda chinensis*（L.）DC. ·········· 8-334

　鸢尾属 *Iris* L. ·········· 8-339

　　野鸢尾 *Iris dichotoma* Pall. ·········· 8-339

　　山鸢尾 *Iris setosa* Pall. ex Link. ·········· 8-342

　　马蔺 *Iris lactea* Pall. var. *chinensis*（Fisch.）Koidz ·········· 8-346

　　　白花马蔺 *Iris lactea* Pall. ·········· 8-352

　　紫苞鸢尾 *Iris ruthenica* Ker-Gawl. ·········· 8-353

　　单花鸢尾 *Iris uniflora* Pall. ex Link. ·········· 8-355

　　北陵鸢尾 *Iris typhifolia* Kitagawa ·········· 8-357

　　溪荪 *Iris sanguinea* Donn ex Horn. ·········· 8-360

　　　白花溪荪 f. *albiflora* Makino ·········· 8-365

　　玉蝉花 *Iris ensata* Thunb. ·········· 8-366

　　燕子花 *Iris laevigata* Fisch. ·········· 8-370

　　粗根鸢尾 *Iris tigridia* Bge. ·········· 8-374

　　细叶鸢尾 *Iris tenuifolia* Pall. ·········· 8-376

灯芯草科 Juncaceae ·········· 8-380

　灯芯草属 *Juncus* L. ·········· 8-380

　　灯芯草 *Juncus effusus* L. ·········· 8-380

　　小灯芯草 *Juncus bufonius* L. ·········· 8-383

　　扁茎灯芯草 *Juncus compressus* Jacq. ·········· 8-385

　　栗花灯芯草 *Juncus castaneus* Smith. ·········· 8-387

鸭跖草科 Commelinaceae ·········· 8-390

　鸭跖草属 *Commelina* L. ·········· 8-390

　　鸭跖草 *Commelina communis* L. ·········· 8-390

　　饭包草 *Commelina bengalensis* L. ·········· 8-394

　水竹叶属 *Murdannia* Royle. ·········· 8-396

　　疣草 *Murdannia keisak*（Hassk.）Hand.-Mazz. ·········· 8-396

竹叶子属 *Streptolirion* Edgew. ·································· 8-399

  竹叶子 *Streptolirion volubile* Edgew. ····················· 8-399

谷精草科 Eriocaulaceae ······································· 8-404

谷精草属 *Eriocaulon* L. ·· 8-404

  长苞谷精草 *Eriocaulon decemflorum* Maxim. ············· 8-404

  宽叶谷精草 *Eriocaulon robustius*（Maxim.）Makino ······ 8-405

禾本科 Gramineae··· 8-408

菰属 *Zizania* L.·· 8-408

  菰 *Zizania latifolia*（Griseb）Stapf ····················· 8-408

芦苇属 *Phragmites* Trin. ·· 8-410

  日本苇 *Phragmites japonica* Steud. ······················ 8-410

  芦苇 *Phragmites australis*（Cav.）Trin. ex Steud. ········ 8-412

獐毛属 *Aeluropus* Trin.··· 8-415

  獐毛 *Aeluropus sinensis*（Debeaux）Tzvel. ·············· 8-415

虎尾草属 *Chloris* Sw. ·· 8-417

  虎尾草 *Chloris virgata* Sw. ····························· 8-417

隐子草属 *Cleistogenes* Keng····································· 8-419

  多叶隐子草 *Cleistogenes polyphylla* Keng ················ 8-419

䅟属 *Eleusine* Gaertn. ·· 8-421

  牛筋草 *Eleusine indica*（L.）Gaertn. ···················· 8-421

画眉草属 *Eragrostis* Wolf·· 8-423

  画眉草 *Eragrostis pilosa*（L.）Beauv. ··················· 8-423

  小画眉草 *Eragrostis minor* Host ························· 8-425

龙常草属 *Diarrhena* Beauv.······································ 8-427

  龙常草 *Diarrhena manshurica* Maxim. ···················· 8-427

结缕草属 *Zoysia* Willd. ··· 8-428

  结缕草 *Zoysia japonica* Steud.··························· 8-428

看麦娘属 *Alopecurus* L. ··· 8-429

  看麦娘 *Alopecurus aequalis* Sobol. ······················ 8-429

茵草属 *Beckmannia* Host. ·· 8-431

  茵草 *Beckmannia syzigachne*（Steud.）Fern. ············· 8-431

拂子茅属 *Calamagrostis* Adans. ·································· 8-434

  拂子茅 *Calamagrostis epigeios*（L.）Roth ··············· 8-434

梯牧草属 *Phleum* Trin.··· 8-436

  梯牧草 *Phleum pratense* L. ····························· 8-436

燕麦属 *Avena* L. ·· 8-438

  野燕麦 *Avena fatua* L. ································· 8-438

茅香属 *Anthoxanthum* L. ··· 8-440

  光稃茅香 *Anthoxanthum glabrum*（Trin.）Veldkamp ······ 8-440

虉草属 *Phalaris* L. ·· 8-442

  虉草 *Phalaris arundinacea* L. ··························· 8-442

臭草属 *Melica* L. ·· 8-444

  臭草 *Melica scabrosa* Trin ······························ 8-444

早熟禾属 *Poa* L. ·· 8-445

  硬质早熟禾 *Poa sphondylodes* Trin. ····················· 8-445

芨芨草属 *Achnatherum* Beauv. ···································· 8-447

  芨芨草 *Achnatherum splendens*（Trin.）Nevski ··········· 8-447

冰草属 *Agropyron* Gaertn. ··· 8-449

 冰草 *Agropyron cristatum*（L.）Gaertn. ························ 8-449

赖草属 *Leymus* Hochst. ·· 8-451

 羊草 *Leymus chinensis*（Trin.）Tzvel. ························· 8-451

 赖草 *Leymus secalinus*（Georgi）Tzvel. ···················· 8-453

荩草属 *Arthraxon* P. Beauv. ·· 8-454

 荩草 *Arthraxon hispidus*（Thunb.）Makino ················· 8-454

白茅属 *Imerata* Cyr. ··· 8-456

 白茅 *Imerata cylindrica*（L.）Beauv. ························· 8-456

芒属 *Miscanthu* Anderss. ··· 8-458

 荻 *Miscanthus sacchariflorus*（Maxim.）Hackel ··········· 8-458

 芒 *Miscanthus sinensis* Anderss. ································ 8-461

大油芒属 *Spodiopogon* Trin. ··· 8-463

 大油芒 *Spodiopogon sibiricus* Trin. ·························· 8-463

菅属 *Themeda* Forssk. ··· 8-465

 阿拉伯黄背草 *Themeda triandra* Forssk. ···················· 8-465

野古草属 *Arundinella* Raddi. ··· 8-466

 毛秆野古草 *Arundinella hirta*（Thunb.）Tanaka ·········· 8-466

马唐属 *Digitaria* Hall. ·· 8-467

 止血马唐 *Digitaria ischaemum*（Schreb.）Schreb ········· 8-467

 马唐 *Digitaria sanguinalis*（L.）Scop. ····················· 8-468

 升马唐 *Digitaria ciliaris*（Retz.）Koel. ···················· 8-470

  毛马唐 var. *chrysoblephara*（Figari & De Notaris）R. R. Stewart ··· 8-470

稗属 *Echinochloa* Beauv. ·· 8-471

 稗 *Echinochloa crusgalli*（L.）Beauv. ······················ 8-471

 长芒稗 *Echinochloa caudata* Roshev. ························ 8-473

野黍属 *Eriochloa* Kunth. ·· 8-476

 野黍 *Eriochloa villosa*（Thunb.）Kunth. ···················· 8-476

求米草属 *Oplismenus* Beauv. ··· 8-477

 求米草 *Oplismenus undulatifolius*（Arduino）Beauv. ····· 8-477

狼尾草属 *Pennisetum* Rich. ··· 8-479

 狼尾草 *Pennisetum alopecuroides*（L.）Spreng. ··········· 8-479

 白草 *Pennisetum flaccidum* Grisebach ······················ 8-481

狗尾草属 *Setaria* Beauv. ·· 8-483

 狗尾草 *Setaria viridis*（L.）Beauv. ························· 8-483

 金色狗尾草 *Setaria pumila*（Poir.）Roem. & Schult. ······ 8-486

 大狗尾草 *Setaria faberii* Herrm. ···························· 8-488

天南星科 Araceae ··· 8-492

菖蒲属 *Acorus* L. ·· 8-492

 菖蒲 *Acorus calamus* L. ······································· 8-492

天南星属 *Arisaema* Mart. ··· 8-495

 天南星 *Arisaema heterophyllum* Blume ····················· 8-495

 东北南星 *Arisaema amurense* Maxim. ······················ 8-498

  紫苞东北南星 f. *violaceum*（Engler）Kitag. ··············· 8-502

  齿叶紫苞东北南星 f. *purpureum*（Engler）Kitag. ·········· 8-502

  齿叶东北南星 f. *serrata*（Nakai）Kitag. ··················· 8-503

 朝鲜南星 *Arisaema serratum*（Thunb.）Schott ············· 8-504

水芋属 *Calla* L. ··· 8-508

  水芋 *Calla palustris* L. ··· 8-508

半夏属 *Pinellia* Tenore ·· 8-511

  半夏 *Pinellia ternata*（Thunb.）Breit. ····························· 8-511

臭菘属 *Symplocarpus* Salisb. ··· 8-515

  臭菘 *Symplocarpus foetidus*（L.）Salisb. ························· 8-515

  日本臭菘 *Symplocarpus nipponicus* Makino ····················· 8-518

浮萍科 Lemnaceae ·· 8-522

  紫萍属 *Spirodela* Schleid. ·· 8-522

    紫萍 *Spirodela polyrhiza*（L.）Schleid. ······················· 8-522

  浮萍属 *Lemna* L. ·· 8-524

    浮萍 *Lemna minor* L. ··· 8-524

黑三棱科 Sparganiaceae ·· 8-526

  黑三棱属 *Sparganium* L. ··· 8-526

    黑三棱 *Sparganium stoloniferum*（Graebn.）Buch. -Ham. ex Juz. ········· 8-526

    小黑三棱 *Sparganium simplex* Huds. ····························· 8-530

    短序黑三棱 *Sparganium glomeratum* Least. ex Beurl. ·········· 8-532

    狭叶黑三棱 *Sparganium stenophyllum* Maxim. ex Meinsh. ····· 8-533

香蒲科 Typhaceae ··· 8-536

  香蒲属 *Typha* L. ·· 8-536

    宽叶香蒲 *Typha latifolia* L. ··· 8-536

    香蒲 *Typha orientalis* Presl. ··· 8-540

    水烛 *Typha angustifolia* L. ·· 8-542

    小香蒲 *Typha minima* Funk. ··· 8-545

    长苞香蒲 *Typha angustata* Bory et Chaubard ··················· 8-546

莎草科 Cyperaceae ·· 8-548

  荸荠属 *Eleocharis* R. Br. ··· 8-548

    牛毛毡 *Eleocharis yokoscensis*（Franch. et Savat.）Tang et Wang ·········· 8-548

  羊胡子草属 *Eriophorum* L. ··· 8-550

    白毛羊胡子草 *Eriophorum vaginatum* L. ························· 8-550

  藨草属 *Scirpus* L. ··· 8-552

    扁秆藨草 *Scirpus planiculmis* Fr. Schmidt ······················· 8-552

    华东藨草 *Scirpus karuizawensis* Makino ························· 8-554

    茸球藨草 *Scirpus lushanensis* Ohwi ······························ 8-555

    藨草 *Scirpus triqueter* L. ·· 8-557

    水葱 *Scirpus tabernaemontani* Gmel. ······························ 8-558

    水毛花 *Scirpus triangulatus* Roxb. ·································· 8-563

    萤蔺 *Scirpus juncoides* Roxb. ······································· 8-565

  莎草属 *Cyperus* L. ·· 8-567

    头状穗莎草 *Cyperus glomeratus* L. ································ 8-567

    三轮草 *Cyperus orthostachyus* Franch. et Sav. ·················· 8-569

    褐穗莎草 *Cyperus fuscus* L. ··· 8-570

    异型莎草 *Cyperus difformis* L. ····································· 8-571

  水蜈蚣属 *Kyllinga* Rottb. ·· 8-572

    无刺鳞水蜈蚣 *Kyllinga brevifolia* var. *leiolepis*（Franch.et Savat.）Hara ······· 8-572

  薹草属 *Carex* L. ··· 8-574

    大披针薹草 *Carex lanceolata* Boott ······························ 8-574

青绿薹草 *Carex breviculmis* R. Br. ························· 8-575

宽叶薹草 *Carex siderosticta* Hance ························· 8-576

异鳞薹草 *Carex heterolepis* Bge. ························· 8-578

寸草 *Carex duriuscula* C. A. Mey. ························· 8-579

兰科 Orchidaceae ························· 8-580

无柱兰属 *Amitostigma* Schltr. ························· 8-580

无柱兰 *Amitostigma gracile*（Bl.）Schltr. ························· 8-580

凹舌兰属 *Coeloglossum* Hartm. ························· 8-583

凹舌兰 *Coeloglossum viride*（L.）Hartm. ························· 8-583

杓兰属 *Cypripedium* L. ························· 8-586

紫点杓兰 *Cypripedium guttatum* Sw. ························· 8-586

大花杓兰 *Cypripedium macranthum* Sw. ························· 8-590

大白花杓兰 f. *albiflora*（Makino）Ohwi ························· 8-593

东北杓兰 *Cypripedium×ventricosum* Sw. ························· 8-596

杓兰 *Cypripedium calceolus* L. ························· 8-597

火烧兰属 *Epipactis* Zinn ························· 8-599

火烧兰 *Epipactis helleborine*（L.）Crantz. ························· 8-599

细毛火烧兰 *Epipactis papillosa* Franch. et Sav. ························· 8-601

虎舌兰属 *Tulotis* Gmelin ex Borkhausen ························· 8-602

裂唇虎舌兰 *Epipogium aphyllum*（F. W. Schmidt）Sw. ························· 8-602

天麻属 *Gastrodia* R. Br. ························· 8-605

天麻 *Gastrodia elata* Bl. ························· 8-605

白花天麻 var. *paliens* Kitag. ························· 8-607

斑叶兰属 *Goodyera* R. Br. ························· 8-609

小斑叶兰 *Goodyera repens*（L.）R. Br. ························· 8-609

手参属 *Gymnadenia* R. Br. ························· 8-612

手参 *Gymnadenia conopsea*（L.）R. Br. ························· 8-612

角盘兰属 *Herminium* Guett. ························· 8-618

角盘兰 *Herminium monorchis*（L.）R. Br. ························· 8-618

裂瓣角盘兰 *Herminium alaschanicum* Maxim. ························· 8-620

羊耳蒜属 *Liparis* L. C. Rich. ························· 8-622

曲唇羊耳蒜 *Liparis campylostalix* Rchb. f. ························· 8-622

北方羊耳蒜 *Liparis sasakii* Hayata ························· 8-624

对叶兰属 *Listera* R. Br. ························· 8-626

对叶兰 *Listera puberula* Maxim. ························· 8-626

沼兰属 *Malaxis* Soland ex Sw. ························· 8-629

沼兰 *Malaxis monophyllos*（L.）Sw. ························· 8-629

兜被兰属 *Neottianthe* Schltr. ························· 8-632

二叶兜被兰 *Neottianthe cucullata*（L.）Schltr. ························· 8-632

斑叶兜被兰 f. *maculata*（Nakai et Kitag.）Nakai et Kitag. ························· 8-634

红门兰属 *Orchis* L. ························· 8-635

广布红门兰 *Orchis chusua* D. Don ························· 8-635

宽叶红门兰 *Orchis lactifolia* L. ························· 8-637

北方红门兰 *Orchis roborovskii* Maxim. ························· 8-644

山兰属 *Oreorchis* Lindl. ························· 8-645

山兰 *Oreorchis patens*（Lindl.）Lindl. ························· 8-645

舌唇兰属 *Platanthera* L. C. Rich. ························· 8-648

索 引 / 中文名索引

A

阿尔泰狗娃花　7-185，7-186，7-187
阿尔泰紫菀　7-185
阿拉伯黄背草　8-465
阿拉伯婆婆纳　6-587，6-588
阿勒泰糖芥　3-555
阿穆尔葡萄　5-124
阿穆尔小檗　3-346
阿氏旋花　6-170
阿魏属 5-417
埃牟茶藨子　4-017
埃氏马先蒿　1-013，6-525，6-526，6-527
矮赤杨 2-336
矮地瓜苗　6-331
矮蒿　7-363，7-364
矮桧　2-252
矮冷水花　2-447
矮柳穿鱼　6-502
矮桤木 2-336
矮山黧豆　4-413
矮松　1-636，2-235
矮松树 1-636
矮桃　1-011，1-080，5-593，5-594，5-595
矮香豌豆　4-413
艾　1-020，1-032，1-060，1-079，2-234，2-421，
　2-442，2-443，2-444，2-470，3-450，3-532，4-211，
　4-449，4-523，4-647，6-228，6-321，6-345，7-253，
　7-339，7-355，7-359，7-363，7-365，7-366，7-367，
　7-368，7-369，7-378，7-379，7-405，7-412
艾蒿　3-532，7-355，7-363，7-365，7-366，7-379
艾蒿叶 7-366
艾菊　7-405，7-412
艾麻属 2-442
艾叶　2-234，2-421，2-470，3-450，4-523，4-647，
　6-321，6-345，7-365，7-366，7-368，7-369
爱国草 6-227
安息香科　5-636，5-637
安息香属 5-636
菴芦　7-356
菴蕳　7-356，7-357，7-358
鹌鹑咀 4-577
鹌鹑嘴 4-552
鹌子草 4-577
鹌子嘴 4-552
暗花金挖耳　7-227
暗孔菌属　1-401

B

八宝属 3-586
八步紧 3-472
八股牛　1-059，1-080，4-650，4-656
八角刺 4-591
八角枫 5-296
八角枫科　5-296
八角枫属　5-296
八角灰菜　3-008
八棱麻 7-559
八楞木 7-559
八木条 4-053
八木籽 4-650
八树　5-070
八仙草　6-132，6-142
八叶草 6-589
巴骨龙 1-644
巴天酸模　1-012，1-019，2-552，2-553
巴掌参　1-078，8-612
芭蕉扇 8-339
疤瘌罐 3-404
拔地麻　7-052，7-055
菝葜　1-014，8-269，8-276，8-277，8-278，8-279，
　8-280，8-281，8-282
菝葜属 8-269
把蒿　1-080，6-258，6-292
霸王　4-596，4-597，6-625
霸王属 4-596
白艾　7-366
白八宝　3-594，3-595，3-596
白苞筋骨草　6-262，6-263
白背火杆 7-545
白背牛尾菜　8-269，8-270，8-271，8-272
白草　1-013，2-524，4-137，4-138，4-139，4-144，
　8-132，8-408，8-463，8-481，8-482，8-558
白菖蒲 8-492
白车轴草　4-515，4-516，4-517
白刺　1-012，4-584，4-585，4-586，4-587，4-588，
　4-589，4-590，5-295

凹舌兰　1-012，8-583，8-584，8-585
凹舌兰属　8-583
凹头苋　1-012，1-079，3-051，3-052，3-053
奥德蘑属 1-204
奥国鸦葱 7-660
奥氏蜜环菌　1-241，1-242，1-243

白刺属 4-584，5-295
白丁香 6-001
白毒鹅膏菌 1-201
白毒伞 1-201
白杜　1-011，5-074，5-075，5-076，5-525
白萼委陵菜 4-129
白儿松 2-201
白饭树属　4-642
白茯苓 1-429，6-565，8-323
白附子 3-093，7-347，8-496
白疙针 6-460
白公草 2-503
白公子 2-503
白姑娘 6-464
白鼓钉 7-140
白鬼笔 1-489，1-490
白果堇菜　5-204
白果紫草　6-217
白蒿　1-081，3-674，6-055，6-242，6-490，7-253，
　7-333，7-337，7-359，7-378，7-382
白蒿茶 6-490
白蒿子 7-333，7-382
白毫茶叶　5-642
白花败酱　7-047
白花菜 6-310，7-047，7-586
白花草木樨　4-452，4-453
白花草芍药　3-419
白花长白棘豆　4-455
白花刺蔷薇　4-183
白花酢浆草　1-010，4-548，4-549
白花大刺儿菜　7-515
白花丹科　5-620，5-623，5-627，5-629，5-632
白花点地梅　5-581，5-582
白花东北堇菜　5-198
白花返顾马先蒿　6-538
白花棍儿茶　4-111
白花华北蓝盆花　7-071
白花黄芪　4-351
白花堇菜　5-216
白花景天　3-594
白花桔梗　7-129
白花龙胆　6-037
白花驴蹄草　3-182，3-183
白花马蔺　8-352
白花苜蓿　4-515
白花牛皮消　6-114
白花女娄菜　2-638
白花蓬子菜　6-137
白花蒲公英　1-020，1-031，1-081，8-001，8-002
白花山野豌豆　4-523

白花碎米荠　3-538，3-539
白花天麻　8-607
白花溪荪　8-365
白花兴安杜鹃　5-539
白花荙菜　6-073
白花延龄草　8-288
白花野火球　4-514
白花益母草　6-314，6-317，6-321，6-322
白花益母蒿　6-317
白花迎红杜鹃　5-542
白花早锦带花　7-025
白花窄叶蓝盆花　7-067
白花珍珠菜　5-568
白花枝子花　6-286，6-287
白花猪牙花　8-138
白花子 3-093
白铧头草　5-214
白桦　1-009，2-194，2-196，2-201，2-204，2-209，
　2-341，2-343，2-344，2-345，2-346，2-347，5-548
白环黏奥德蘑　1-204，1-205
白环锈伞　1-265
白黄侧耳　1-176
白灰菜 3-004
白蒺藜 4-465，4-591，6-253，7-039
白尖草 8-458，8-461
白锦带花　7-022
白茎鸦葱　7-654
白景天 3-594，3-614
白镜子 5-525
白酒草属　7-163
白鹃梅 4-049，4-050，4-051，4-052
白鹃梅属　4-049
白壳杯菌　1-234
白口蘑 1-211
白蜡槭 5-040
白蜡树 5-654，5-661，5-662
白狼毒大戟　4-618
白藜　3-013
白莲蒿 1-020，7-348，7-349
白蔹　1-031，1-035，3-117，3-428，4-306，5-106，
　5-109，5-111，5-114，5-115
白鳞灰包　1-509
白鳞马勃　1-509
白麻　2-398，5-140
白麻子 2-398
白马肉 7-074，7-117
白蟒肉 7-117，8-231
白毛草 5-469，6-224
白毛花 5-469
白毛筋骨草　6-262

白毛穗花　　6-568
白毛藤 6-479
白毛鲜 2-100，2-144
白毛羊胡子草　8-550，8-551
白茅　1-012，1-032，3-010，3-380，3-436，5-393，
　5-592，6-305，6-550，6-660，7-201，8-349，8-413，
　8-440，8-456，8-457，8-528
白茅根 3-010，3-380，3-436，5-393，5-592，6-305，
　6-550，6-660，7-201，8-349，8-413，8-456，8-457，
　8-528
白茅属 8-456
白绵蒿 7-378，7-382
白蘑科 1-204，1-205，1-206，1-207，1-208，1-209，
　1-210，1-211，1-212，1-214，1-215，1-216，1-217，
　1-219，1-220，1-221，1-222，1-223，1-224，1-225，
　1-226，1-227，1-228，1-229，1-231，1-232，1-234，
　1-235，1-237，1-239，1-241
白母子 3-093
白木耳 1-468
白奶奶 6-106
白牛公 8-466
白暖条 7-011
白皮椴 5-135
白皮柳 2-315
白皮榆 2-411，2-415
白婆婆纳　　1-012，6-568，6-569
白扦 2-201，2-202，2-203
白前　1-013，6-086，6-089，6-091，6-097，6-098，
　6-099，6-104，6-109，6-114，6-115，7-129，8-141
白屈菜 1-012，1-020，1-061，1-079，3-472，3-473，
　3-474，3-475
白屈菜属　　3-472
白绒鬼伞　　1-260
白乳草 2-462
白乳菇 1-335，1-336，1-337，1-338
白三棱 8-526
白三叶 4-515
白山茶 1-081，5-517
白山独活　　5-356
白山蒿 7-339，7-340
白山蓟 7-545
白山蓼 2-510
白山龙胆　　1-063，1-066，6-042，6-043，6-044
白山耧斗菜　　1-063，1-064，3-178，3-179，3-180，
　3-181
白山毛茛　　3-300
白山芹 5-410
白山苔 5-517
白山乌头　　3-084
白山罂粟　　1-063，1-065，3-516，3-517，3-518，
　3-519
白芍　2-031，2-258，2-274，2-425，2-598，2-654，
　3-193，3-354，3-416，3-424，3-545，3-546，3-568，
　4-173，4-305，4-497，4-558，4-674，5-392，5-393，
　6-033，6-143，6-550，6-551，7-116，7-366，8-058
白芍药 2-654，3-424，4-497
白射干 8-339
白参 1-190
白首乌 1-013，6-106，6-109，6-110，6-111
白松　1-020，1-063，2-184，2-187，2-204，2-242，
　2-243，2-244，2-245
白檀　1-011，1-064，5-642，5-643，5-644，5-645，
　8-085
白檀山矾　　5-642
白棠子树　　1-014，6-240，6-241
白条 4-420，8-504
白头菊 7-140
白头婆 1-012，7-136，7-137，7-138，7-139
白头翁 1-010，1-011，1-012，1-014，1-019，1-031，
　1-057，1-059，1-060，1-079，2-287，3-214，3-265，
　3-266，3-267，3-268，3-269，3-270，3-271，3-272，
　3-273，3-275，3-276，3-277，3-278，3-279，3-280，
　3-281，3-282，3-283，3-284，3-285，4-102，4-635，
　5-656，7-229，7-253
白头翁属　　1-079，3-265
白薇　1-013，1-019，1-031，1-057，6-086，6-087，
　6-088，6-090，6-114，6-661，8-058
白委陵菜　　4-127，4-128
白鲜　1-012，1-020，1-031，1-057，1-058，1-059，
　1-061，1-080，1-082，3-020，4-592，4-593，4-603，
　4-647，4-650，4-651，4-653，4-654，4-655，4-656，
　6-122，7-366
白鲜皮 3-020，4-592，4-593，4-603，4-647，4-650，
　4-655，6-122，7-366
白鲜属 4-650
白藓 4-650
白苋 3-050
白香草木樨　　4-452
白杨 2-301，2-307，2-309
白叶委陵菜　　4-129，4-130
白茵陈 7-382
白英 1-014，5-076，6-479，6-480
白榆 2-407
白玉草 2-643，2-644
白玉菇 1-228
白缘蒲公英　　8-016，8-017
白云草 7-167
白枣树 2-393
白指甲花　　4-430
白帚条 4-642

白桩菇 1-234

白桩菇属　　1-234

百步草 3-093，3-109，3-114

百合　1-010，1-012，1-014，1-019，1-035，1-064，
　1-081，4-368，4-369，4-370，7-076，8-074，8-077，
　8-079，8-081，8-083，8-087，8-090，8-092，8-093，
　8-096，8-099，8-101，8-104，8-108，8-110，8-111，
　8-114，8-116，8-118，8-122，8-127，8-130，8-133，
　8-139，8-141，8-143，8-146，8-150，8-152，8-155，
　8-160，8-166，8-170，8-173，8-178，8-179，8-180，
　8-181，8-182，8-183，8-184，8-185，8-187，8-188，
　8-189，8-192，8-193，8-194，8-197，8-198，8-199，
　8-200，8-201，8-202，8-203，8-204，8-205，8-206，
　8-207，8-208，8-210，8-213，8-215，8-217，8-224，
　8-227，8-228，8-231，8-237，8-240，8-244，8-248，
　8-251，8-254，8-256，8-260，8-263，8-264，8-267，
　8-269，8-273，8-276，8-279，8-283，8-286，8-288，
　8-292，8-295，8-300，8-303，8-306，8-312，8-614

百合豆 4-368

百合科 8-074，8-077，8-079，8-081，8-083，8-087，
　8-090，8-092，8-093，8-096，8-099，8-101，8-104，
　8-108，8-110，8-111，8-114，8-116，8-118，8-122，
　8-127，8-130，8-133，8-139，8-143，8-146，8-150，
　8-152，8-155，8-160，8-166，8-170，8-178，8-182，
　8-189，8-192，8-194，8-197，8-199，8-203，8-207，
　8-208，8-210，8-213，8-215，8-217，8-224，8-228，
　8-231，8-237，8-240，8-244，8-248，8-251，8-254，
　8-256，8-260，8-263，8-264，8-267，8-269，8-273，
　8-276，8-279，8-283，8-286，8-288，8-292，8-295，
　8-300，8-303，8-306，8-312

百合属 8-170

百花山花楸　　4-256

百金花 1-012，6-018，6-019

百金花属 6-018

百里香 1-009，1-031，6-435，6-437，6-439，6-440，
　6-441，6-572

百里香属　　6-435

百里香叶婆婆纳　　6-572

百日草 7-240

百蕊草 1-012，2-462，2-463，4-145

百蕊草属 2-462

柏科　2-024，2-025，2-026，2-027，2-028，2-029，
　2-248，2-249，2-252，2-255，2-256，2-262

柏氏白前　　6-109

柏树 2-256，2-259，2-262

柏叶蒿 7-348

柏子树 2-256

摆子草 7-045

败毒草 5-244

败毒莲 5-244

败酱　　1-009，1-010，1-031，1-081，3-579，4-192，
　7-034，7-035，7-037，7-038，7-039，7-040，7-041，
　7-042，7-043，7-044，7-045，7-047，7-050，7-051，
　7-052，7-055，7-235，7-239，7-241，7-615，7-620，
　7-637，7-639，7-667，7-674，8-450，8-453

败酱草 3-579，7-034，7-039，7-235，7-239，7-241，
　7-615，7-620，7-637，7-667，7-674，8-450，8-453

败酱科 7-034，7-040，7-043，7-045，7-047，7-050，
　7-052，7-055

败酱属 7-034

稗　　8-431，8-471，8-472，8-473，8-474，8-475

稗属　8-471

稗子　8-431，8-471，8-473

斑地锦 1-032，4-613

斑点虎耳草 4-042，4-043

斑点荬苣　6-345

斑花杓兰　　8-586

斑鸠窝 6-509

斑蝥棵子　4-499

斑雀草 4-614

斑叶稠李　　4-292，4-293，4-294

斑叶兜被兰　8-634

斑叶堇菜　　5-206，5-207

斑叶兰属　　8-609

斑玉蕈 1-225

斑种草 6-198，6-199，6-200，6-201

斑种草属　　6-198

斑种细叠子草 6-198

搬脚丫子草 4-614

板栗 2-374

半边莲 3-436，3-458，4-134，4-546，5-002，5-201，
　7-124，8-006

半边莲属 7-124

半翅目虫草　　1-010，1-537，1-538

半春莲 8-664

半拉瓢 6-086

半蔓白薇　　6-114

半夏　1-013，1-014，1-019，1-035，1-064，1-430，
　2-274，3-067，3-095，3-115，3-117，3-270，3-271，
　3-545，3-568，4-312，4-489，5-167，5-168，5-169，
　5-234，5-338，5-392，5-393，6-260，7-138，7-235，
　7-239，7-241，7-244，7-320，7-500，8-496，8-501，
　8-511，8-512，8-513，8-514，8-607

半夏属 8-511

半钟铁线莲 3-230，3-231

绊脚丝 5-517

瓣蕊唐松草　　1-012，3-308，3-309，3-310

膀胱蕨 2-128，2-129

膀胱岩蕨　　2-128

棒棒木 2-400

棒柄杯伞　　　1-220
棒草　4-378
棒槌　1-060，1-080，3-352，4-042，4-209，5-334，6-202，6-369，7-001，7-007，8-605
棒槌草　6-369
棒槌棍子　4-209
棒槌幌子　3-352，4-209，6-202，8-605
棒槌舅舅　7-001，7-007
棒锤菌　1-346
棒儿松　2-248
棒瑚菌　1-346，1-347
棒瑚菌属　1-346
棒松　2-248
棒子木　2-400
包袱花　7-127
苞米楂子花　6-504
枹栎　2-386，2-387
枹树　2-386
宝铎草　8-127，8-130，8-131，8-132
宝塔菜　6-423
宝珠草　4-086，8-127，8-128，8-129
报春花科　5-568，5-571，5-573，5-575，5-577，5-579，5-581，5-583，5-585，5-587，5-590，5-593，5-596，5-598，5-601，5-602，5-606，5-609，5-612，5-616
报春花属　5-598
抱茎白前　6-089
抱茎苦荬菜　7-620
抱茎小苦荬　7-620，7-621，7-622，7-623，7-624
抱茎眼子菜　8-070
豹斑毒鹅膏菌　1-077，1-199，1-200
豹斑毒伞　1-199
豹斑鹅膏　1-199
豹皮香菇　1-186
鲍鱼菜　1-163
暴马丁香　1-010，1-020，1-060，1-061，1-080，1-081，2-470，6-001，6-002，6-003，6-004，6-005
暴马榆　4-277
暴马子　1-060，1-080，1-081，2-470，5-538，6-001，6-003
暴马籽　2-400
爆竹花　7-127
杯菌　1-217，1-234
杯伞　1-217，1-218，1-219，1-220，1-221，1-222，1-223
杯伞属　1-217
北败酱　7-667
北贝　8-143
北苍术　1-081，7-501
北侧金盏花　1-012，3-133，3-134

北柴胡　1-013，1-031，1-061，1-064，5-390，5-391，5-392，5-393
北点地梅　1-013，5-573，5-574，5-575，5-576
北冬虫夏草　1-534
北豆根　3-367，3-368，3-370，3-371
北方茶藨　4-010
北方红门兰　8-644
北方还羊参　7-605
北方拉拉藤　1-009，6-126，6-127
北方老鹳草　4-560
北方马兰　7-202
北方乌头　3-090
北方小香菇　1-187
北方羊耳蒜　8-624，8-625
北防风　5-469
北飞蓬　7-182
北风菌　1-177
北藁本　5-433
北狗舌草　7-477
北黄花菜　1-012，1-081，8-152，8-153，8-154
北黄芪　4-342
北鸡儿肠　7-196，7-199
北极果属　5-514
北寄生　2-468
北锦葵　5-146
北京丁香　6-006，6-007
北京虎耳草　4-035
北京石韦　2-165
北京铁角蕨　2-110，2-111
北景天　3-599，3-638
北茋莙　6-454
北陵鸢尾　1-009，8-357，8-358，8-359
北马兜铃　1-013，1-014，1-019，1-032，1-045，1-058，1-061，1-064，1-071，1-079，1-082，3-404，3-405，3-406，3-407
北马兰　7-199
北青兰　6-274
北桑寄生　1-013，2-466，2-467
北沙参　2-274，5-420，5-422，8-227
北山莴苣　7-625
北水苦荬　6-584，6-585
北丝石竹　2-626
北橐吾　7-151，7-438
北乌头　1-010，1-012，1-018，1-019，1-032，1-037，1-057，1-061，3-109，3-114，3-115，3-116，3-117，3-118，3-119
北五加皮　4-465，6-120，6-121，6-122，6-123
北五味子　3-064
北细辛　3-408
北玄参　1-011，1-019，1-031，6-559，6-560

北悬钩子　　　4-188，4-189，4-190
北野豌豆　　　4-532，4-533
北茵陈 7-378，7-382
北蛹草 1-534
北蛹虫草　　　1-534
北鱼黄草　　　1-012，6-185，6-186
北芸香 4-660，4-661，4-662
北重楼 1-009，1-060，8-217，8-218，8-219，8-220，
　8-221，8-222，8-223
北紫堇 1-009，3-500，3-501
贝加尔鼠麹草　7-230
贝壳状革耳　1-182
贝母　　1-009，1-011，1-013，1-019，1-020，1-035，
　1-058，1-060，1-061，1-064，1-069，1-094，2-376，
　2-434，3-116，3-117，3-568，4-267，4-276，5-233，
　5-234，5-241，5-367，5-422，6-560，7-076，7-150，
　7-288，7-436，7-484，7-488，7-490，7-551，7-553，
　8-103，8-139，8-140，8-141，8-142，8-143，8-144，
　8-145，8-173，8-514
贝母属 5-233，8-139
贝叶多孔菌　　1-382
孛孛丁 8-004
背扁黄芪　　　1-012，4-349，4-350
背扁黄耆　4-349
背铺委陵菜　　4-150
被子植物　　　2-281，8，8-672
本氏木蓝　4-401
崩松 2-248
荸荠属 8-548
鼻花　6-552，6-553
鼻花属 6-552
笔杆草 7-586
笔管菜 7-419，8-224，8-248
笔管草 7-652，7-654
笔龙胆 6-040，6-041
笔筒草 2-040，2-046
笔头菜 1-079，2-037
笔直石松　2-020
辟汗草 4-448，4-452
篦齿蒿 6-055，7-410
篦子草 4-307
篦子叶 4-307
编笠菌 1-556
萹蓄　　1-012，1-020，1-032，1-057，1-079，2-274，
　2-488，2-489，2-490，2-538，2-612，2-613，3-576，
　3-653，6-305
萹蓄蓼 2-488
蝙蝠葛 1-012，1-019，1-031，1-058，1-061，3-367，
　3-368，3-369，3-370，3-371
蝙蝠葛属　　　3-367

蝙蝠藤 3-367
鞭打绣球　　　6-462
鞭杆子菜　　　8-273，8-276
鞭梢子菜　　　1-078，8-316
鞭叶耳蕨　　　2-143
鞭枣胡子　　　4-209
扁柏　2-256
扁担杆属　　　5-130
扁担杆子　　　5-130
扁担胡子　　　1-081，4-260
扁豆子 4-444
扁毒　3-090
扁秆藨草　　　1-013，8-552，8-553
扁果草属 3-261
扁核木属 4-260
扁茎灯心草　　8-385
扁茎灯芯草　　8-385，8-386
扁茎黄芪　　　4-349
扁菌　1-444
扁蕾　1-009，6-052，6-053
扁蕾属 6-052
扁灵芝 1-444
扁形叉枝藻　　1-163
扁畜　2-488
扁蓿豆 4-446
扁疣菌 1-398
扁枣胡子　　　4-260
扁枝石松　　　1-009，2-010，2-011，2-012，2-013
扁枝石松属　　2-010
扁枝子 1-163
扁猪牙 2-488
扁竹　2-488，8-334，8-339
扁竹兰 8-339
扁竹蓼 2-488
扁竹梅 8-334
变豆菜 1-080，5-463，5-464，5-465，5-466，5-467，
　5-468
变豆菜属　　　5-463
变绿红菇　　　1-331
变色白前　　　6-114，6-115
遍地金钱　　　6-303
遍山红 5-266
辫子艽 6-031
藨草　　1-013，8-552，8-553，8-554，8-555，8-556，
　8-557，8-558
藨草属 8-552
滨蒿 7-378
滨藜属 2-665
滨旋花 6-158
冰草　2-667，8-449，8-450

冰草属 8-449

冰岛衣 1-588，1-589

冰岛衣属　　1-588

冰郎花 3-131

冰里花 1-077，3-128，3-131，3-133

冰凉花 3-128，3-129，3-131，3-133

冰了花 3-128，3-133

冰溜花 3-128，3-133

柄条蜡蘑　　1-206

并头黄芩　　6-417，6-418

拨拉蒿 7-376

波齿叶糖芥 3-557，3-558

波罗棵子 2-381

波罗叶 2-386，2-388

波氏小檗　　3-349

波斯婆婆纳 6-587

波叶大黄 1-009，2-539，2-540，2-541

波叶忍冬　　6-671

波叶莲子藨 7-009

饽饽丁 8-016

饽饽头 4-191，4-195，4-198，4-201，4-203

菠萝叶 2-388

播娘蒿 1-012，1-032，3-544，3-545，3-546，3-576

播娘蒿属　　3-544

伯伯草 4-368

鹁鸽腿幌子 2-593

薄蒿　　7-381

薄荷　　1-011，1-020，1-031，1-057，1-080，1-329，
　　2-434，2-525，2-567，3-115，3-116，3-304，3-410，
　　4-674，5-223，6-053，6-253，6-270，6-278，6-337，
　　6-338，6-339，6-341，6-342，6-345，6-434，6-446，
　　6-660，7-129，7-311，7-341，7-344，7-462，7-494，
　　8-523

薄荷属 6-337

薄鳞蕨属　　2-083

薄雪草 7-253

薄叶黄芩　　6-413

薄叶棘豆　　4-475

薄叶驴蹄草 3-187

薄叶荠苨　　1-011，1-019，1-046，7-085，7-086，
　　7-087

薄叶山梅花 4-004，4-005，4-007

薄叶山楂　　4-243

檗木　4-663

补氏绣线菊 4-071

补血草 1-012，1-014，1-030，5-623，5-625，5-626，
　　5-627，5-628，5-629，5-630，5-631，5-632，5-633

补血草属　　5-623

捕虫草 3-462，3-466

捕蝇菌 1-197

不老草 1-060，1-080，6-606

不落叶 2-381，2-386，2-388

布朗耳蕨　　1-013，2-144，2-145

布氏地丁　　3-506

步步登高　　3-448

C

彩绒革盖菌　　1-413

彩纹云芝　　1-413

菜石莼 1-117，1-118

蚕莓 4-086

穆属　8-421

苍白乳菇　　1-337

苍耳 1-020，1-031，1-057，1-081，3-015，3-436，
　　3-673，4-375，4-501，4-636，5-076，5-364，6-345，
　　7-310，7-311，7-312，7-313，7-314，7-315，7-316，
　　7-391，7-494，8-349

苍耳七 3-673

苍耳属 7-310

苍术 1-011，1-013，1-019，1-032，1-038，1-058，
　　1-078，1-081，2-045，2-258，2-287，3-207，3-361，
　　4-350，4-647，4-667，5-115，5-316，5-352，5-365，
　　5-434，5-472，5-511，6-260，6-560，6-601，7-302，
　　7-497，7-498，7-499，7-500，7-501，7-502，7-503，
　　7-504，7-505，8-071

苍术属 7-497

苍蝇花 5-627，5-629

苍蝇架 5-623，5-629

苍子 1-081，4-375，7-301，7-305，7-310，7-314，
　　7-491

糙萼沙参　　7-094

糙皮侧耳　　1-177

糙苏 1-012，1-013，6-352，6-353，6-354，6-355，
　　6-356，6-357，6-358，6-359，6-360，6-361，6-362，
　　6-363，6-364，6-365，6-367，6-368

糙苏属 6-352

糙叶败酱　　7-043，7-044

糙叶黄芪　　1-014，4-326，4-327

糙叶黄耆　　4-326

草白蔹 5-111，5-114

草贝　5-233

草本刺龙牙 5-325

草本水杨梅 4-101

草本威灵仙　　1-012，1-080，6-589，6-590，6-591，
　　6-593

草苁蓉 1-009，1-020，1-052，1-060，1-061，1-063，
　　1-066，1-076，1-080，1-083，6-606，6-607，6-608，
　　6-609，6-610，8-668

草苁蓉属　　6-606

草地风毛菊　　1-012，7-556，7-557，7-558

草地老鹳草　4-574
草地麻花头　7-574
草地碎米荠　3-537
草地乌头　3-084，3-085，3-086
草甸老观草　4-574
草甸老鹳草　4-574
草甸碎米荠　3-537
草豆　4-535
草狗杞　6-485
草桂　2-635
草蒿　7-341，7-343，7-381
草河车　2-514，2-522，7-071
草龙胆　6-025
草芦　8-442
草麻黄　1-012，2-046，2-273，2-274，2-275
草莓属　4-098
草木樨　1-012，1-032，4-339，4-340，4-341，4-448，4-449，4-450，4-451，4-452，4-453
草木樨黄芪　4-339
草木樨芪　4-339
草木樨属　4-448
草木樨状黄芪　1-012，4-339，4-340，4-341
草木樨状黄耆　4-339
草木樨状紫云英　4-339
草黏子　5-482
草瑞香　5-156，5-157
草瑞香属　5-156
草芍药　1-011，1-019，1-031，1-035，1-064，3-416，3-417，3-418，3-419
草石蚕　6-423，6-425
草四照花　5-304
草藤　2-428，4-527
草问荆　2-034
草乌　3-105，3-114，3-115，3-116，3-117，3-121，3-207，4-460，4-553，4-581，6-053，8-496，8-513
草乌头　3-114，3-117
草盐角　3-026
草玉兰　8-122
草玉铃　8-122
草玉梅　3-135，3-147，3-148
草原老鹳草　4-574，4-575
草原石头花　1-012，2-626，2-627
草原丝石竹　2-626
草原霞草　2-626
草芸香　4-660
草泽泻　8-031，8-032
草茱萸　1-063，5-304，5-305
草茱萸属　5-304
草珠黄芪　4-331，4-332
草珠黄耆　4-331

侧柏　1-013，2-030，2-252，2-256，2-257，2-258，2-259，2-261，2-262，2-318，4-079，6-240，7-288，7-500，7-513，7-533，8-457，8-537
侧柏属　2-256
侧耳　1-010，1-064，1-077，1-174，1-175，1-176，1-177，1-178，1-179，1-180，1-181，1-182，1-183，1-186，1-187，1-190，1-228，3-299
侧耳科　1-174，1-176，1-177，1-178，1-179，1-180，1-182，1-183，1-186，1-187
侧耳属　1-174，1-180
侧花徐长卿　6-097
侧金盏花　1-010，1-012，1-047，1-050，1-063，1-077，3-128，3-129，3-130，3-131，3-132，3-133，3-134
侧金盏属　3-128
梣　1-013，5-040，5-041，5-042，5-043，5-654，5-658，5-661，5-662，5-663
梣叶槭　5-040，5-041，5-042，5-043
梣属　5-654
层孔菌属　1-431，1-434，1-438
层头　4-339
叉繁缕　2-598
叉分蓼　1-012，1-079，2-511，2-512，2-513
叉菊委陵菜　4-154
叉蓬棵　3-027
叉歧繁缕　1-009，2-598
叉叶委陵菜　4-147
叉枝唐松草　3-311
叉枝藻　1-163
叉枝藻属　1-163
叉子芹　5-358，5-426，7-279
茶藨子属　4-008
茶耳　1-470
茶色银耳　1-470，1-471
茶条　1-081，5-034，5-035，5-036，5-037
茶条木　5-034
茶条槭　1-081，5-034，5-035，5-036，5-037
茶条子　1-081，5-034
茶叶花　5-642，6-082，6-659
茶叶树　5-034，5-648
茶叶枝　5-034
茶银耳　1-470
茶枝子　5-034
差巴嘎蒿　7-372
差不嘎蒿　7-372
柴胡　1-011，1-012，1-013，1-031，1-060，1-061，1-064，2-541，2-572，2-573，2-650，3-192，3-271，3-290，3-428，3-545，3-568，4-211，4-344，4-489，5-372，5-373，5-374，5-375，5-376，5-377，5-378，5-379，5-380，5-381，5-382，5-383，5-384，5-385，

5-386，5-387，5-388，5-389，5-390，5-391，5-392，
5-393，5-414，6-027，6-088，6-253，6-392，6-638，
7-142，8-007
柴胡属 5-372
柴荆芥 6-288
柴树　2-391
豺节五加　5-314
缠绕天剑　6-160
蝉花　1-009，1-010，1-539，8-366，8-367，8-368，
8-369
蝉茸　1-539
蝉蛹草 1-539
蟾斑红毒伞　1-197
菖蒲　1-013，1-081，3-160，4-380，4-523，6-385，
6-607，7-212，7-390，8-227，8-366，8-492，8-493，
8-494
菖蒲属 8-492
长白糙苏　6-363，6-364
长白侧柏　2-262
长白茶藨　4-008，4-009
长白茶藨子　4-008，4-009
长白柴胡　1-011，5-388，5-389
长白长距兰　8-653
长白赤松　2-242
长白楤木　5-325
长白高山芹　5-410，5-411
长白狗舌草　7-471，7-472，7-473
长白红景天　1-064，3-614，3-615，3-616
长白虎耳草　1-063，4-031，4-032
长白棘豆　1-063，4-454，4-455，4-456
长白假水晶兰　5-486
长白金莲花　1-065，3-336，3-337，3-339，3-340，
3-341
长白景天　3-614
长白楼斗菜　3-178
长白落叶松　2-195
长白拟水晶兰　5-486
长白千里光　7-471
长白蔷薇　1-010，1-020，4-168，4-169，4-170
长白瑞香　5-154
长白沙参　1-011，7-081，7-082
长白山龙胆　1-063，1-066，6-042，6-043，6-044
长白山山蚂蚱草　2-652
长白山蹄盖蕨　2-096
长白山囊吾　1-063，7-424，7-425，7-426，7-427
长白山罂粟　1-063，1-065，3-516，3-517，3-518，
3-519
长白舌唇兰　8-653
长白松 1-020，1-063，2-242，2-243，2-244，2-245
长白乌头　1-063，3-102，3-103，3-104，3-105

长白岩黄芪　4-391
长白岩黄耆　4-391
长白鱼鳞松　2-204
长白鱼鳞云杉　1-020，1-026，1-035，2-185，2-196，
2-204，2-205，2-206，2-207，2-209，2-243
长瓣金莲花　1-011，1-020，1-031，1-034，3-319，
3-320，3-321，3-323
长瓣铁线莲　3-234，3-235
长苞凹舌兰　8-583
长苞谷精草　8-404
长苞黄精　8-254，8-255
长苞香蒲　8-546，8-547
长柄山蚂蝗属　4-482
长柄石韦　2-161
长虫把 1-081，7-034
长虫苞米　8-498，8-504
长虫草 8-498
长刺牛毛毡　8-548
长刺酸模　2-554
长萼鸡眼草　1-059，1-080，4-404，4-405，4-406
长隔北重楼　8-217
长根荠菜　3-572，3-574
长梗百蕊草　2-463
长梗葱 8-096
长梗韭 1-013，8-096，8-097，8-098
长梗鼠李　5-095
长梗玉竹　8-248
长梗郁李　4-286
长果笃斯越橘　5-552
长果山刺玫　4-179
长茎飞蓬　7-179，7-180，7-181
长茎红景天　3-622
长茎景天　3-594
长距凤仙花　5-055
长裂苦苣菜　1-020，1-081，7-513，7-667，7-668，
7-669，7-670，7-671，7-673
长裂旋花　6-165
长蔓石松　2-012
长芒稗 8-473，8-474，8-475
长毛点地梅　5-579
长鞘独活　5-354
长蕊石头花　1-013，1-014，2-620，2-621，2-622，
2-623
长蕊丝石竹　2-620
长山药 8-321
长生不死草　2-025，2-029
长生草 2-029
长生景天　3-630
长寿菜 2-564
长松萝 1-010，1-061，1-595，1-596

长藤草 6-435

长尾婆婆纳　6-577

长药八宝　1-010，3-591，3-592，3-593

长药景天　3-591

长叶车前　1-020，6-646，6-647，6-648

长叶地榆　4-215

长叶火绒草　7-259，7-260

长叶碱毛茛　1-012，3-256，3-257

长圆果菘蓝　3-562，3-563

长柱金丝桃　3-448

长柱麦瓶草　2-649

长柱沙参　1-012，7-092，7-093

长柱蝇子草　2-649

肠净草 2-478

常春藤打碗花　6-162

常春藤叶天剑　6-162

常青藤 5-116，5-120

朝天委陵菜　4-150，4-151

朝鲜白头翁　1-011，1-019，1-031，1-060，3-280，3-281，3-282

朝鲜白芷　5-358

朝鲜百合　8-192，8-193

朝鲜柏 2-262

朝鲜苍术　1-019，1-032，1-081，7-504，7-505

朝鲜当归　1-011，5-350，5-351，5-352，5-353

朝鲜地瓜苗　6-329

朝鲜顶冰花　8-146

朝鲜独活　5-325，5-449

朝鲜虎耳草　4-039

朝鲜槐 1-010，1-080，4-436，4-437，4-438，4-439

朝鲜荚蒾　7-017，7-018

朝鲜接骨木　7-006

朝鲜老鹳草　4-570，4-571

朝鲜柳 2-296

朝鲜龙胆　1-031，6-022，6-023，6-024

朝鲜落新妇　3-646

朝鲜落叶松　2-195

朝鲜南星　1-011，1-019，1-035，1-045，1-061，8-504，8-505，8-506，8-507

朝鲜蒲公英　8-003

朝鲜羌活　5-449

朝鲜瑞香　5-154

朝鲜山茱萸　5-309

朝鲜松 2-213

朝鲜天南星　8-504

朝鲜铁线莲　3-226，3-227

朝鲜庭藤　4-398

朝鲜崖柏　1-010，1-063，2-262，2-263，2-264，2-265

朝鲜一枝黄花　7-208

朝鲜淫羊藿　1-011，1-035，1-056，1-057，1-061，1-077，3-355，3-356，3-357，3-358

朝鲜越橘　5-554

潮风草 1-011，1-019，6-091，6-092，6-093

车串串 6-636，6-640

车轱轳菜　6-636，6-643，6-646，6-649

车轱辘菜　1-080，6-636，6-640，6-643，6-646，6-649

车辆木 5-309

车辆山茱萸　5-309

车轮菜籽　6-636，6-643

车轮草 5-140，6-636，6-640

车前　1-012，1-020，1-032，1-058，1-061，1-080，1-387，2-163，2-274，2-489，2-490，2-525，2-538，2-541，2-613，3-377，3-450，3-536，3-653，3-678，4-211，4-318，4-405，4-421，4-497，4-546，5-003，5-149，5-393，5-443，6-027，6-088，6-181，6-189，6-304，6-305，6-388，6-436，6-565，6-636，6-637，6-638，6-639，6-640，6-641，6-642，6-643，6-644，6-645，6-646，6-647，6-648，6-649，6-650，6-651，7-212，7-278，7-304，7-338，7-366，7-534，8-030，8-047，8-133，8-322，8-382，8-392，8-395，8-457，8-523

车前草 2-163，2-274，2-538，3-450，3-653，3-678，4-211，4-318，4-405，4-546，5-003，5-393，6-088，6-304，6-305，6-388，6-436，6-636，6-637，6-638，6-640，6-643，6-646，6-649，7-212，7-278，7-304，7-338，7-534，8-392，8-395

车前科 6-636，6-640，6-643，6-646，6-649，6-650

车前叶 8-133

车前属 6-636，8-047

车轴草属　4-512

扯根菜 1-011，3-676，3-677，3-678

扯根菜属　3-676

柽柏　2-248

柽柳　1-012，5-218，5-222，5-223，5-224，5-225，8-523

柽柳科 5-218，5-222

柽柳属 5-222

橙豹斑毒鹅膏菌　1-199

橙盖鹅膏　1-079，1-194，1-195

橙盖鹅膏菌　1-079，1-194，1-195

橙盖伞 1-194

齿瓣延胡索　1-009，1-019，1-032，3-482，3-483，3-484，3-485

齿翅蓼 2-484，2-485

齿翅首乌　2-484

齿裂堇叶延胡索　3-493

齿裂延胡索　3-482

齿叶白鹃梅　4-051，4-052

齿叶草 6-520，6-521
齿叶东北南星 8-503
齿叶风毛菊 7-568
齿叶花旗杆 3-547
齿叶薹 7-317，7-318
齿叶铁线莲 1-011，3-219，3-220，3-221
齿叶紫苞东北南星 8-502
齿缘草属 6-207
赤板松 1-079，2-266
赤包 5-238
赤雹 5-238
赤瓟 1-011，1-020，1-024，1-060，1-061，1-080，5-238，5-239，5-240，5-241
赤瓟属 5-238
赤茯苓 1-429
赤箭 8-605
赤芍帻子 3-352
赤芍药 3-424，3-429
赤松 1-014，1-020，1-212，1-214，2-239，2-240，2-241，2-242，2-356
赤天箭 8-605
赤杨 1-180，1-457，1-459，2-330，2-332，2-336
赤榆 4-253
赤芝 1-447
翅果菊 1-081，7-646，7-647，7-648，7-649，7-650，7-651
翅果菊属 7-646
翅果唐松草 3-303
翅碱蓬 3-037
翅鳞伞 1-278
翅藻科 1-138
翅枝黄榆 2-411
冲天草 8-558
虫草属 1-534
虫虫草 6-584
虫实属 3-017
重瓣路边青 4-102
重瓣毛茛 3-300
重楼属 8-215
重穗排草 5-590
重穗珍珠菜 5-590
抽风草 6-306
抽筋草 2-606，6-142
稠李 1-081，3-532，4-292，4-293，4-294，4-295，4-296，4-297，4-298
稠李属 4-292
稠李子 4-295
臭柏 2-248
臭草 6-101，7-055，8-444，8-492
臭草属 8-444

臭赤褶菇 1-292
臭椿属 4-672
臭粉褶菌 1-292
臭芙蓉 6-244
臭蒿 7-333，7-341，7-343，7-356，7-378，7-382
臭蒿子 7-333
臭红菇 1-326
臭护护针 5-097
臭桦 2-348
臭槐 6-120
臭黄菇 1-010，1-326，1-327，1-328
臭黄红菇 1-326
臭辣树 4-675
臭老婆罐 3-404
臭冷杉 1-020，1-035，1-079，2-185，2-187，2-188，2-189，2-190，2-196，2-201，2-204，2-209，2-214
臭梨 4-295
臭李子 1-081，4-295，5-090，5-093，5-095，5-096，5-099
臭铃铛 3-404
臭牡丹 6-244
臭苜蓿 4-448
臭葡萄秧 3-368
臭蒲 1-081，8-492
臭蒲子 1-081，8-492
臭漆 4-256
臭青蒿 7-343
臭球子 4-051
臭曲 5-008
臭松 1-079，2-187，2-188
臭菘 1-013，1-063，1-064，8-515，8-516，8-517，8-518，8-519
臭菘属 8-515
臭檀 1-014，4-657，4-658，4-659
臭檀吴萸 1-014，4-657，4-658，4-659
臭檀吴茱萸 4-657
臭桐 6-244
臭梧桐 1-081，6-244，6-246，6-596
樗 4-672，4-674
除毒草 6-563
杵桦 2-354
杵榆 2-354
杵榆桦 2-354
楮 2-420，2-421
楮桃 2-420
川贝母秧子 8-139
川续断 2-654，7-062，7-064，7-065，7-069
川续断科 7-062，7-064，7-065，7-069
川续断属 7-062
穿地龙 8-316

穿龙草 7-325

穿龙骨 1-060，8-316

穿龙薯蓣　　1-013，1-019，1-020，1-057，1-060，
　1-061，1-064，1-078，8-316，8-317，8-318，8-319，
　8-320

穿山虎 8-316

穿山甲 8-316

穿山龙 2-258，2-553，4-055，4-205，4-553，4-581，
　5-064，5-067，5-108，6-122，7-005，8-316，8-318，
　8-319，8-320

穿心草 6-142

穿叶蓼 2-524，2-526

穿叶眼子菜 8-070，8-071

串铃草 1-012，6-365，6-366

串山龙 8-316

串叶松香草 7-307，7-308，7-309

串珠黄芩　　6-419

吹风草 2-641，6-563

垂梗繁缕　　1-079，2-596

垂果大蒜芥 3-577，3-578

垂果南芥　　1-079，3-530，3-531，3-532，3-533

垂花百合　　1-064，8-199，8-200，8-201，8-202

垂花青兰 6-276，6-277

垂柳　　2-316，2-317，2-318，2-319，3-604

垂盆草 1-014，1-032，3-628，3-629，6-480

垂穗粉花地榆 4-215

垂穗排草 5-590

垂头虫草　　1-537，1-538

春黄芪 4-326

春蓼　　2-498，2-499

春龙胆 6-049

春榆　　2-186，2-214，2-414，2-415，2-416，2-417

唇形科 6-258，6-262，6-264，6-267，6-270，6-274，
　6-276，6-278，6-282，6-284，6-286，6-288，6-290，
　6-292，6-294，6-299，6-303，6-306，6-310，6-314，
　6-317，6-319，6-323，6-327，6-329，6-331，6-334，
　6-337，6-339，6-343，6-345，6-347，6-350，6-352，
　6-357，6-360，6-363，6-365，6-367，6-369，6-374，
　6-377，6-381，6-384，6-387，6-390，6-392，6-394，
　6-398，6-400，6-405，6-410，6-413，6-415，6-417，
　6-419，6-421，6-423，6-427，6-430，6-432，6-435，
　6-437，6-441

茈碧花 3-387

茨拐棒 5-314，5-319

慈姑属 8-033

刺柏　　1-009，1-063，2-237，2-248，2-252，2-253

刺柏属 2-248

刺苞南蛇藤　　5-062，5-063，5-064

刺参　　1-011，1-063，1-065，5-331，5-332，5-333

刺参属 5-331

刺儿菜 1-032，1-081，7-501，7-504，7-510，7-511，
　7-512，7-513，7-514，7-515，7-516，7-517，7-519，
　7-533，7-534

刺儿参 5-331

刺儿槐 4-493

刺儿蘑 1-079，1-273，1-276，1-278，1-280

刺儿楸 1-080，5-328

刺儿松 2-201

刺拐棒 1-080，5-314，5-319，5-331

刺果茶藨　　1-081，4-023，4-024，4-025

刺果茶藨子　　1-081，4-023，4-024，4-025

刺果甘草　　1-012，4-375，4-376，4-377

刺海松 1-122

刺虎耳草　　4-029，4-030

刺花棒 5-314

刺槐　　1-079，4-493，4-494，4-495

刺槐属 4-493

刺蒺藜 4-591，4-593

刺蓟　　7-535

刺甲盖 7-486

刺尖前胡　　5-451，5-452

刺尖石防风 5-451

刺玖花 4-184

刺榔 2-402

刺老棒 5-328

刺老婆针　　7-279，7-285

刺老鸦幌子　　5-331

刺老牙 5-322

刺楞牙 5-322

刺梨 3-406，4-023

刺犁头 2-524

刺藜　　3-001，3-002，3-003

刺李 4-023

刺蓼　　1-012，1-020，2-528，2-529

刺龙牙 5-322，5-325

刺龙芽 5-322

刺枚果 4-166，4-168，4-180

刺玫　　1-009，1-020，1-023，1-055，1-059，1-061，
　1-081，1-096，2-163，4-163，4-171，4-175，4-176，
　4-177，4-178，4-179，4-184，4-185，4-186，4-187，
　6-055

刺玫果 1-055，1-059，1-061，1-081，2-163，4-163，
　4-175，4-176，4-177，4-179，4-186

刺玫花 1-023，1-096，4-171，4-175，4-177，4-178，
　4-179，4-184，4-185，4-186，4-187，6-055

刺玫菊 4-171

刺玫蔷薇　　4-175

刺木果棒　　4-175

刺南蛇藤　　5-062，5-064

刺蓬　　3-027，3-030

刺蔷薇 1-010，1-020，1-060，1-081，4-180，4-181，
 4-182，4-183
刺楸 1-011，1-064，1-080，5-328，5-329，5-330
刺楸属 5-328
刺人参 5-331
刺沙蓬 3-030，3-031
刺松 1-122，1-123，2-248
刺松藻 1-122，1-123
刺酸模 2-554，2-555
刺穗藜 3-001
刺头 7-486，7-487，7-488，7-489，7-490
刺猬草 3-027
刺猬菌 1-374
刺五加 1-010，1-020，1-035，1-058，1-061，1-064，
 1-080，1-313，5-314，5-315，5-316，5-317，5-318，
 8-668
刺旋花 6-176，6-177，6-178
刺叶柄棘豆 4-471
刺叶叽松 5-620
刺叶南蛇藤 5-062
刺叶桑 2-429
刺叶瓦松 3-605
刺叶小檗 3-344
刺叶子 1-079，2-402
刺银耳属 1-464
刺榆 1-079，2-402，2-403
刺榆属 2-402
刺枣 5-101
刺针 4-584，4-586，5-314，7-277，8-006
刺针草 7-277，8-006
苁蓉 1-009，1-020，1-052，1-060，1-061，1-063，
 1-064，1-066，1-069，1-076，1-080，1-083，6-606，
 6-607，6-608，6-609，6-610，6-623，6-624，6-625，
 8-668
葱皮忍冬 6-671，6-672
葱属 7-652，8-074
丛片韧革菌 1-356，1-357
丛生龙胆 6-049
粗糙龙胆 6-025
粗根老鹳草 1-012，4-572，4-573
粗根马莲 8-374
粗根鸢尾 1-013，8-374，8-375
粗茎鳞毛蕨 1-019，1-027，1-057，1-060，1-061，
 1-084，2-135，2-136，2-137
粗毛褐孔菌 1-423
粗毛黄褐孔菌 1-423
粗毛牛膝菊 7-289，7-290
粗毛纤孔菌 1-423
粗皮松萝 1-597
粗腿蘑 1-312

粗腿羊肚菌 1-559
粗叶泥炭藓 1-610，1-611
粗榆 4-253
粗枝软骨藻 1-167
粗壮女娄菜 2-638
酢浆草 1-010，1-011，1-032，1-078，1-080，2-566，
 4-312，4-544，4-545，4-546，4-547，4-548，4-549，
 4-550，4-551，6-133，6-372，7-206，7-676
酢浆草科 4-544，4-548，4-550
酢浆草属 4-544
醋栗 4-023
醋柳 2-493，2-508，5-170
簇毛槭 5-038
簇生黄韧伞 1-268，1-269
簇生卷耳 2-578，2-579
簇生离褶伞 1-226
催生草 8-256
翠菊 1-013，7-159，7-160，7-161，7-162
翠菊属 7-159
翠兰花 5-598
翠蓝报春 5-598
翠南报春 5-598
翠雀 1-011，1-012，3-238，3-239，3-240，3-241，
 3-242，3-243，3-244，3-245，3-247，3-248，3-249
翠雀花 3-238，3-240，3-241，3-242，3-244，3-245，
 3-248
翠雀属 3-238
寸草 8-579
寸草苔 8-579
寸节七 5-214
锉草 1-079，2-043
错草 1-059，2-043

D

达弗里亚秦艽 6-034
达呼尔胡枝子 4-426
达乌里地椒 6-441
达乌里杜鹃 5-533
达乌里黄芪 4-346，4-347，4-348
达乌里黄耆 4-346
达乌里落叶松 2-191
达乌里秦艽 1-012，6-034，6-035，6-037
达乌里芯芭 1-012，6-490，6-491，6-493
达子香 5-533，5-541
鞑子头 7-550
鞑子香 5-525
打不死 3-586
打瓜杆儿 3-648
打瓜花 5-144
打水水花 3-557

打碗花 1-013，1-014，1-078，1-080，6-158，6-159，6-160，6-162，6-163，6-164，6-165，6-166，6-167，6-168，6-169，6-173

打碗花属　　6-158

大白草 8-463

大白刺 4-584

大白菇 1-323

大白蒿 7-333

大白蒿子　　7-333

大白花杓兰 8-593

大白花地榆　　1-064，4-206，4-207，4-208

大瓣铁线莲 3-234

大苞柴胡　　1-064，5-372，5-373

大苞点地梅　　5-577，5-578

大苞香蒲　　8-546

大苞萱草　　1-010，1-060，1-081，8-160，8-161，8-162，8-163，8-165

大贝母 5-233

大脖梗子　　1-079，3-648

大布衫子　　3-367

大车前 6-643，6-644，6-645

大齿独活　　5-449

大齿山芹　　5-449，5-450

大串地龙　　8-316

大唇乌头　　3-111

大刺孢树花　　1-384

大刺儿菜　　1-081，7-512，7-513，7-514，7-515，7-516，7-517，7-519

大刺拐棒　　5-331

大当归 5-350

大荻　　8-463

大丁草 7-586，7-587，7-588

大丁草属　　7-586

大疔黄 6-357

大豆属 4-371

大独活 5-350

大萼铁线莲　　3-234

大耳朵菜　　7-147

大耳朵毛　　1-081，7-167，8-454

大耳朵毛菜　　7-167

大耳夹子草　　8-033

大耳毛 7-167

大二叶兰　　8-626

大浮萍 2-174

大秆蒿 7-359

大葛瓢 6-091

大蛤蜊瓢　　6-116

大根地丁　　4-384

大根蒿 7-333

大狗尾草　　8-488，8-489

大果点地梅　　5-577

大果琉璃草　　1-012，6-205，6-206

大果毛蒿豆　　5-556

大果榆 2-411，2-412，2-413

大蒿子 1-142

大胡苍子　　4-375

大花百合　　8-188

大花杓兰　　1-009，1-064，1-073，1-081，8-590，8-591，8-592，8-593，8-594，8-595，8-596

大花飞燕草　　3-245

大花风轮菜　　6-270

大花棘豆　　4-480，4-481

大花剪秋罗　　2-633

大花金挖耳　　7-221，7-222，7-223

大花巨紫堇　　3-480

大花卷丹　　1-019，1-084，8-194，8-195，8-196

大花老鹳草　　4-560

大花马先蒿　　6-531

大花囊兰　　8-590

大花溲疏　　3-659，3-660

大花糖芥　　3-553

大花铁线莲　　3-208

大花乌头　　3-111

大花萱草　　8-160

大花旋覆花　　7-238

大花野豌豆　　4-530，4-531

大花益母草　　1-011，1-020，1-031，6-314，6-315，6-316，6-317

大花银莲花　　1-012，3-139，3-140，3-141

大花紫堇　　3-480，3-481

大铧头草　　5-214

大黄花 2-539，2-541，6-490，6-494，7-240

大黄菊 7-589

大黄喇叭花　　3-093

大黄柳 2-320，2-321

大黄属 2-539

大活　　3-152，5-325，5-363

大戟　　1-009，1-012，1-019，1-035，1-051，1-058，1-059，1-060，1-061，1-079，1-080，4-379，4-610，4-613，4-614，4-616，4-618，4-619，4-620，4-621，4-622，4-623，4-625，4-626，4-627，4-628，4-629，4-630，4-631，4-632，4-633，4-634，4-635，4-636，4-637，4-638，4-640，4-642，4-646，5-119，5-158，6-189

大戟科 4-610，4-613，4-614，4-616，4-618，4-626，4-628，4-630，4-632，4-634，4-637，4-638，4-640，4-642，4-646，5-119

大戟属 4-613

大蓟　　2-525，4-134，4-211，4-579，6-345，7-514，7-534，7-536

大艽　6-031，7-654，8-018
大脚菇 1-312
大金发藓　1-636
大孔菌 1-426，1-427，1-428
大孔菌属　1-426
大口袋兰　8-590，8-596
大口静灰球菌　1-516，1-517
大赖鸡毛子　6-205
大赖毛子　6-205
大狼把草　7-285
大狼杷草　7-285，7-286
大藜芦 8-295
大力子 3-304，4-355，7-491
大粒车前子　6-636
大蓼吊子　2-495
大鳞毛蕨　2-141
大芦草 8-101
大芦藜 8-231，8-295
大芦水 8-101
大绿　5-090，5-097
大落新妇　3-646，3-647
大麻　1-032，2-423，2-424，2-425，6-607
大麻属 2-423
大马勃 1-512
大马蓼 2-503
大麦草 8-449
大麦子 8-449
人蔓茶藨　4-012
大芒草 8-458，8-461
大猫眼草　4-618
大脑袋花　7-550
大脑瓜儿　8-083
大胖　6-357
大蓬蒿 7-461
大披针薹草　8-574
大婆婆纳　6-574，6-575，6-576
大破布草　7-265
大山酢浆草　4-550
大山黧豆　1-013，1-080，4-409，4-410，4-411
大参　8-498
大蒜芥属　3-577
大穗花 6-574
大穗荆芥　6-394
大头花 6-369
大头狼毒　6-473
大头参 1-081，7-117，8-495，8-498，8-504
大头翁 7-550
大头莸子　8-486
大秃马勃　1-012，1-031，1-034，1-512，1-513，
　1-514，1-515

大菟丝子　6-182，6-184
大颓马勃　1-512
大腿蘑 1-078，1-079，1-312
大豌豆 4-409
大碗花 3-268，6-162
大苇　8-412
大细辛 5-193
大烟袋锅草　7-221
大野芹 5-350
大野苏子马先蒿　　6-531
大叶白蜡树　5-654
大叶白麻子　2-398
大叶菜 3-008
大叶糙苏　6-357，6-358，6-359
大叶草 8-576
大叶梣 5-654
大叶柴胡　1-060，5-378，5-379，5-380，5-381
大叶长距兰　8-650
大叶车前　6-643
大叶椴 5-132
大叶海藻　1-142
大叶槲 2-388
大叶华北绣线菊　　4-061
大叶灰菜　1-079，3-008
大叶堇菜　5-214，5-215
大叶荆芥　6-394
大叶藜 3-008，3-010
大叶栎 2-388
大叶龙胆　6-031
大叶芦 8-248，8-295
大叶毛 7-214，7-434
大叶朴 2-398，2-399
大叶蔷薇　4-180
大叶芹 1-079，3-508，5-426，5-457
大叶芹幌子　1-079，3-508
大叶秦艽　6-031
大叶色 5-022
大叶石头花　1-079，2-624，2-625
大叶鼠李　5-090
大叶碎米荠　3-542，3-543
大叶铁线莲　3-201，3-202，3-203
大叶小檗　3-346
大叶榆 2-405
大叶子 1-011，1-064，1-079，3-648，3-649，3-650
大叶子属　3-648
大叶柞 2-388
大油芒 8-463，8-464
大油芒属　8-463
大玉竹 8-248
大砧草 6-140

大种鹅儿肠　2-606

大抓根草　8-468

大籽蒿 1-081，7-333，7-334，7-335，7-336

大嘴乌头　3-106

带岭云杉　2-208

待霄草 5-278

丹参　1-013，2-490，2-654，2-659，3-029，3-031，
　3-418，3-428，3-536，3-545，3-568，4-173，4-344，
　4-497，5-076，6-312，6-332，6-384，6-385，6-386，
　6-406，6-410，6-551，7-551，8-085，8-233，8-235，
　8-297，8-527，8-528

丹顶草 3-667

丹东玄参　6-561，6-562

丹芝　1-447

单侧花 5-494，5-495，5-496，5-497

单侧花属　5-494

单花萝蒂 8-208

单花橐吾　7-424

单花乌头　3-120

单花鸢尾　8-355，8-356

单茎旋覆花　7-231

单歧黑三棱　8-530

单穗升麻　1-011，1-019，1-031，3-198，3-199，
　3-200

单穗石松　2-014

单头橐吾　7-424

单叶蔓荆　1-014，6-251，6-252，6-253

单叶薯 7-317

单叶芸香　4-660

单子麻黄　1-012，2-276

胆草　2-541，4-526，6-018，6-020，6-022，6-025，
　6-029，6-246，7-120，7-453

弹刀子菜　1-013，6-512，6-513

淡竹叶 3-436，5-592，6-027，6-560，6-660，7-510，
　7-512，8-382，8-390

蛋黄菜 3-508

当归属 5-348

当药　4-362，6-061，6-063，6-066，6-521

党参　1-010，1-011，1-018，1-019，1-035，1-048，
　1-057，1-060，1-061，1-064，1-078，1-430，2-365，
　3-067，3-376，4-173，4-344，4-380，4-671，5-392，
　6-385，6-551，7-114，7-115，7-116，7-117，7-121，
　7-122，7-123，7-235，7-239，7-241，8-227，8-233，
　8-297，8-322，8-614，8-668

党参属 7-114

刀豆三七　3-508

刀尖茶 5-070

刀里板子　4-307

岛内云杉　2-208

倒根草 2-520，8-101

倒根蓼 1-063，2-520，2-521

倒钩刺 8-276

倒钩芹 5-348

倒卵叶重楼　8-223

道边子草　7-214

道拉基 7-127

灯草　8-380

灯笼菜 1-079，3-394，7-074，8-231

灯笼菜花　3-394

灯笼草 3-353，6-470

灯笼果 1-081，4-014，4-023，6-466

灯笼花 3-394，3-454，5-044，5-144，7-105，7-109

灯笼婆婆纳　6-587

灯伞花 8-170

灯台草 8-217

灯台山茱萸　5-300

灯台树 1-080，5-300，5-301，5-302，5-303

灯心草 8-380，8-383，8-385，8-387

灯芯草　1-013，1-019，1-032，1-057，2-489，2-572，
　2-612，2-613，6-560，7-288，7-670，8-331，8-380，
　8-381，8-382，8-383，8-384，8-385，8-386，8-387

灯芯草科　8-380，8-383，8-385，8-387

灯芯草属　8-380

灯芯草蚤缀　2-572

登相子 2-658

等穗薹草　8-575

滴孔菌属　1-418

迪金斯栓菌　1-398

荻　8-458，8-459，8-460，8-463

地蚕 6-423

地茶　1-009，1-100，1-600，1-601，1-602，1-603

地茶科 1-600，1-602

地茶属 1-600

地地瓜 6-104

地丁　1-013，1-020，1-031，2-408，3-152，3-506，
　3-507，3-629，4-369，4-384，4-405，5-076，5-195，
　5-197，5-199，5-200，5-201，5-208，5-393，6-389，
　6-637，6-638，6-661，7-039，7-071，7-206，7-304，
　7-391，7-639，8-004

地丁草 3-506，3-507，5-195，5-197，5-199，5-208

地丁紫堇　3-506

地豆豆 4-191

地豆花 3-482，3-486，3-488，3-490

地耳　1-110，3-457，6-565，7-304，8-006

地耳草 3-457，6-565，7-304，8-006

地肤　1-012，1-020，1-032，1-079，2-546，3-019，
　3-020，3-021，3-022，3-023，3-024，3-025，3-044，
　4-344，4-592，4-593，5-473，7-312，7-366，8-071

地肤属 3-019

地肤子 2-546，3-019，3-020，3-022，3-044，4-344，

4-592，4-593，5-473，7-312，7-366，8-071

地构叶 1-012，4-646，4-647

地构叶属　　4-646

地骨　　2-434，2-608，3-316，3-370，4-499，4-603，6-088，6-312，6-457，6-459，6-460，6-638，7-375

地瓜儿苗　　6-331

地瓜苗 6-327，6-329，6-331

地瓜皮 1-110

地瓜瓢 6-104

地瓜子 6-104

地果　　4-086，4-098，5-550

地红花 4-147

地胡椒 6-230，7-385

地葫芦 6-109

地花 5-492

地槐 4-499

地槐根子　　4-499

地环　　1-080，6-331

地环秧 6-331

地黄　　1-013，1-031，1-035，1-064，2-259，3-193，3-402，3-472，4-328，4-329，4-330，4-336，4-344，5-212，5-365，6-027，6-088，6-143，6-181，6-246，6-459，6-549，6-550，6-551，6-560，6-660，7-230，7-500，7-510，7-512，8-103，8-125，8-173，8-537，8-538

地黄瓜 5-212

地黄连 3-472

地黄芪 1-013，4-328，4-329，4-330，4-336

地黄属 6-549

地浆皮 1-079，1-110

地椒　　1-013，6-435，6-436，6-441

地角儿苗　　4-476

地锦　　1-011，1-012，1-032，4-613，4-614，4-615，5-022，5-116，5-118，5-119，5-120，5-121，5-122，5-123，6-471，7-512

地锦草 4-614，4-615，6-471，7-512

地锦大戟　　4-614

地锦械 5-022

地锦属 5-116

地精　　5-334

地老星 8-511

地雷 4-384

地梨子 8-033

地里瓜 6-104

地鳞伞 1-280

地龙胆 5-233

地龙骨 8-316

地龙芽 3-190

地萝卜 2-558

地毛菜 1-079，1-113

地毛球 5-294

地毛衣 1-610

地莓 4-086

地梅花 5-568，5-569，5-570，5-572，5-573，5-574，5-576，5-578，5-579，5-581，5-582，5-583

地木耳 1-110

地嫩儿 6-331

地牛子 6-331

地皮斑 1-640

地铺拉草　　6-230

地钱　　1-013，1-640，1-641，1-644，1-645

地钱科 1-644

地钱属 1-644

地蔷薇 4-080，4-081，4-082，4-083

地蔷薇属　　4-080

地蕊 6-423

地梢瓜 1-012，6-104，6-105

地梢花 6-104

地参 8-101

地刷子 2-012

地刷子石松　　2-012

地笋　　1-013，1-032，1-057，1-080，1-085，6-327，6-328，6-329，6-330，6-331，6-332，6-333

地笋属 6-327

地乌桃 1-385

地蜈蚣 2-012，6-224

地仙草 4-077

地星　　1-010，1-013，1-500，1-501，1-502，1-503，1-522，1-523

地星科 1-500，1-503，1-522

地星属 1-500，1-522

地血 6-214

地衣　　1-105，1-567，1-570，1-574，1-576，1-580，1-588，1-590，1-591，1-594，1-595，1-597，1-600，1-602，8

地榆　　1-012，1-013，1-019，1-032，1-044，1-057，1-061，1-064，1-079，2-030，2-045，2-137，2-287，2-546，3-020，3-168，3-193，3-270，3-428，4-079，4-134，4-145，4-206，4-207，4-208，4-209，4-210，4-211，4-213，4-214，4-215，4-216，4-217，4-218，4-497，4-498，4-647，4-666，5-010，5-114，5-201，5-316，5-511，5-656，6-144，6-505，6-565，7-507，8-007，8-212，8-607

地榆瓜 4-209

地榆属 4-206

地枣　　4-098，8-256

棣棠升麻　　4-046

滇苦菜 7-674，7-677，7-678

滇苦荬菜　　7-674

滇羌活 5-415

点地梅 1-013, 1-020, 5-568, 5-569, 5-570, 5-571, 5-572, 5-573, 5-574, 5-575, 5-576, 5-577, 5-578, 5-579, 5-580, 5-581, 5-582, 5-583, 5-584, 6-585

点地梅属　5-568

点头虎耳草 4-033

电灯花 6-148

甸果　1-081, 5-550, 6-662

甸虎　5-556, 5-558

吊柳 2-317

吊钟花 7-105

叠子草 6-198, 6-200

碟花茶蔍子 4-021

丁历 3-544

丁香　1-010, 1-020, 1-060, 1-061, 1-080, 1-081, 1-210, 1-232, 1-233, 2-470, 3-270, 3-492, 5-419, 6-001, 6-002, 6-003, 6-004, 6-005, 6-006, 6-007, 6-008, 6-009, 6-010, 6-011, 6-012, 6-014, 6-015, 6-016, 6-017, 6-083, 7-005, 7-240

丁香属 6-001

疗毒草 4-600

疗黄草 6-357

钉板榆 2-402

顶冰花 1-081, 3-128, 3-131, 3-133, 8-146, 8-147, 8-148, 8-149, 8-150, 8-151

顶冰花属　8-146

顶花螯麻　2-442

顶羽菊 7-495, 7-496

顶羽菊属　7-495

定风草 8-605

东北埃蕾　6-018

东北百合　1-010, 1-019, 1-035, 1-081, 8-203, 8-204, 8-205, 8-206

东北扁果草　3-261, 3-262

东北扁核木　1-011, 1-081, 4-260, 4-261

东北薄荷　6-339

东北梣 5-658

东北茶蔍　1-081, 4-014, 4-015, 4-016

东北茶蔍子　1-081, 4-014, 4-015, 4-016

东北长鞘当归 5-354, 5-355

东北赤杨　2-336

东北刺人参　5-331

东北酢浆草 4-548

东北大戟　1-035, 4-632, 4-633, 4-634

东北点地梅　1-013, 5-573, 5-574

东北对开蕨　2-115

东北多足蕨　1-010, 1-020, 1-027, 2-159, 2-160

东北蛾眉蕨　2-100, 2-101

东北凤仙花　5-055, 5-056

东北高翠雀　3-242, 3-243, 3-244, 3-245

东北高翠雀花　3-242, 3-244

东北鹤虱　6-209, 6-211

东北黑松　2-230

东北黑榆　2-414

东北红豆杉　1-010, 1-063, 1-067, 1-079, 2-214, 2-266, 2-267, 2-268, 2-269, 8-673

东北虎耳草　4-037

东北花楸　4-256

东北黄精　8-224

东北黄芪　4-342

东北棘豆　4-462, 4-468

东北假水晶兰　5-486

东北角蕨　2-102

东北接骨木　7-007, 7-008

东北金挖耳　7-227

东北堇菜　1-020, 1-031, 5-197, 5-198

东北拉拉藤　6-130

东北老鹳草　4-560, 4-561

东北雷公藤　1-011, 1-080, 5-077, 5-078, 5-079, 5-080, 5-081

东北李 1-020, 1-081, 4-299, 4-300, 4-301

东北连翘　5-652, 5-653

东北裂叶荆芥　6-394

东北菱　1-013, 5-252, 5-253

东北龙常草　8-427

东北龙胆　1-031, 1-058, 1-064, 6-029

东北迷果芹　5-478

东北木蓼　1-012, 2-474, 2-475

东北木通　3-400

东北南星　1-010, 1-019, 1-020, 1-035, 1-057, 1-060, 8-498, 8-499, 8-500, 8-501, 8-502, 8-503

东北牛防风　5-426

东北牛尾菜　8-271

东北盘龙参　8-657

东北婆婆纳　6-570, 6-571

东北蒲公英　1-020, 1-031, 1-081, 8-009, 8-010, 8-011, 8-013

东北桤木　2-336, 2-337, 2-338, 2-339

东北蕤核　4-260

东北瑞香　1-011, 1-020, 1-064, 5-154, 5-155

东北三叶乌头　3-109

东北山荷叶　3-648

东北山蟹豆　4-418, 4-419

东北山蚂蝗　4-482

东北山梅花　4-006, 4-007

东北舌唇兰　8-653, 8-654

东北蛇葡萄　1-011, 5-106, 5-107, 5-108

东北石杉　2-006

东北石松　1-010, 1-032, 1-057, 1-059, 1-061, 1-077, 2-016, 2-017, 2-018

东北水龙骨　2-159

东北溲疏　3-663，3-664
东北蹄盖蕨　1-010，1-079，2-096，2-097
东北天南星　8-498
东北铁线莲　3-211
东北土当归　1-080，5-325，5-326，5-327
东北土甘草　4-375
东北细辛　3-408
东北夏枯草　6-369
东北香根芹　5-444
东北香薷　6-290
东北香豌豆　4-418
东北杏　1-020，1-032，1-081，4-273，4-274，4-275，4-276
东北鸦葱　1-081，7-652，7-653
东北延胡索　3-490
东北岩高兰　1-009，5-562，5-563，5-564，5-565
东北岩蕨　2-128
东北羊角芹　1-080，5-346，5-347
东北茵陈蒿　7-378，7-382
东北银莲花　3-155
东北玉簪　1-011，1-081，8-166，8-167，8-168，8-169
东北鸢尾　8-366
东北獐耳细辛　3-258
东北沼委陵菜　4-084
东北针枝蓼　2-474
东北珍珠梅　4-053
东北猪殃殃　6-130，6-131
东北苎麻　2-438
东苍术　7-497
东方草莓　1-042，1-081，4-098，4-099，4-100
东方荚果蕨　1-009，2-120
东方堇菜　5-178，5-179
东方蓼　2-495
东方婆罗门参　8-018，8-019，8-020
东方珊瑚枝　1-580，1-581
东方栓菌　1-407
东方香蒲　8-540
东方鸢尾　8-360
东方云芝　1-407
东方泽泻　1-013，1-032，1-057，8-028，8-029，8-030
东风菜　1-011，1-019，1-081，5-414，7-167，7-168，7-169，7-170
东风菜属　7-167
东风草　5-278
东陵冷杉　2-187
东墙　2-658
东廧　4-586
东亚唐棣　4-221

东亚小金发藓　1-010，1-634，1-635
东紫堇　3-476
冬虫夏草　1-534，1-537
冬菇　1-209
冬菇属　1-209
冬瓜树　2-330
冬果　2-330，6-658，6-660，6-666，6-668，6-672，6-673，7-484，8-054，8-108，8-109，8-110，8-114，8-115，8-207
冬寒菜　5-146
冬花　1-034，4-268，6-657，6-659，6-660，6-667，6-670，6-671，6-674，7-150，7-230，7-483，7-484，7-485，8-055，8-056，8-108，8-109，8-207
冬葵　5-146
冬蘑　1-209
冬青　1-077，2-468，5-525
冬苋菜　5-146
冻蘑　1-077，1-180
冻青　2-466，2-468，5-525
兜被兰　1-013，8-632，8-633，8-634
兜被兰属　8-632
兜罗罐子　6-001
豆瓣菜　1-079，2-564，2-620，2-624，3-591，3-630
豆茶　1-011，4-307，4-308，4-309
豆茶决明　1-011，4-307，4-308，4-309
豆槐　4-496
豆寄生　6-179
豆角蛤蜊　6-106，6-112
豆科　4-304，4-307，4-310，4-314，4-317，4-319，4-322，4-326，4-328，4-331，4-333，4-336，4-339，4-342，4-346，4-349，4-351，4-353，4-354，4-357，4-360，4-363，4-365，4-368，4-371，4-375，4-378，4-384，4-386，4-388，4-391，4-394，4-398，4-401，4-404，4-407，4-409，4-412，4-413，4-414，4-416，4-418，4-420，4-424，4-426，4-428，4-430，4-432，4-433，4-435，4-436，4-440，4-442，4-444，4-446，4-448，4-452，4-454，4-457，4-462，4-464，4-466，4-468，4-470，4-471，4-475，4-476，4-478，4-480，4-482，4-485，4-487，4-493，4-496，4-499，4-502，4-507，4-512，4-515，4-518，4-521，4-523，4-525，4-527，4-530，4-532，4-534，4-535，4-538，4-541，6-180，6-184
豆须子　6-179
豆嘴儿　2-596
毒侧耳　1-179
毒粉褶菌　1-293
毒梗芹　5-366
毒红菇　1-325
毒芹　1-013，5-398，5-399，5-400，5-401
毒芹属　5-398

毒蛆草 6-632

毒伞　1-194，1-197，1-199，1-201

毒蝇鹅膏菌　1-197，1-198，1-199，1-201

毒蝇菌 1-197

毒蝇伞 1-197

独根草 1-013，1-636，3-671，3-672，6-610，6-613，
　6-616，6-618

独根草属　3-671

独活　1-080，2-470，3-186，4-211，4-553，4-581，
　5-325，5-350，5-354，5-356，5-363，5-365，5-423，
　5-424，5-425，5-426，5-427，5-428，5-429，5-447，
　5-449，6-033，7-302，8-290，8-494

独活属 5-423

独行菜 1-012，1-020，1-079，3-564，3-565，3-566，
　3-567，3-568，3-569，3-570，3-571

独行菜属　3-564

独摇草 3-394

独叶草 2-161

独叶茶 2-161

独叶芹 8-256

笃斯　1-061，1-064，1-081，5-550，5-551，5-552，
　5-553

笃斯越橘　1-061，1-064，1-081，5-550，5-551，
　5-552，5-553

杜鹃花科　5-514，5-517，5-520，5-525，5-530，
　5-533，5-541，5-547，5-550，5-554，5-556，5-558

杜鹃花属　5-520，5-529

杜梨 4-250，4-251，4-252

杜松　1-010，1-064，2-248，2-249，2-250，2-251，
　2-252

杜香　1-009，1-020，1-022，1-061，1-064，1-081，
　5-517，5-518，5-519

杜香属 5-517

短瓣金莲花　1-009，1-020，1-063，1-078，3-324，
　3-325，3-326，3-327，3-329

短瓣蓍 7-322，7-323，7-324

短苞毛榛　2-367

短肠蕨属 2-094

短萼鸡眼草 4-404

短梗胡枝子 4-424，4-425

短梗箭头唐松草　3-316

短梗五加　1-080，5-319

短果茴芹　1-080，5-457，5-458，5-459

短荚皂角 4-314

短茎马先蒿 6-525

短颈东北菱 5-252

短距堇菜　5-177

短毛白芷　5-426

短毛独活　1-080，5-426，5-427，5-428，5-429

短裙竹荪　1-010，1-491，1-492，1-493

短尾铁线莲　1-013，3-224，3-225

短序黑三棱 8-532

短序胡枝子 4-424

短叶赤松　2-239

短叶假木贼 2-662，2-663，2-664

短叶箭叶蓼 2-530

短叶马尾松 2-230

短叶松 2-230

短叶蹄盖蕨 2-096

短翼岩黄芪 4-394，4-395，4-397

短翼岩黄耆 4-394

短柱鹿蹄草 5-504，5-505，5-506，5-507

短嘴老鹳草 4-580

段报春 5-609

断肠草 3-114，3-217，3-472，4-638，5-158

断肠散 3-472

断血流 6-270

椴树　1-059，1-080，1-081，5-128，5-130，5-132，
　5-135，5-137

椴树科 5-128，5-130，5-132，5-135，5-137

椴树属 5-132

对开蕨 1-010，1-063，1-064，2-115，2-116，2-117

对开蕨属　2-115

对叶草 2-641，6-097

对叶兰 8-626，8-627，8-628

对叶兰属　8-626

对叶莲 5-244

对子蘑 1-079，1-228

敦盛草 8-590

钝背草 6-196，6-197

钝背草属　6-196

钝萼附地菜 6-233，6-234，6-235

钝叶单侧花 5-496，5-497

钝叶杉 2-201

钝叶瓦松 1-067，3-601，3-602

盾果草属 6-229

多被银莲花 1-010，1-019，1-037，1-057，1-061，
　1-079，3-149，3-150，3-151，3-152

多齿蹄盖蕨 2-096

多根葱 8-081

多根萍 8-522

多花胡颓子 5-168

多花胡枝子 4-428，4-429

多花黄精 8-248

多花灰栒子 4-226

多花筋骨草 1-012，6-264，6-265，6-266

多花景天 3-630

多花米口袋 4-384

多花蔷薇 4-163

多花栒子 4-226

多茎委陵菜　　4-142，4-143
多茎野豌豆　　4-525，4-526
多孔菌科　　1-382，1-384，1-385，1-388，1-390，
　　1-392，1-393，1-394，1-398，1-399，1-401，1-403，
　　1-405，1-406，1-407，1-408，1-409，1-410，1-412，
　　1-413，1-416，1-418，1-420，1-422，1-423，1-424，
　　1-425，1-426，1-427，1-429，1-431，1-434，1-436，
　　1-438，1-440，1-441
多孔菌属　　1-388
多裂堇叶延胡索　　3-493
多裂叶荆芥　　1-012，6-394，6-395，6-396，6-397
多轮贝母　　8-143
多毛蹄叶橐吾　　7-436
多穗石松　　1-009，2-014，2-015
多叶果　4-614
多叶棘豆　　1-012，4-457，4-459，4-460，4-461
多叶隐子草　　8-419，8-420
多汁乳菇　　1-339
多枝返顾马先蒿　　6-538
多枝柳穿鱼　6-502
多枝梅花草　3-673
多枝木贼　2-046
多枝旋覆花　7-244
多脂鳞伞　1-273
多足蕨属　2-159
垛子草　5-244

E

俄罗斯鸢尾　　8-353
峨参　　1-010，1-019，1-080，5-368，5-369，5-370，
　　5-371，8-297
峨参属　5-368
鹅不食草　　2-496，2-570，7-385，7-386
鹅肠菜　1-012，1-079，2-584，2-585，2-599，6-230
鹅肠菜属　　2-584
鹅耳枥　2-357，2-358，2-359
鹅耳枥属　2-357
鹅膏菌科　　1-194，1-196，1-197，1-199，1-201
鹅脚板　5-412
鹅恋食　7-615
鹅绒藤　1-012，6-086，6-112，6-113
鹅绒委陵菜　4-115
鹅食菜　7-649
峨眉蕨　2-100，2-101
峨眉蕨属　2-100
额河千里光　7-461，7-462，7-463
额水独活　5-356
恶背火草　7-486
恶实　7-491
遏兰菜　3-579

耳蕨属　2-143
耳叶大戟　4-637
耳叶蓼　2-522，2-523
耳叶兔儿伞　7-417
耳叶蟹甲草　7-417，7-418
耳羽岩蕨　2-131
二苞黄精　1-013，8-251，8-252，8-253，8-255
二孢蘑菇　1-247
二刺茶藨　4-019
二花六道木　6-654
二夹子树　5-085
二裂委陵菜　4-147，4-148，4-149
二裂萎陵菜　4-147
二裂叶委陵菜　4-147
二年石松　2-014
二歧银莲花　1-013，1-019，3-135，3-136，3-137，
　　3-138
二歧鸢尾　8-339
二人抬　4-342
二色补血草　1-012，1-030，5-629，5-630，5-631
二色棘豆　4-476，4-477
二色列当　6-618
二叶兜被兰　1-013，8-632，8-633，8-634
二叶舌唇兰　1-011，8-650，8-651，8-652
二色匙叶草　5-629
二叶舞鹤草　8-210，8-211，8-212
二羽岩蕨属　2-128

F

发饱草　4-646
发菜　1-079，1-113
发光菌　1-179
法氏狗尾草　8-488
番加皮　6-120
翻白草　1-013，4-137，4-138，4-139，4-144
翻白萎陵菜　4-137
翻白蚊子草　4-094，4-095
樊梨花　4-398
繁缕　1-009，1-012，1-079，2-584，2-589，2-591，
　　2-593，2-596，2-597，2-598，2-599，2-600，2-601，
　　2-603，3-624
繁缕景天　3-624
繁缕属　2-596
繁缕叶景天　3-624
反萼银莲花　1-010，3-160，3-161
反枝苋　1-013，1-079，3-046，3-047，3-048，3-049
返顾马先蒿　1-010，6-536，6-537，6-538
返魂草　7-454
饭包草　8-394，8-395
方梗泽兰　6-331

防风 1-012，1-019，1-031，1-057，1-058，1-061，1-064，2-145，2-470，3-022，3-096，3-116，3-152，3-304，3-410，4-344，4-489，4-492，4-497，4-523，4-553，4-581，4-592，4-593，4-647，5-365，5-393，5-417，5-423，5-426，5-451，5-453，5-454，5-455，5-469，5-471，5-472，5-473，6-033，6-077，6-102，6-253，6-285，6-372，6-392，6-434，6-601，7-302，7-304，7-312，8-235，8-496，8-523

防风幌子 5-417

防风属 5-469

防己 1-014，2-017，3-364，3-365，3-366，3-368，3-436，3-568，6-332

防己科 3-364，3-368

纺车轮子菜 7-074

飞廉 1-032，1-081，7-506，7-507，7-508，7-509

飞廉蒿 7-506

飞廉属 7-506

飞蓬 7-163，7-171，7-176，7-177，7-178，7-179，7-180，7-181，7-182，7-183，7-184

飞蓬属 7-171

飞燕草 3-238，3-242，3-245

肥马草 8-444

肥皂草 2-635，2-636，2-637

肥皂草属 2-635

肥猪草 8-330

肺形侧耳 1-178

肺衣科 1-570

肺衣属 1-570

费菜 1-009，1-020，1-032，3-630，3-631，3-632，3-633，3-634，3-635，3-636，3-637，3-638，3-639

费菜属 3-630

分叉蓼 2-511

分筋草 2-014

分叶芹 3-394

分株紫萁 1-010，1-064，1-079，2-062，2-063，2-064

粉报春 1-063，5-602，5-603，5-604

粉背蕨属 2-080

粉甘草 4-378

粉红丛枝菌 1-353

粉红枝瑚菌 1-353

粉花百合 8-199

粉花野芝麻 6-312

粉桦 2-341

粉绿垂果南芥 3-530

粉褶菌科 1-290，1-292，1-293

粉褶菌属 1-290

粉枝柳 2-322，2-323

粉紫小菇 1-210

粪碗 1-552

粪锈伞科 1-265

风车草 3-211，6-270，6-271，6-272，6-273

风吹草 6-563

风滚草 3-030

风花菜 3-572，3-573，3-574

风桦 2-339

风铃草 1-009，1-010，1-081，7-105，7-106，7-107，7-108，7-109，7-110，7-111，7-112，7-113

风铃草属 7-105

风露草 4-577

风轮菜 1-011，6-270

风轮菜属 6-270

风毛菊 1-012，7-554，7-556，7-557，7-558，7-559，7-560，7-561，7-562，7-563，7-564，7-565，7-566，7-567，7-568，7-569

风毛菊属 7-554

风芹 5-453

枫柳 2-291

枫杨 2-291，2-292，2-293，2-319

枫杨属 2-291

疯狗藤子 3-367

蜂斗菜 7-446，7-447

蜂斗菜属 7-446

蜂窝菌属 1-422

凤凰七 3-612

凤茄花 6-448

凤尾 1-150，2-110，3-436，4-611，4-615，5-010，5-201

凤仙花科 5-051，5-052，5-055，5-057

凤仙花属 5-051

凤丫蕨属 2-088

佛顶珠 8-288

佛手 2-029，8-612，8-632

佛手草 2-029

佛手拳 2-029

佛手参 8-612，8-632

佛头花 7-013

佛爷草 8-016，8-445

佛爷伞 3-648

佛指甲 4-368

弗氏绣线菊 4-061

伏地菜 6-230

伏地肤 3-024

伏地蜈蚣草 6-224

伏果圆炷菌 1-370

伏苓 1-429

伏茜草 6-142

伏生毛茛 3-292

伏水茫草 6-500

伏委陵菜 4-150

扶苗　6-162
扶子苗　6-162
芙蕖　3-378
芙蓉　3-116, 3-330, 3-378, 4-256, 5-201, 6-134, 6-244
拂子茅　8-434, 8-435
拂子茅属　8-434
茯苓　1-010, 1-032, 1-039, 1-064, 1-385, 1-387, 1-429, 1-430, 2-045, 2-153, 2-259, 2-434, 2-560, 2-594, 2-642, 3-354, 3-366, 3-376, 3-380, 3-545, 3-568, 3-678, 4-211, 4-284, 4-345, 4-497, 5-010, 5-103, 5-149, 5-320, 5-338, 5-392, 5-657, 6-123, 6-259, 6-285, 6-386, 6-550, 6-551, 6-560, 6-565, 7-115, 7-116, 7-138, 7-500, 8-007, 8-030, 8-103, 8-322, 8-323, 8-494, 8-496, 8-513, 8-514
茯菟　1-429
浮雕秃马勃　1-515
浮萍　1-013, 1-031, 2-174, 2-178, 5-223, 6-158, 6-392, 8-522, 8-523, 8-524, 8-525
浮萍草　6-158, 8-524
浮萍科　8-522, 8-524
浮萍属　8-524
浮叶眼子菜　8-066
辐花侧蕊　6-057
辐状肋柱花　6-057
福寿草　3-128, 3-133
附地菜　1-080, 6-230, 6-231, 6-232, 6-233, 6-234, 6-235
附地菜属　6-230
复序橐吾　1-009, 1-035, 7-431, 7-432, 7-433
复叶槭　5-040
腹水草属　6-589

G

干滴落　3-609
干吊鳖　3-603
干谷子根　3-404
干漆　2-413, 5-017, 5-018
干朽菌　1-370, 1-371
干朽菌属　1-370
干枝梅　5-632
甘草　1-012, 1-019, 1-063, 1-143, 2-163, 2-234, 2-258, 2-274, 2-275, 2-401, 2-412, 2-434, 2-489, 2-594, 2-612, 2-613, 3-116, 3-192, 3-193, 3-270, 3-271, 3-290, 3-304, 3-315, 3-316, 3-334, 3-357, 3-361, 3-366, 3-370, 3-380, 3-402, 3-406, 3-407, 3-428, 3-513, 3-545, 3-546, 3-568, 4-102, 4-211, 4-267, 4-276, 4-344, 4-345, 4-375, 4-376, 4-377, 4-378, 4-379, 4-380, 4-381, 4-382, 4-383, 4-465, 4-489, 4-492, 4-497, 4-593, 4-617, 4-674, 4-681,
5-072, 5-103, 5-149, 5-234, 5-365, 5-367, 5-392, 5-393, 5-422, 5-473, 5-528, 5-657, 6-033, 6-055, 6-119, 6-133, 6-215, 6-253, 6-260, 6-296, 6-305, 6-321, 6-341, 6-392, 6-407, 6-436, 6-445, 6-459, 6-468, 6-482, 6-550, 6-551, 6-560, 6-638, 6-660, 6-661, 7-042, 7-071, 7-115, 7-116, 7-119, 7-129, 7-139, 7-150, 7-235, 7-239, 7-241, 7-244, 7-338, 7-379, 7-384, 7-436, 7-487, 7-490, 7-494, 7-500, 7-510, 7-512, 7-551, 7-553, 8-006, 8-103, 8-141, 8-173, 8-227, 8-235, 8-322, 8-395, 8-422, 8-496, 8-513, 8-514, 8-538
甘草属　4-375
甘菊　7-392, 7-393, 7-394, 7-408, 7-494
甘露子　1-080, 6-423, 6-424, 6-425, 6-426
甘肃金银花　6-662
甘肃沙拐枣　2-476
甘野菊　7-394
肝复灵　5-562
赶黄草　3-676
赶山鞭　1-013, 1-020, 1-085, 3-454, 3-455, 3-456
冈柳　2-393
刚桧　2-248
刚毛鸢尾　8-342
钢笔水花　8-370
岗地菜　3-574
岗地根　6-162
杠板归　1-012, 1-031, 2-524, 2-525, 2-526, 2-527, 5-003
杠柳　1-012, 2-391, 6-120, 6-121, 6-122, 6-123
杠柳属　6-120
杠木　2-391
高茎乌头　3-111
高丽地果　4-086
高丽谷　3-044
高丽瓜　8-288
高丽果　4-152, 4-188
高丽果叶　4-152
高丽灰菜　5-051
高丽菊花　7-069
高丽明子　1-080, 4-436
高丽葡萄　5-550
高丽酸浆　3-648
高丽云杉　2-208
高粱秸子　4-053
高粱菊　7-589
高岭紫菀　7-143
高卢蜜环菌　1-239, 1-240
高山扁枝石松　2-010, 2-011
高山糙苏　6-363
高山茶　5-520

高山点地梅　5-571

高山笃斯越橘　5-552

高山杜鹃　1-009，1-064，5-530，5-531，5-532

高山红景天　3-619，3-620，3-621

高山桧　2-252

高山库页堇菜　5-186

高山龙胆　1-011，1-063，1-069，1-072，6-037，6-038，6-039

高山露珠草　5-263，5-265

高山芹　5-407，5-408，5-409，5-410，5-411

高山芹属　5-407

高山瞿麦　2-619

高山蓍　1-020，1-060，1-081，1-086，7-319，7-320，7-321

高山石竹　2-613

高山铁线莲　3-232，3-233

高山乌头　1-063，3-120，3-121

高山札菊　7-401

高山紫菀　1-012，7-143，7-144，7-145，7-146

高枝小米草　6-498

高壮景天　3-622

藁本　1-013，1-031，1-058，1-064，5-433，5-434，5-435，5-436，5-437，5-438，5-439，5-440

藁本属　5-433

戈壁沙拐枣　2-476

戈壁天门冬　8-116，8-117

疙瘩菜　7-491

疙瘩芹　5-363

鸽子花　3-245，6-504

鸽子腿　1-080，5-182

割人藤　2-426

歌仙草　7-231

茖葱　1-013，1-064，1-081，8-074，8-075，8-076

革耳属　1-182

革裥菌属　1-416

革菌科　1-356，1-358，1-359，1-366

格葱　8-074

格菱　1-013，5-254，5-255

葛　1-011，1-012，1-014，1-019，1-031，1-057，1-058，1-061，1-064，1-081，1-110，1-112，3-192，3-367，3-368，3-369，3-370，3-371，3-444，3-445，4-487，4-488，4-489，4-490，4-491，4-492，5-394，5-395，5-396，5-397，6-033，6-091，6-407，7-015，7-142，7-494，8-103

葛拉条子　4-487

葛缕子　5-394，5-395，5-396，5-397

葛缕子属　5-394

葛麻藤　4-487

葛属　3-367，4-487

葛藤　4-487，4-492

葛条　1-081，4-487

葛仙米　1-110，1-112

葛枣猕猴桃　1-011，1-064，1-081，3-444，3-445

葛枣子　3-444

隔山消　1-013，6-106，6-107，6-108

根草　1-013，1-080，1-636，2-520，2-522，3-671，3-672，4-123，4-660，5-154，5-593，6-179，6-182，6-184，6-610，6-613，6-616，6-618，7-101，7-102，7-103，7-104，7-598，7-599，7-600，7-601，7-603，7-604，8-101，8-456，8-467，8-468，8-470

根索薹　1-237

羹匙菜　1-081，8-203，8-283，8-495，8-498，8-504

羹匙草　8-495，8-498，8-504

公道老　7-001

公母草　4-404

拱嘴蘑　1-078，1-546

沟酸浆　6-518，6-519

沟酸浆属　6-518

钩腺大戟　4-630，4-631

钩叶委陵菜　4-135

狗宝豆　3-352

狗肠子　3-222

狗蛋饭　8-203

狗豆蔓　3-222

狗断肠　3-222

狗耳草　6-192

狗甘草　4-375

狗椒　4-668

狗椒棘子　4-668

狗脚肿　4-175

狗筋麦瓶草　2-643

狗筋蔓　1-013，2-606，2-607，2-608

狗筋蔓属　2-606

狗景天　3-635

狗苦龙芽　5-325

狗铃草　4-368

狗铃铛　8-231

狗卵瓜　3-404

狗卵子花　1-081，8-590，8-596

狗奶根　3-346

狗奶条子　6-457

狗奶秧　6-116

狗奶子　1-059，1-079，3-344，3-346，3-348，3-349，6-120，6-457，6-460，6-549，6-662，6-671

狗葡萄　1-081，3-367，4-014，5-106

狗葡萄秧　3-367

狗舌草　1-013，1-020，7-468，7-469，7-470，7-471，7-472，7-473，7-474，7-475，7-476，7-477，7-478，7-479，7-481，7-482

狗舌草属　7-468

狗舌头草　7-474
狗参　7-117
狗屎豆 3-367
狗蹄子 3-297
狗蹄子菜　3-297
狗蹄子芹　3-297
狗头参 7-117
狗娃花 7-185，7-186，7-187，7-188，7-189，7-191，7-192
狗娃花属　7-185
狗尾巴 1-080，2-495，2-503，2-522，3-034，5-587，5-590，6-258，6-566，6-589，8-488
狗尾巴草　3-034
狗尾巴吊　2-495，2-503，2-522
狗尾巴花　2-503，6-589
狗尾巴蓝　6-566
狗尾巴梢　1-080，5-587
狗尾巴酸　5-590
狗尾巴酸浆　5-590
狗尾巴香　6-258
狗尾草 1-020，1-081，8-483，8-484，8-485，8-486，8-487，8-488，8-489
狗尾草属　8-483
狗尾芄 6-034
狗杏　1-080，4-273，4-642
狗杏条 1-080，4-642
狗牙半支　3-628，6-480
狗牙齿 3-628
狗牙蛋饭　8-203
狗樱桃 4-288
狗枣猕猴桃　1-081，3-440，3-441，3-442，3-443
狗枣子 1-081，3-440
狗指甲 3-603
狗爪芹 3-297
狗爪子 1-079，3-303
枸杞　1-012，1-035，1-053，1-086，2-217，2-421，2-434，3-377，4-079，4-350，4-372，5，6-181，6-457，6-458，6-459，6-460，6-461，8-227
枸杞菜 6-457
枸杞属 6-457
构菌　1-209
构属 2-420
构树 1-014，2-420，2-421，2-422
姑娘　1-060，1-081，6-464，6-466，6-470，6-481
姑娘花 6-466
菰　8-408，8-409
菰属 8-408
谷精草科　8-404，8-405
谷精草属　8-404
谷莠子 1-081，8-483，8-488

骨担草 4-354，4-357
骨节草 2-040，2-042
骨碎补 1-014，2-152，2-153，6-565，7-302
骨碎补科　2-152
骨碎补属　2-152
鼓子花 6-167，7-240
榖树 2-420
顾氏斑种草　6-200
瓜米草 5-001
瓜木　1-011，1-032，5-296，5-297
瓜香草 4-077
瓜子菜 2-564
瓜子草 2-601，3-628，5-001
瓜子金 5-001，5-002，5-003，5-004，5-005，5-414
瓜子榆 2-405，2-411
刮头篦子　5-070
挂金灯 1-012，1-020，1-031，1-057，1-060，1-081，1-087，6-466，6-467，6-468，6-469
挂拉豆 6-142
拐芹　5-348，5-349
拐芹当归　5-348
拐子芹 5-348
关白附 3-093
关苍术 1-011，1-019，1-032，1-038，1-058，1-078，7-497，7-498，7-499，7-500，7-503，7-505
关东苍术　7-497
关防风 5-469
关黄檗 4-663
关龙胆 6-020，6-025，6-029
关门草 4-307
关木通 3-400
棺材盖叶　3-367
管花腹水草　6-594，6-595
贯叶蓼 2-524
贯众　1-014，2-062，2-095，2-097，2-100，2-120，2-121，2-134，2-135，2-136，2-137
贯众属 2-134
灌木蓼 2-474
灌木铁线莲　3-236，3-237
罐儿茶 6-563
罐罐花 2-641
光瓣堇菜　5-199
光叉叶委陵菜　4-147
光慈姑 8-292
光腚花 5-525
光萼女娄菜　2-638
光萼青兰　1-012，6-274，6-275
光萼溲疏　3-661，3-662
光稃茅香　8-440，8-441
光稃香草　8-440

光革耳 1-182
光棍草 8-557
光棍茶 4-680
光棍花 5-609
光棍耍 3-367
光棍挺 7-127
光棍子 8-557
光果葶苈　3-551
光棘豆 4-475
光脉藜芦 8-306
光豨莶 7-305
光药大黄花　6-494
光叶春榆 2-415
光叶东北茶藨子　4-016
光叶山楂　4-238，4-239
光叶溲疏 3-661
光叶鸢尾 8-370
咣咣喳 3-367
广布红门兰 1-011，8-635，8-636
广布鳞毛蕨 2-141
广布小红门兰 8-635
广布野豌豆　4-527，4-528，4-529
广东菜 1-079，2-120，2-121
广东幌子 3-355
广萼玄参　6-561
龟背刷草 1-356
龟裂秃马勃　1-515
龟叶草 6-377
鲑贝云芝　1-412
鲑贝芝 1-412
鬼笔科 1-484，1-486，1-487，1-489，1-491
鬼笔属 1-486，1-496
鬼叉　1-081，7-271，7-274，7-277，7-279，7-285
鬼钗草 7-277
鬼刺 7-279
鬼灯檠 4-028
鬼灯檠属　4-028
鬼督邮 3-394
鬼盖　1-254，5-334
鬼见愁 4-471，4-610
鬼箭　5-070
鬼箭羽 5-070
鬼麻油 6-563
鬼伞科 1-254，1-256，1-258，1-260，1-261
鬼伞属 1-254
鬼针　7-268，7-269，7-270，7-274，7-275，7-276，7-277，7-279，7-282，7-283，7-284
鬼针草 7-268，7-269，7-270，7-274，7-275，7-276，7-277，7-282，7-283，7-284
鬼针草属　7-268

鬼子愁 7-274
鬼子姜 1-078，7-291
桂皮紫萁　2-062
桂香柳 5-162
桂竹糖芥　3-557
桂竹香糖芥　3-557
桧柽柳 5-222
锅叉草 7-271，7-274，7-277
锅叉子草　7-274，7-279，7-285
国老　4-378
果松　1-081，2-213
过街柳 5-650
过路红 5-593
过路黄 4-152
过桥草 2-112
过山蕨 1-009，1-087，2-112，2-113，2-114
过山蕨属　2-112
过山龙 5-111，6-142
哈大杨 2-299
哈蒂木层孔菌　1-441
哈蒂针层孔菌　1-441
哈拉海 2-452，2-455，2-456
哈蜊瓢 6-116
哈蟆儿 4-586
哈塘果 6-662
蛤蟆草 4-101，4-144，4-198，6-198，6-224，6-387
蛤蟆蒿 7-152
蛤蟆菌 1-197
蛤塘果 5-550

H

孩儿根 5-627
孩儿菊 7-136
孩儿拳 2-029，5-130
孩儿拳头　5-130
孩儿参 1-010，1-018，1-019，1-035，1-057，1-088，2-589，2-590，2-591，2-592，2-593，2-594，2-595，5-627
孩儿参属　2-589
海白菜 1-117
海蚌含珠　4-610
海滨黄芩　6-415
海滨柳穿鱼　6-503
海滨山黧豆　1-014，4-412
海滨天冬　8-114
海滨香豌豆　4-412
海波菜 1-118
海菠菜 5-627
海赤菜 1-158，1-159
海带　1-014，1-134，1-135

海带科 1-134
海带属 1-134
海地透骨草　4-646
海冻菜 1-150
海嘎线 1-126
海嘎子 1-131
海蒿子 1-014，1-142，1-143
海芥菜 1-138
海韭菜 8-057，8-058，8-059
海拉尔棘豆　1-012，4-464，4-465
海拉尔松　2-224
海麻线 1-126，1-131
海蓬蓬 4-171
海蓬子 3-026
海青菜 1-116，1-117
海乳草 5-585，5-586
海乳草属　5-585
海沙参 5-420
海松 1-122，2-213
海棠菜 4-101
海条 1-118
海桐 6-244
海仙 7-019
海藻　1-142，1-430，4-379，6-371
海藻菜 1-142
海州常山　1-014，6-244，6-245，6-246
海州骨碎补　2-152
海州香薷　6-292，6-293
憨大杨 2-299
寒葱　1-081，8-074，8-295
汉城细辛　1-031，1-032，1-050，1-060，1-061，
　1-064，3-411，3-412，3-413
旱垂柳 2-316
旱葱　8-074，8-295，8-300，8-303，8-306
旱地莲 3-330
旱荆芥 6-392
旱莲草　3-454，3-603，4-078，5-003，5-234，6-232，
　6-638，7-287，7-288，7-512，7-534，8-212
旱柳　2-315，2-316
旱麦瓶草　2-650
旱生点地梅　5-579，5-580
旱生卷柏　2-025
旱生麦瓶草　2-650
旱榆　2-409，2-410
菡萏 3-378
薅菜属 3-572
杭子梢 4-353
笕子梢 4-353
笕子梢属　4-353
蒿柳　2-324，2-325

蒿属　3-544，6-522，6-546，6-600，6-611，6-613，
　6-616，6-618，7-333，7-410，7-412
蒿叶委陵菜　4-154
毫笔花 3-268
好汉拔 4-499，4-650
耗子花 3-265，3-268，3-280，3-283
耗子花根　3-268，3-280，3-283
耗子尾巴花　3-268
耗子阎王　6-444
禾本科 8-408，8-410，8-412，8-415，8-417，8-419，
　8-421，8-423，8-425，8-427，8-428，8-429，8-431，
　8-434，8-436，8-438，8-440，8-442，8-444，8-445，
　8-447，8-449，8-451，8-453，8-454，8-456，8-458，
　8-461，8-463，8-465，8-466，8-467，8-468，8-470，
　8-471，8-473，8-476，8-477，8-479，8-481，8-483，
　8-486，8-488
禾秆蹄盖蕨　2-098，2-099
合瓣花 3-470
合苞橐吾　7-422，7-423
合欢　1-080，4-304，4-305，4-306，5-065，6-246，
　7-059，8-157，8-580
合欢花 4-304，4-306，5-065，6-246
合欢山兰　8-580
合欢属 4-304
合萌　1-011，4-316，4-317，4-318
合叶子 4-089
合掌草 6-089
合掌消　1-012，6-089，6-090
合子草 5-230
何首乌　2-434，2-482，3-066，4-145，6-109，6-112，
　6-312，6-551，7-507，8-638
何首乌属　2-482
和苍术 7-497
和尚菜 7-214，7-215，7-216，7-217，7-218
和尚菜属　7-214
和尚帽 1-078，1-081，6-086，7-127，7-464
和尚帽子　1-078，1-081，6-086，7-127，7-464
和尚头 5-144，7-214，7-486，7-489，7-550，7-586
和尚头菜　7-214
和尚头花　7-586
河白菜 1-081，8-166
河白草 2-524
河北木蓝　1-013，4-401，4-402，4-403
河篦梳 4-115
河辣椒 2-535
河柳　2-296，2-315，4-492，5-222，5-223，6-215
河芹　5-442
河朔荛花　5-152
河套盐生黄芪　4-351
荷包藤 1-063，3-470，3-471

荷包藤属　　　3-470

荷花　　3-378，6-001，6-337，6-342

荷花丁香　　　6-001

荷青花 1-010，1-079，3-508，3-509，3-510，3-511

荷青花属　　　3-508

核桃楸 2-284

核桃楸子　　　2-284

核桃树 2-284

盒子草 1-013，5-230，5-231，5-232

盒子草属　　　5-230

褐环黏盖牛肝菌　　　1-317

褐环乳牛肝菌　1-317

褐毛铁线莲　　3-215，3-216

褐皮灰包　　　1-508

褐皮马勃　　　1-508

褐穗莎草　　　8-570

鹤光瓢 6-116

鹤虱　　1-032，6-209，6-210，6-211，6-212，6-213

鹤虱属 6-209

黑北极果　　　5-514，5-515，5-516

黑柄多孔菌　　1-388，1-389

黑菜 1-456

黑柴胡 5-374，5-375

黑齿蹄盖蕨　　2-094

黑刺 5-170

黑弹树 1-013，2-400，2-401

黑蛋巢菌属　　1-531

黑豆树 5-550

黑粉菌科　　　1-481

黑粉菌属　　　1-481

黑格兰 5-088

黑格令 5-097

黑钩叶 4-638

黑狗卵秧　　　5-319

黑姑娘 6-481

黑谷子 6-247

黑管菌 1-392，1-393

黑果灰栒子　　4-224

黑果茜草　　　6-144

黑果天栌　　　5-514

黑果栒子　　　4-224，4-225

黑果栒子木　　4-224

黑汉腿 3-303

黑汉子腿　　　3-204

黑蒿 7-348

黑桦　　2-194，2-201，2-214，2-348，2-349

黑荚苜蓿　　　4-442

黑老婆蔓子　　3-368

黑老婆伞　　　7-464

黑藜芦 8-295

黑凉子 5-309

黑鳞短肠蕨　　2-094

黑龙江当归　　5-358

黑龙江溲疏　　3-663

黑龙江缬草　　7-052

黑龙江银莲花　3-155

黑驴蛋 8-590，8-596

黑轮层炭壳　　1-542

黑轮炭球菌　　1-542

黑萝卜 7-491

黑脉羊肚菌　　1-558

黑木耳 1-456

黑三棱 1-013，1-019，1-032，1-057，8-526，8-527，
　8-528，8-529，8-530，8-531，8-532，8-533

黑三棱科　　　8-526，8-530，8-532，8-533

黑三棱属　　　8-526

黑色叶树　　　5-044

黑水当归　　　5-358，5-359，5-360，5-361

黑水巨紫堇　　3-477

黑水列当　　　6-616，6-617

黑水马先蒿　　6-528

黑水缬草　　　1-035，7-052，7-053，7-054

黑水亚麻　　　4-606，4-607

黑水野罂粟　　3-525

黑水银莲花　　3-155，3-156，3-157

黑水罂粟　　　1-010，1-063，3-525，3-526，3-527

黑松 2-230

黑苏子 6-299

黑天天 1-081，6-481

黑薇　　3-204，3-211，6-101

黑瞎子白菜　　8-515，8-518

黑瞎子果　　　1-078，6-662

黑瞎子芹　　　1-080，5-366，5-426，5-460

黑橡子树　　　5-008

黑心金光菊　　7-297，7-298，7-299，7-300

黑星星 6-481

黑眼菊 7-297

黑樱桃 4-277，4-278，4-279

黑黝黝 6-481

黑榆 2-414，2-415

黑元参 6-559

黑藻 8-044

黑藻属 8-044

黑柞 2-377

横笆子 4-420

横根费菜　　　3-638

横条 4-420

横须贺蹄盖蕨　2-098

横子 4-420，4-642

红柴胡 1-012，5-382，5-383，5-384，5-385

红车轴草　　4-518，4-519，4-520
红刺　4-363
红丹参 6-384
红灯果 8-279
红丁香 1-020，6-008，6-009，6-010
红顶果 4-086
红豆　　1-010，1-063，1-067，1-079，2-214，2-266，
　　2-267，2-268，2-269，5-162，5-547，8-673
红豆杉科　　2-266
红豆杉属　　2-266
红浮萍 2-178
红甘草 4-378
红根　　1-080，2-560，4-552，5-538，5-593，6-142，
　　6-384
红根草 1-080，5-593
红根根 4-552
红姑娘 1-060，1-081，6-466
红菇　　1-320，1-321，1-322，1-323，1-324，1-325，
　　1-326，1-328，1-329，1-330，1-331，1-332，1-334，
　　1-335，1-336，1-337，1-338，1-339
红菇科 1-320，1-322，1-323，1-324，1-325，1-326，
　　1-328，1-329，1-330，1-331，1-332，1-334，1-335，
　　1-336，1-337，1-338，1-339
红菇属 1-320
红管药 7-152，7-154
红鬼笔 1-079，1-487，1-488
红果类叶升麻　　1-079，3-125，3-126，3-127
红果山楂　　4-236
红果松 2-213
红果越橘　　5-554，5-555
红旱莲 3-448，3-450，6-361
红花变豆菜　　1-080，5-466，5-467，5-468
红花粉叶报春 5-602
红花金丝桃　　3-457，3-458，3-459
红花锦鸡儿　　4-354，4-355，4-356
红花鹿蹄草　　1-009，5-500，5-501，5-502，5-503
红桦　　2-201，2-339，2-340
红火柴头花　　5-158
红荆条 5-222
红景天 1-011，1-059，1-061，1-064，1-091，3-612，
　　3-613，3-614，3-615，3-616，3-617，3-618，3-619，
　　3-620，3-621，3-622，3-623，8-668
红景天属　　3-612
红楷子 5-038
红蜡蘑 1-207
红狼毒 5-158
红脸巴 2-491
红蓼　　1-012，1-020，1-032，1-043，1-057，1-079，
　　2-495，2-496，2-497
红轮狗舌草　　7-468，7-469，7-470

红轮千里光　　7-468
红麻　6-082
红毛公 8-456，8-458，8-463
红毛柳 2-296，2-326
红毛七 1-011，1-019，1-032，1-079，1-088，3-352，
　　3-353，3-354
红毛七属　　3-352
红毛藻科　　1-147
红莓苔子　　5-556，5-557，5-558，5-559
红门兰属　　8-635
红木鼠李　　5-088
红奶浆菌　　1-339
红娘子 5-309
红柠条 4-363
红皮臭 1-079，2-208
红皮桦 2-339
红皮云杉　　1-020，1-035，1-079，2-185，2-188，
　　2-194，2-196，2-204，2-208，2-209，2-210，2-211，
　　2-212，2-214
红苹 2-178
红扦云杉　　2-201
红瑞木 1-009，5-306，5-307，5-308
红瑞山茱萸　　5-306
红三叶 4-518
红色马先蒿　　6-534，6-535
红沙 5-218
红砂 5-218，5-219，5-220，5-221，5-295，6-625
红砂属 5-218，5-295
红山苏根　　6-384
红梢柳 2-296
红升麻 3-642
红虱 5-218
红石 1-433，6-214
红丝 1-150，3-334，3-507，6-142
红丝线 6-142
红松　　1-010，1-020，1-026，1-032，1-035，1-036，
　　1-058，1-059，1-060，1-064，1-070，1-081，1-212，
　　1-278，1-390，1-395，1-434，2-185，2-188，2-196，
　　2-204，2-209，2-213，2-214，2-215，2-216，2-217，
　　2-218，2-219，2-220，2-243，2-285，3-110，3-226，
　　3-442，5-335
红藤子 1-080，5-077
红头绳 4-614
红纹马先蒿　　1-012，6-529，6-530
红五叶 4-512
红眼八 2-491，8-456，8-463
红眼巴 2-491
红眼疤 8-466
红眼斑 4-610
红眼草 4-144

红榆　2-415

红缘层孔　1-434

红缘拟层孔菌　1-010，1-089，1-434，1-435

红枝卷柏　1-013，2-024

红直当药　6-066

红直西伯菜　6-066

红直享乐菜　6-066

红直獐牙菜　6-066，6-067

红紫斑风铃草　7-108

荭草　2-495，2-496，3-436

荭蓼　2-495

猴菇菌　1-374

猴镣子　4-203

猴头菌　1-009，1-061，1-064，1-079，1-089，1-374，1-375，1-376，1-377，1-378，1-379

猴头菌科　1-374，1-377，1-379

猴头菌属　1-374

猴头蘑　1-079，1-374

猴腿　1-079，2-095，2-096，2-098，2-142

猴腿儿　1-079，2-095，2-096，2-098

猴腿蹄盖蕨　2-096

猴子腿　2-095，2-096，2-098

后老婆补丁　7-643

后老婆叉子　7-274

后老婆罐根　1-079，3-404

后老婆花　7-550

后老婆脚丫菜　7-474

后老婆脚丫子　3-603

后老婆帽子　7-464

后老婆伞　7-464

后老婆扇子　8-334，8-339

后老婆针　7-274，7-279，7-285

厚果蹄盖蕨　2-098

厚环黏盖牛肝菌　1-009，1-010，1-314，1-315

厚环乳牛肝菌　1-314

厚穗碱草　8-453

厚叶沙参　7-097

呼伦贝尔棘豆　4-464

忽布筋骨草　6-262

狐尾藻　1-013，4-457，5-284，5-285，5-286，5-287

狐尾藻棘豆　4-457

狐尾藻属　5-284

弧枝乌头　3-111

胡苍耳　4-375

胡苍子　4-375，7-310，7-314

胡豆　4-398

胡椒菜　3-297

胡荆子　2-369

胡森堇菜　5-182

胡桃科　2-284，2-291

胡桃楸　1-010，1-020，1-035，1-058，1-059，1-060，1-061，1-064，1-081，1-090，1-375，1-423，2-186，2-214，2-284，2-285，2-286，2-287，2-289，2-290

胡桃属　2-284

胡颓子科　5-162，5-166，5-168，5-170

胡颓子属　5-162

胡榛　1-081，2-366

胡榛子　1-081，2-366

胡枝子　1-010，1-080，4-420，4-421，4-422，4-423，4-424，4-425，4-426，4-427，4-428，4-429，4-430，4-431，4-432，4-433，4-435

胡枝子属　4-420

葫芦菜　7-214

葫芦罐　3-404

葫芦科　5-230，5-233，5-235，5-238

葫芦藓　1-013，1-614，1-615

葫芦藓科　1-614

葫芦藓属　1-614

槲寄生　1-010，1-032，1-037，1-057，1-061，1-077，1-090，2-468，2-469，2-470，2-471

槲寄生属　2-468

槲稞子　2-388

槲栎　2-379，2-380

槲树　1-013，2-381，2-388，2-389，2-390

蝴蝶花　8-334

虎耳草科　3-642，3-646，3-648，3-651，3-654，3-655，3-657，3-659，3-661，3-663，3-665，3-667，3-671，3-673，3-676，4-001，4-004，4-006，4-008，4-010，4-012，4-014，4-017，4-019，4-021，4-023，4-026，4-028，4-029，4-031，4-033，4-035，4-037，4-039，4-042

虎耳草属　4-029

虎麻　3-642

虎舌兰属　8-602

虎尾草　8-417，8-418

虎尾草属　8-417

虎尾珍珠菜　5-593

虎掌　1-464，1-465，3-135，3-138，6-187，8-498

虎掌刺银耳　1-464，1-465

虎掌菌　1-464

虎掌藤属　6-187

虎杖　1-014，2-017，2-490，2-538，3-436，5-076，6-637，8-281，8-337

虎杖属　2-538

虎榛子　1-013，2-369，2-370，2-371

虎榛子属　2-369

虎爪子草　7-374

浒苔　1-014，1-116

浒苔属　1-116

互叶金腰　1-009，3-655，3-656

护山皮 2-027
花菖蒲 8-366
花儿柴 7-574
花耳科 1-476
花耳属 1-476
花盖红菇　1-322
花盖梨 4-247
花狗卵子　8-586
花姑朵 8-203
花菇　1-183
花骨朵苗子　8-203
花槐蓝 4-398
花椒堆 6-435
花椒属 4-668
花椒藤 3-064
花椒秧 3-064
花蔺　1-013，8-038，8-039，8-040，8-041
花蔺科 8-038
花蔺属 8-038
花麻（指雄株）　2-423
花锚　1-012，6-054，6-055，6-056
花锚属 6-054
花木蓝 1-014，1-080，4-398，4-399，4-400
花苜蓿 4-440，4-444，4-446，4-447，4-515
花旗杆 3-547，3-548，3-549
花旗杆属　3-547
花荞 2-478
花楸　1-010，1-020，1-064，1-071，1-412，1-413，
　　1-439，4-053，4-253，4-254，4-255，4-256，4-257，
　　4-258，4-259
花楸属 1-412，1-413，4-253
花楸树 1-010，1-020，1-064，1-071，4-256，4-257，
　　4-258，4-259
花楸珍珠梅　4-053
花曲柳 1-013，1-020，1-021，1-080，5-654，5-655，
　　5-656，5-657
花葱　1-013，6-148，6-149，6-150，6-151，6-152，
　　6-153，6-154，6-155
花葱科 6-148，6-152
花葱属 6-148
花商陆 2-558
花唐松草　3-308
花夏枯草　6-264
花叶草 6-546
花叶滇苦菜　7-677，7-678
花帚条 4-642
华北八宝　3-599，3-600
华北白前　1-013，6-097，6-098
华北薄鳞蕨　2-083
华北茶条槭　5-034

华北柽柳　5-222
华北大黄　2-542，2-543
华北大戟　4-634，4-637
华北对叶兰　8-626
华北耳蕨　2-143
华北粉背蕨　2-083
华北风毛菊　7-566
华北金银花　6-673
华北景天　3-599
华北蓝盆花　1-013，7-069，7-070，7-071
华北冷杉　2-187
华北鳞毛蕨　1-013，2-142
华北楼斗菜　1-013，3-176，3-177
华北落叶松　2-198，2-199，2-200，2-201
华北忍冬　6-673，6-674
华北石韦　1-013，2-165，2-166
华北溲疏　3-659
华北蹄盖蕨　2-095
华北卫矛　5-074
华北乌头　1-012，3-118，3-119
华北五角槭　5-026
华北香薷　6-288
华北绣线菊　4-061，4-062
华北鸦葱　1-013，7-654，7-655，7-656
华北银粉背蕨　2-083
华北珍珠梅　4-056，4-057
华北紫丁香　6-014
华茶藨 4-012
华东菝葜　8-276，8-277，8-278
华东蘑草　8-554
华东蹄盖蕨　2-095
华黄芪 1-013，4-336，4-337，4-338
华黄耆 4-336
华金腰子　3-651，3-653，4-526
华麻黄 2-273
华马先蒿　6-524
华蔓茶藨子　4-012，4-013
华南落新妇　3-646
华蒲公英　1-020，8-014，8-015
华水苏 1-013，6-430，6-431
铧尖草 7-419
铧尖子菜　7-419
铧子尖 7-167
铧子尖菜　7-167
滑滑菜 5-146
化妆柳 2-296
画眉草 8-423，8-424，8-425，8-426
画眉草属　8-423
桦剥管菌　1-009，1-061，1-091，1-418，1-419
桦剥管孔菌　1-418

桦剥孔菌　　1-418
桦滴孔菌　　1-418
桦多孔菌　　1-418
桦革裥菌　　1-416
桦菌芝 1-431，1-433
桦木　　2-330，2-332，2-336，2-339，2-341，2-348，
　　2-350，2-354，2-357，2-359，2-362，2-366，2-369，
　　4-181，7-412
桦木科 2-330，2-332，2-336，2-339，2-341，2-348，
　　2-350，2-354，2-357，2-359，2-362，2-366，2-369
桦皮树 2-341
桦属　　1-412，1-413，1-418，1-431，1-445，2-339，
　　2-467，2-468
桦树　　1-187，1-270，1-392，1-408，1-434，1-440，
　　1-546，2-340，2-341，2-344，2-346，2-348，2-353，
　　2-356，2-381，2-471
桦褐孔菌　　1-416，1-417
槐　　1-010，1-013，1-079，1-080，2-030，2-045，
　　2-137，2-174，2-175，2-390，3-418，3-428，4-256，
　　4-319，4-320，4-321，4-357，4-398，4-436，4-437，
　　4-438，4-439，4-493，4-494，4-495，4-496，4-497，
　　4-498，4-499，5-010，6-120，6-372，6-389，6-392，
　　8-085，8-413
槐花木 4-496
槐花树 4-496
槐麻 4-499
槐属　　4-319，4-493，4-496
槐树　　4-439，4-494，4-496，4-497
槐叶苹 1-013，2-174，2-175
槐叶苹科　　2-174
槐叶苹属　　2-174
樱槐　　4-436
还魂草 1-079，2-025，2-029，3-586
还羊参 7-605
还阳参 7-598，7-605，7-606，7-620
还阳参属　　7-598
还阳草 2-029，2-112，2-154
环裂松萝　　1-009，1-594
环锈伞属　　1-273
唤猪草 8-476
荒地蒿 7-381
荒漠蒿 7-381
黄鹌菜属　　8-021
黄斑红菇　　1-320，1-321
黄报春 5-602
黄背草 8-465
黄背茅 8-465
黄波罗 4-663
黄菠罗 4-663
黄菠萝 4-663

黄菠萝树　　4-663
黄柏木 4-663
黄檗　　1-010，1-020，1-021，1-031，1-057，1-058，
　　1-061，1-064，2-186，2-214，2-287，2-318，2-425，
　　2-470，2-612，3-270，3-290，3-316，3-348，3-357，
　　3-377，3-428，3-474，3-674，4-138，4-211，4-344，
　　4-449，4-501，4-647，4-663，4-664，4-665，4-666，
　　4-667，4-674，5-011，5-165，5-352，5-404，5-511，
　　5-656，6-028，6-136，6-215，6-406，6-551，6-560，
　　6-601，6-634，7-115，7-368，7-498，8-006，8-071，
　　8-103
黄檗木 4-663
黄檗属 4-663
黄刺玫 4-184，4-185，4-186，4-187，6-055
黄刺莓 4-184
黄戴戴 3-256
黄甸花 3-187
黄丁香 7-240
黄鹅蛋菌　　1-194
黄干脐菇　　1-208
黄鸽子花　　6-504
黄根　　2-275，2-457，2-539，2-542，3-367
黄狗头 8-004
黄姑娘 6-470
黄瓜菜 7-620，7-634，7-635，7-636，7-637，7-638，
　　7-639，7-640，7-641，7-642
黄瓜菜属　　7-634
黄瓜香 1-079，1-080，1-081，2-120，2-121，4-147，
　　4-209，4-216，6-230，8-283
黄鬼笔 1-486
黄海棠 1-009，1-020，1-079，3-448，3-449，3-450，
　　3-451，3-453
黄蒿　　4-433，7-343，7-376，7-378，7-382
黄蒿子 4-433，7-343
黄褐环锈伞　　1-276，1-277
黄褐孔菌属　　1-423
黄花白头翁　　1-012，3-265，3-266，3-267
黄花败酱　　7-034，7-039
黄花宝铎草　　8-130
黄花补血草　　1-012，5-623，5-625，5-626
黄花菜 1-012，1-081，8-152，8-153，8-154，8-155，
　　8-156，8-157，8-159，8-160
黄花苍蝇架　　5-623
黄花草 3-289，3-512，4-448，7-034
黄花草木樨　　4-448
黄花地丁　　8-004
黄花蒿 1-020，1-081，7-343，7-344，7-345，7-378，
　　7-382
黄花黄芩　　6-400
黄花矾松　　5-623

黄花荠菜　　3-572，3-574
黄花尖萼耧斗菜　　3-174
黄花堇菜　5-178
黄花苦豆子　4-507
黄花郎　8-004
黄花列当　　1-013，1-020，6-613，6-614，6-615，6-616
黄花刘寄奴　3-448
黄花龙牙　7-034
黄花落叶松　　1-020，1-035，1-212，1-395，1-611，2-186，2-195，2-196，2-197，2-209，2-214，2-237
黄花苗子　　1-081，8-152，8-155，8-160
黄花苜蓿　4-444
黄花平贝母　8-142
黄花婆罗门参　8-018
黄花忍冬　6-668
黄花松　2-195，2-196
黄花铁线莲　　3-222，3-223
黄花透骨草　3-093
黄花瓦松　　1-009，1-032，3-605，3-606
黄花乌头　　1-013，1-019，1-032，1-058，1-061，1-064，3-093，3-094，3-095，3-096
黄花萱草　8-152
黄花茵陈　6-563
黄花油点草　8-286，8-287
黄花珍珠菜　5-587
黄花子　7-240
黄槐　4-357
黄鸡菜　8-224
黄金茶　6-405
黄金茶根　　6-405
黄金菊　7-589
黄金忍冬　6-668
黄金银耳　　1-010，1-472，1-473
黄金银花　6-668
黄堇　1-013，3-497，3-498，3-499，5-177
黄精　　1-011，1-013，1-019，1-035，1-057，1-064，2-434，2-659，3-029，3-031，6-260，6-459，8-224，8-225，8-226，8-227，8-228，8-229，8-230，8-233，8-237，8-240，8-241，8-242，8-243，8-248，8-249，8-250，8-251，8-252，8-253，8-254，8-255，8-614，8-638
黄精属　8-224
黄菊花　7-389
黄喇嘛　7-249
黄连　　1-010，1-011，1-020，1-079，1-080，2-259，2-287，3-245，3-303，3-314，3-316，3-317，3-348，3-359，3-360，3-361，3-381，3-407，3-472，4-144，4-345，4-492，4-666，5-338，5-392，5-587，5-588，5-589，6-019，6-027，6-075，6-260，6-521，6-638，6-661，7-379，7-383，8-006，8-103，8-513
黄连花　1-010，1-020，1-080，3-360，3-361，5-587，5-588，5-589，6-075
黄连尾　4-144
黄楝树　4-675
黄龙尾　4-077，4-144
黄芦木　　1-010，1-031，1-059，1-061，1-064，1-079，1-080，3-346，3-347，3-348
黄栌属　5-006
黄罗伞　1-194
黄毛棘豆　　4-470
黄闷头花　　5-152
黄蘑　1-077，1-079，1-174，1-180，1-194
黄木耳　1-472
黄囊杓兰　　8-597
黄黏皮伞　　1-276
黄黏尾　4-144
黄黏锈伞　　1-276
黄黏榆　2-411
黄牛尾　4-077
黄芪　　1-009，1-010，1-012，1-013，1-014，1-019，1-035，1-057，1-059，1-061，1-064，1-079，2-258，2-275，2-642，3-366，3-546，3-568，4-326，4-327，4-328，4-329，4-330，4-331，4-332，4-333，4-334，4-335，4-336，4-337，4-338，4-339，4-340，4-341，4-342，4-343，4-344，4-345，4-346，4-347，4-348，4-349，4-350，4-351，4-352，4-380，4-386，4-387，4-388，4-389，4-390，4-391，4-392，4-393，4-394，4-395，4-397，4-674，5-473，6-105，6-551，7-116，8-103，8-235
黄芪属　4-326，4-386
黄耆　4-326，4-328，4-331，4-333，4-336，4-339，4-342，4-346，4-349，4-351，4-386，4-388，4-391，4-394
黄旗马先蒿　　6-522
黄芩　　1-012，1-014，1-031，1-064，2-258，2-274，2-401，2-434，2-523，2-541，2-546，2-553，3-020，3-029，3-135，3-270，3-271，3-402，3-428，3-545，3-568，4-079，4-489，4-492，4-497，4-498，5-392，5-393，6-026，6-027，6-260，6-372，6-398，6-399，6-400，6-401，6-403，6-404，6-405，6-406，6-407，6-409，6-410，6-411，6-412，6-413，6-414，6-415，6-416，6-417，6-418，6-419，6-420，6-421，6-422，6-459，6-550，6-638，6-660，6-661，7-379，7-384，7-391，8-103，8-422，8-523，8-607
黄芩茶　6-405
黄芩属　6-398
黄瓢树　5-008
黄瓢子　5-296，5-642
黄伞　　1-079，1-273，1-274

黄色木 4-436
黄参 5-334，7-114
黄穗棘豆　　　4-470
黄唐松草　3-314
黄藤子 5-065，5-077，6-179
黄筒花 1-064，6-621，6-622
黄筒花属　　　6-621
黄土毛棘豆　　4-470
黄菀　7-451，7-453
黄靰鞡花　　　3-093
黄靰鞡脸花　　3-093
黄香草木樨　　4-448
黄须菜 3-037
黄榆　1-012，2-411，2-412，2-413
黄芫花 5-152
黄枝条 4-354
黄珠子草　　　4-640，4-641
黄紫堇 3-502，3-503，3-504，3-505
灰背老鹳草　　4-567
灰菜　1-079，3-004，3-008，3-011，3-013，5-051，
　7-542
灰菜花 5-051
灰带栓菌　　　1-407
灰果　2-239
灰环黏盖牛肝菌　　　1-316
灰灰菜 3-013
灰叫驴 7-495
灰绿碱蓬　　　3-034
灰绿藜 3-004，3-005
灰毛地蔷薇　　4-082，4-083
灰球菌属　　　1-516，1-518
灰树花 1-010，1-382，1-383，1-384
灰榆　2-409
灰枣　2-398，5-166
灰枣树 5-166
辉菜花 5-051
回菜花 6-381
茴茴蒜 1-012，1-020，3-289，3-290，3-291
茴芹属 5-457
活血丹 1-011，1-032，6-303，6-304，6-305
活血丹属　　　6-303
火菠菜 7-214
火菠萝芽　　　2-381
火草疙瘩　　　7-545
火柴头 5-158，8-394
火柴头花　　　5-158
火炬树 5-013，5-014，5-015，5-016
火麻　2-259，2-423，2-425，4-284，4-286，6-612
火媒草 1-012，7-545，7-546，7-547
火木层孔菌　　　1-010，1-438，1-439

火盘　　4-198，4-203
火球花 4-513，4-514，7-489，7-550
火绒草 1-012，1-013，7-253，7-254，7-255，7-256，
　7-257，7-258，7-259，7-260，7-453，7-486，7-489，
　7-582
火绒草属　　　7-253
火绒蒿 7-253
火绒球草　　　7-489
火绒球花　　　7-489
火烧兰 1-011，8-599，8-600，8-601
火烧兰属　　　8-599
火焰草 1-013，3-624，3-625
火杨　2-301
火榛子 2-366
藿香　1-013，1-020，1-032，1-053，1-061，1-080，
　4-489，6-258，6-259，6-260，6-261，6-297，6-660，
　7-138，7-500
藿香属 6-258

J

芨芨草 2-161，5-051，8-447，8-448
芨芨草属　　　8-447
矶松　　5-623，5-627，5-629
鸡巴巴豆　　　4-371
鸡肠菜 1-079，2-584，2-599
鸡肠草 6-134
鸡肠繁缕　　　2-603
鸡肠子 2-570，2-584，7-034
鸡肠子草　　　2-570
鸡肠子花　　　7-034
鸡蛋黄菜　　　3-508
鸡蛋黄花　　　3-508
鸡蛋黄菌　　　1-342，1-344
鸡蛋黄蘑　　　1-079，1-194
鸡蛋皮菜　　　8-203
鸡蹬菜 5-182
鸡儿肠 7-152，7-193，7-196，7-199，7-202
鸡儿头苗　　　4-121
鸡冠菜 6-536
鸡冠草 4-147，6-536
鸡冠果 4-086
鸡冠子 1-081，1-394，3-001，7-319，7-322
鸡冠子菜　　　1-081，7-319，7-322
鸡积菜 3-570
鸡脚草 4-137
鸡裤腿 5-182
鸡麻　1-014，4-160，4-161，4-162
鸡麻属 4-160
鸡毛菌 1-190
鸡屁眼子花　　　5-598，5-609

鸡桑　2-436，2-437

鸡舌草 8-390

鸡屎条子　1-081，7-013

鸡树条 1-010，1-081，3-532，7-013，7-014，7-015，7-016

鸡树条荚蒾　7-013

鸡树条子　7-013

鸡头　1-079，2-402，3-097，3-099，3-114，3-374，8-224

鸡头草 3-097，3-099，3-114

鸡头黄精　8-224

鸡头莲 3-374

鸡头米 1-079，3-374

鸡腿菜 5-182

鸡腿堇菜　1-080，5-182，5-183，5-184

鸡腿蘑 1-254

鸡腿子 4-137

鸡心菜 3-448

鸡心茶 3-448，3-454

鸡眼草属　4-404

鸡油菌 1-010，1-342，1-343，1-344，1-345

鸡油菌科　1-342，1-344

鸡油菌属　1-342

鸡油蘑 1-342

鸡爪草 3-268

鸡爪柴 2-662

鸡爪莲 3-093，3-245

鸡爪芹 5-463，5-467

鸡爪参 4-137

鸡爪子菜　5-212

鸡爪子草　8-467，8-468，8-470

鸡爪子芹　5-449

鸡嘴豆 4-462

积机草 8-447

箕席草 8-447

吉豆米 4-175

吉林费菜　1-020，3-635，3-636，3-637

吉林景天　3-635

吉林乌头　3-087，3-088，3-089

吉林延龄草　1-011，1-063，8-288，8-289，8-290，8-291

吉氏木蓝　4-398

吉氏珍珠梅　4-056

棘刺花 5-101

棘豆属 4-454

棘皮桦 2-348

棘楸　5-328

蒺藜　1-012，1-035，2-658，3-377，4-349，4-465，4-584，4-586，4-591，4-592，4-593，4-594，4-596，6-253，7-039

蒺藜梗 2-658

蒺藜狗子　4-591

蒺藜科 4-584，4-586，4-591，4-594，4-596

蒺藜属 4-591

戟叶耳蕨　1-010，2-146，2-147，2-148，2-149

戟叶蓼 1-013，2-535，2-536，2-537

戟叶兔儿伞　7-419

荠　1-011，1-012，1-013，1-019，1-032，1-046，1-079，3-534，3-535，3-536，3-537，3-538，3-539，3-540，3-541，3-542，3-543，3-564，3-566，3-572，3-574，4-211，4-231，6-246，6-305，6-343，6-344，6-345，6-346，7-083，7-084，7-085，7-086，7-087，7-512，7-534，8-548

荠菜　1-079，3-534，3-535，3-536，3-564，3-566，3-572，3-574，4-211，4-231，6-246，6-305，7-512

荠荠菜 1-079，3-534，3-564，3-566

荠荠菜幌子　1-079，3-564，3-566

荠苊　1-011，1-013，1-019，1-046，7-083，7-084，7-085，7-086，7-087

荠属　3-534，3-537，8-548

荠苧　6-343，6-344，6-345，6-346

荠苧属 6-343

寄奴花 2-576

蓟菜　7-514

蓟属　7-510，7-580

加地侧蕊　6-057

加地肋柱花　6-057

加拿大蓬　7-163

夹板菜 7-147

夹板草 4-307

夹板子草　8-033

夹根菜 7-147

夹皮草 5-182

夹竹桃科　6-082

家艾　7-366

家笔管菜　8-224

家马生菜　2-564

家蚂子口　7-514

家婆婆头　4-198

家雀　4-614

家扫帚 3-019

家榆　1-079，2-407

荚果蕨 1-009，1-010，1-019，1-079，2-120，2-121，2-122，2-123

荚果蕨属　2-120

荚蒾属 7-011

假贝母 1-013，5-233，5-234

假贝母属　5-233

假叉枝鸦葱　7-665

假大花益母草　6-317

假凤仙花　　　5-057
假猴头菌　　　1-379
假黄连 3-472
假黄瓢子　　　5-296
假茴芹 5-457
假火绒菌　　　1-438
假瘤蕨属　　　2-157
假龙胆属　　　6-050
假马尿溲杆子　5-085
假蜜环菌　　　1-235，1-236
假蜜环菌属　　1-235
假木贼属　　　2-662
假泥胡菜　　　7-570，7-574
假欧瑞香　　　5-154
假葡萄藤　　　5-116
假芹菜 3-538
假升麻 4-046，4-047，4-048
假升麻属　　　4-046
假水晶兰属　　5-486
假水生龙胆　　6-047，6-048
假松口蘑　　　1-214，1-215
假松茸 1-214
假苏　　6-392
假酸浆 6-462，6-463
假酸浆属　　　6-462
假细辛 3-359，3-394
假雪委陵菜　　4-127
假芸香 4-660
假指甲花　　　5-057
假猪屎 1-385
尖瓣堇菜　　　5-208
尖瓣马蔺　　　8-346
尖瓣延胡索　　3-488
尖被藜芦　　　1-011，1-035，8-306，8-307，8-309，
　　8-310，8-311
尖齿糙苏　　　6-367，6-368
尖齿凤丫蕨　　2-088，2-089
尖齿槲栎　　　2-379
尖齿鼠李　　　5-099
尖刀儿苗　　　6-101
尖顶地星　　　1-010，1-013，1-500，1-501，1-502
尖顶羊肚菌　　1-560
尖顶枝瑚菌　　1-350，1-351
尖萼楼斗菜　　1-010，3-172，3-173，3-174，3-175
尖裂假还阳参　7-620
尖鳞环锈伞　　1-278，1-279，1-280
尖鳞伞 1-278
尖佩兰 7-140
尖头叶藜　　　3-006，3-007
尖叶白前　　　6-091

尖叶茶藨　　　4-010，4-011
尖叶茶藨子　　4-010，4-011
尖叶杜鹃　　　5-541
尖叶蒿 7-359
尖叶喉毛花　　6-050
尖叶胡枝子　　4-433
尖叶假龙胆　　1-009，6-050，6-051
尖叶苦菜　　　7-674
尖叶提灯藓　　1-618，1-619
尖叶铁扫帚　　4-433，4-434
尖叶小羽藓　　1-631
尖枝瑚菌　　　1-350
尖柞　　2-377，2-393
坚桦　　2-354，2-355，2-356
坚唐松草　　　3-311
坚硬女娄菜　　2-638，2-639，2-640
间断球子蕨　　2-124
肩膀头草　　　2-564
菅草 8-465
菅属 8-465
俭草 8-470
剪刀菜 7-542
剪刀草 8-033，8-035，8-334
剪刀股 2-508
剪割龙胆　　　6-052
剪花火绒草　　7-256
剪金草 2-653
剪金花 2-638，2-641
剪秋罗 1-020，2-628，2-629，2-630，2-631，2-632，
　　2-633，2-634
剪秋罗属　　　2-628
剪秋萝 2-630，2-633
碱草 8-451，8-453
碱葱 8-081
碱地肤 3-022
碱地蒲公英　　8-014
碱蒿子 3-034
碱灰菜 3-004
碱韭 8-081，8-082
碱毛茛 1-012，3-254，3-256，3-257
碱毛茛属　　　3-254
碱蓬 1-014，3-034，3-035，3-036，3-037，3-038，
　　3-039
碱蓬属 3-034
见毒消 5-106
见风干 2-357，2-359
见血散 3-630
见肿消 2-558
剑刀草 2-154
剑叶玉簪　　　8-166

渐尖藜 3-006
箭报春 1-063，1-071，5-606，5-607，5-608
箭头白蓬草　3-314
箭头草 5-199
箭头唐松草　1-013，3-314，3-315，3-316
箭叶蓼 1-013，2-530，2-531，2-532
箭叶橐吾　7-438
箭叶旋花　6-173
江白菜 1-134
江柳　2-315
江西腊 7-159
江香薷 6-292
茳芒决明香豌豆　　4-409
茳芒香豌豆　4-409
豇豆属 4-540
降龙木 6-654
茭白 8-408，8-409
胶东卫矛　5-068
胶耳科 1-462，1-464
胶韧革菌 1-366
胶勺　1-462
胶陀螺 1-077，1-546，1-547，1-548，1-549
胶陀螺科　1-546
胶陀螺属　1-546
胶质刺银耳　1-464
胶州卫矛　5-068，5-069
椒条　4-319
椒叶豆 4-253
角瓣延胡索　3-488，3-489
角蒿　1-012，6-600，6-601
角蒿属 6-600
角蒿透骨草　6-600
角茴香 1-009，3-512，3-513，3-514，3-515
角茴香属　3-512
角盘兰 8-618，8-619，8-620，8-621
角盘兰属　8-618
角榛　2-366
绞剪草 8-334
绞蛆爬 4-507，7-249
叫驴刺 5-097
叫驴腿 4-061
接骨丹 5-109，5-272，7-001
接骨木 1-009，1-019，1-021，1-060，1-078，3-532，
　4-055，7-001，7-002，7-003，7-004，7-005，7-006，
　7-007，7-008，8-318
接骨木属　7-001
接生草 6-632
节骨草 2-034，2-035，2-037，2-040，2-043，2-046，
　5-290
节节菜 2-040

节节草 1-012，2-037，2-043，2-046，2-047
节节花 7-124
节节木贼 2-046
节裂角茴香　3-514，3-515
节毛飞廉　7-506
节松萝 1-594
洁丽香菇　1-186
结缕草 8-428
结缕草属　8-428
洁小菇 1-210
截浆草 6-179
截叶酢浆草　4-550
截叶榆叶梅　4-262
姐姐花 2-611
芥叶蒲公英　8-008
金达莱 5-530，5-533，5-541
金戴戴 3-256
金灯藤 1-013，1-020，1-035，6-182，6-183
金顶侧耳　1-010，1-064，1-077，1-174，1-175
金顶蘑 1-174
金耳　1-472
金发藓 1-010，1-634，1-635，1-636，1-637
金发藓科　1-634，1-636
金发藓属　1-634，1-636
金凤花 3-297，5-052，5-054
金佛草 7-240，7-244
金芙蓉 3-330
金盖鳞伞　1-250，1-251
金刚草 8-283
金刚刺 8-279
金刚龙胆　1-019，1-079，6-022
金刚木 4-260
金刚鼠李　5-096
金光菊属　7-297
金红菇 1-320
金红树 5-065
金花忍冬　1-081，6-668，6-669，6-670
金黄枝瑚菌　1-352
金鸡脚 1-014，2-157，2-158
金鸡脚假瘤蕨　1-014，2-157，2-158
金鸡脚假密网蕨　　2-157
金腊梅 4-107
金老梅 4-104，4-107
金莲花 1-009，1-011，1-013，1-020，1-031，1-034，
　1-039，1-063，1-065，1-078，3-319，3-320，3-321，
　3-323，3-324，3-325，3-326，3-327，3-329，3-330，
　3-331，3-333，3-334，3-335，3-336，3-337，3-339，
　3-340，3-341，3-370
金莲花属　3-319
金铃花 5-162

金露梅 1-012，1-064，4-104，4-105，4-106，4-107，4-109，4-110

金毛狗脊 2-142，6-459

金牛草 2-080，5-001

金钱草 1-594，2-274，6-027，6-303，7-304

金钱菊 7-240

金雀儿 4-354

金色补血草 5-623

金色狗尾草 1-020，8-486，8-487

金匙叶草 5-623，5-626

金丝蝴蝶 3-448

金丝桃科 3-448，3-454，3-457

金丝桃属 3-448，3-457

金丝桃叶绣线菊 4-069，4-070

金丝藤 6-179，6-184

金粟兰科 3-394

金粟兰属 3-394

金挖耳 7-221，7-222，7-223，7-227，7-228，7-229

金县鼠李 5-097

金线草 2-080

金星蕨 2-106

金星蕨科 2-106

金腰属 3-651

金腰子 3-651，3-653，3-654，3-655，3-657，4-526

金银耳 1-010，1-472，1-473

金银花 2-045，2-490，2-541，3-116，3-152，3-507，4-211，4-369，4-593，4-671，5-190，5-393，5-414，6-027，6-341，6-386，6-445，6-551，6-560，6-638，6-659，6-660，6-661，6-662，6-665，6-668，6-671，6-673，7-039，7-119，7-312，7-490，7-551，8-006，8-337，8-413，8-610

金银莲花 6-073，6-074

金银忍冬 1-010，1-081，6-665，6-666，6-667

金疣鹅膏 1-196

金枣 8-256

金盏花 1-010，1-012，1-047，1-050，1-063，1-077，3-128，3-129，3-130，3-131，3-132，3-133，3-134，8-334

金盏银盘 7-271，7-272，7-273

金盏银台子 2-638，2-641

金盏盏花 3-557

金针 1-010，1-209，8-152，8-155，8-157，8-160

金针菜 8-152，8-155，8-157，8-160

金针菇 1-010，1-209

金钟茵陈 6-563

津枸杞 6-460

筋骨草 1-012，6-262，6-263，6-264，6-265，6-266，6-410

筋骨草属 6-262

紧穗三棱草 8-552

堇菜 1-013，1-020，1-031，1-080，5-176，5-177，5-178，5-179，5-180，5-181，5-182，5-183，5-184，5-185，5-186，5-187，5-188，5-189，5-190，5-191，5-192，5-193，5-194，5-195，5-196，5-197，5-198，5-199，5-202，5-203，5-204，5-205，5-206，5-207，5-208，5-209，5-211，5-212，5-213，5-214，5-215，5-216，5-217

堇菜科 5-177，5-178，5-180，5-182，5-185，5-189，5-191，5-193，5-195，5-197，5-199，5-202，5-204，5-206，5-208，5-212，5-214，5-216

堇菜属 5-177

堇堇菜 5-212

堇叶山梅花 4-004

堇叶延胡索 1-011，1-032，1-043，1-061，3-490，3-491，3-492，3-493，3-494

锦带花 7-019，7-020，7-021，7-022，7-023，7-024，7-025

锦带花属 7-019

锦灯笼 6-466

锦鸡儿属 4-354

锦葵科 5-140，5-144，5-146

锦葵属 5-146

劲直假阴地蕨 2-050

劲直阴地蕨 2-050，2-051，2-052，2-053

荩草 8-454，8-455

荩草属 8-454

京大戟 4-379，4-628

京黄芩 6-410，6-411

京三棱 8-526

京山梅花 4-001

荆芥 1-012，1-080，1-458，2-030，2-045，2-145，2-421，3-192，3-380，3-532，4-344，4-489，4-498，4-621，5-223，5-327，5-352，5-365，5-472，5-473，6-102，6-253，6-288，6-294，6-341，6-343，6-345，6-347，6-348，6-349，6-392，6-393，6-394，6-395，6-396，6-397，6-551，6-660，7-039，7-129，7-494，8-607

荆芥属 6-347，6-392

荆稍子 6-247

荆条 1-013，5-222，6-247，6-248，6-249，6-250

旌节马先蒿 6-522，6-523

晶粒鬼伞 1-258，1-259

粳米饭根 8-203

粳米条 4-428

景天科 3-586，3-589，3-591，3-594，3-597，3-599，3-601，3-603，3-605，3-607，3-609，3-612，3-614，3-617，3-619，3-622，3-624，3-626，3-628，3-630，3-635，3-638

景天三七 3-630，3-632，3-633

景天属 3-612，3-624

静灰球菌属　1-516

镜叶虎耳草　4-039，4-040，4-041

九节草 6-589

九轮草 1-080，6-589

九死还魂草　1-079，2-029

九死还阳草　2-029

九头狮子草　6-101

九头狮子七　3-622

九月菊 7-389

酒壶菜 3-630

酒壶花 6-549

酒盅蘑 1-217

救星草 6-589

桔梗　1-009，1-019，1-035，1-058，1-064，1-078，1-081，2-258，2-434，2-525，3-193，3-348，3-370，3-410，4-211，4-268，4-492，5-149，5-454，5-473，6-260，6-341，6-392，6-482，6-560，6-660，7-074，7-078，7-081，7-083，7-085，7-088，7-090，7-092，7-094，7-097，7-099，7-101，7-105，7-109，7-114，7-117，7-119，7-121，7-124，7-127，7-128，7-129，7-130，7-131，7-133，7-150，7-235，7-239，7-241，7-436，7-494，7-526，8-103，8-141，8-173，8-337，8-413，8-501

桔梗科 7-074，7-078，7-081，7-083，7-085，7-088，7-090，7-092，7-094，7-097，7-099，7-101，7-105，7-109，7-114，7-117，7-121，7-124，7-127

桔梗属 7-127

菊蒿　1-009，7-352，7-412，7-413，7-414

菊蒿属 7-412

菊苣　7-595，7-596，7-597

菊苣属 7-595

菊科　6-180，6-184，7-136，7-140，7-143，7-147，7-152，7-156，7-159，7-163，7-167，7-171，7-176，7-179，7-182，7-185，7-188，7-193，7-196，7-199，7-202，7-204，7-209，7-214，7-219，7-221，7-224，7-227，7-228，7-230，7-231，7-234，7-238，7-240，7-247，7-249，7-253，7-256，7-259，7-261，7-265，7-268，7-271，7-274，7-277，7-279，7-282，7-285，7-287，7-289，7-291，7-297，7-301，7-305，7-307，7-310，7-314，7-317，7-319，7-322，7-325，7-329，7-333，7-337，7-341，7-343，7-346，7-348，7-350，7-352，7-355，7-356，7-359，7-363，7-365，7-366，7-372，7-374，7-376，7-378，7-381，7-382，7-385，7-387，7-389，7-392，7-395，7-397，7-400，7-401，7-405，7-408，7-410，7-412，7-415，7-417，7-419，7-422，7-424，7-428，7-431，7-434，7-438，7-442，7-446，7-448，7-451，7-454，7-461，7-464，7-468，7-471，7-474，7-478，7-483，7-486，7-489，7-491，7-495，7-497，7-501，7-504，7-506，7-510，7-513，7-514，7-520，7-524，7-527，7-530，7-532，7-535，

7-539，7-542，7-545，7-548，7-550，7-554，7-556，7-559，7-561，7-564，7-566，7-568，7-570，7-574，7-578，7-580，7-582，7-586，7-589，7-595，7-598，7-605，7-607，7-611，7-615，7-620，7-624，7-625，7-629，7-632，7-634，7-637，7-643，7-646，7-649，7-652，7-654，7-657，7-659，7-660，7-663，7-665，7-667，7-674，7-677，8-001，8-003，8-004，8-008，8-009，8-014，8-016，8-018，8-021，8-024

菊属　4-058，7-159，7-289，7-297，7-387，7-389，7-405，7-408，7-495，7-545，7-554，7-589，7-607，7-646

菊叶刺藜　3-003

菊叶蒿 7-352

菊叶委陵菜　4-154，4-155

菊叶香藜　3-003

菊芋　1-078，7-291，7-292，7-293，7-294，7-295，7-296

橘黄裸伞　1-286，1-287

巨马勃 1-512

巨紫堇 3-477，3-478，3-479，3-480

苣麻菜 7-667

苣荬菜 7-639，7-667

苣荬花 7-667

具翅香豌豆　4-416

菹草　1-013，8-068，8-069

锯草　7-319，7-322，7-325

锯齿草 1-060，6-132，7-319，7-322

锯齿沙参　7-099，7-100

锯锯藤 2-426，6-132

聚合草 6-227，6-228

聚合草属　6-227

聚花风铃草　1-009，1-081，7-109，7-110，7-111，7-112，7-113

聚穗莎草　8-567

瞿麦　1-032，2-489，2-611，2-616，2-617，2-618，2-619，3-653，4-460，6-053，6-055，8-382

卷柏　1-013，1-020，1-057，1-061，1-079，2-007，2-024，2-025，2-026，2-027，2-028，2-029，2-030，2-031，7-534

卷柏科 2-024，2-025，2-026，2-027，2-028，2-029

卷柏属 2-024

卷柏状石松　2-007

卷边网褶菌　1-296，1-297

卷边桩菇　1-296

卷丹　1-013，1-019，1-035，1-084，8-189，8-190，8-191，8-194，8-195，8-196

卷萼铁线莲　3-203

卷耳　2-576，2-577，2-578，2-579，2-580，2-581，2-582，2-583，7-310

卷耳属 2-576

卷茎蓼 2-482，2-483
卷帘百合　8-178
卷帘花 8-194
卷莲花 1-081，8-170，8-178，8-203
卷旋蓼 2-484
卷缘网褶菌　1-296
绢柳　2-324
绢毛匍匐委陵菜　　4-158，4-159
绢毛细蔓委陵菜　　4-158
决明属 4-307，4-507
蕨　　1-009，1-010，1-012，1-013，1-014，1-019，
　1-020，1-027，1-057，1-060，1-061，1-063，1-064，
　1-077，1-079，1-084，1-087，1-105，2-001，2-050，
　2-051，2-052，2-053，2-065，2-070，2-071，2-074，
　2-075，2-076，2-077，2-080，2-081，2-082，2-083，
　2-084，2-085，2-088，2-089，2-090，2-091，2-094，
　2-095，2-096，2-097，2-098，2-099，2-100，2-101，
　2-102，2-103，2-106，2-107，2-110，2-111，2-112，
　2-113，2-114，2-115，2-116，2-117，2-120，2-121，
　2-122，2-123，2-124，2-125，2-128，2-129，2-130，
　2-131，2-134，2-135，2-136，2-137，2-138，2-139，
　2-140，2-141，2-142，2-143，2-144，2-145，2-146，
　2-147，2-148，2-149，2-157，2-158，2-159，2-160，
　2-167，4-114，4-115，4-116，4-117，4-118，5-076，
　6-144，8，8-672
蕨菜　1-079，2-074，2-075，2-102
蕨儿菜 2-074
蕨科　2-050，2-070，2-071，2-074，2-080，2-083，
　2-084，2-088，2-090，2-094，2-095，2-096，2-098，
　2-100，2-102，2-106，2-110，2-112，2-115，2-120，
　2-121，2-124，2-128，2-130，2-131，2-134，2-135，
　2-138，2-140，2-141，2-142，2-143，2-144，2-146，
　2-157
蕨类植物　2-001，8，8-672
蕨麻　1-012，4-115，4-116，4-117，4-118
蕨麻委陵菜　4-115
蕨属　2-050，2-070，2-074，2-080，2-083，2-084，
　2-088，2-094，2-095，2-100，2-102，2-106，2-110，
　2-112，2-115，2-120，2-124，2-128，2-130，2-135，
　2-143，2-157，2-159
菌类植物　1-171

K

卡林肋柱花　6-057
卡密　4-586
勘察加费菜　3-638，3-639
堪察加拉拉藤 6-128
看麦娘 8-429，8-430
看麦娘属　8-429
康藏荆芥　6-347，6-348，6-349

糠椴　2-186，2-214，5-132
糠苋　3-050
靠山红 5-533
科布尔黄芪　4-351
科氏飞燕草　3-242
壳斗科 2-374，2-377，2-379，2-381，2-386，2-388，
　2-391，2-393
刻叶刺菜　7-514
空柄小牛肝菌　1-010，1-308，1-309
空心柳 4-058
空心木 3-400
孔麻　5-140
孔石莼 1-118，1-119
孔氏粉背蕨　2-083
口蘑属 1-211
叩皮花 5-152
窟窿牙 1-078，3-190，3-194，3-198
窟窿牙根　　1-078，3-190，3-194
苦菜　1-020，1-081，7-615，7-620，7-625，7-632，
　7-637，7-649，7-667，7-674，7-677，7-678，8-028
苦草 8-050，8-051
苦草属 8-051
苦刀草 6-270
苦地丁 3-506，3-507
苦地丁草　　3-506
苦碟碟 7-620
苦碟子 7-598，7-620，7-622，7-637
苦豆根 3-368，4-339
苦豆子 4-507
苦姑娘 6-466
苦骨　4-499
苦蒿 7-495
苦苣菜　1-020，1-081，7-513，7-667，7-668，7-669，
　7-670，7-671，7-673，7-674，7-675，7-676
苦苣菜属　　7-667
苦苣苔科　6-602
苦葵 6-481
苦枥白蜡树　5-654
苦榴子 5-654
苦龙胆 6-037，6-050
苦龙芽 3-190，3-194，3-201，5-325
苦龙芽菜 3-190，3-194
苦麻菜 3-290，7-615，8-514
苦麻子 7-615
苦马菜 7-542
苦马豆 1-012，4-502，4-503，4-504，4-505，4-507
苦马豆属　4-502
苦荬菜　1-014，7-615，7-620，7-624，7-634，7-637，
　7-674
苦荬菜属　　7-624

苦木　1-431，3-400，4-672，4-675
苦木科 4-672，4-675
苦木蹄 1-431
苦木通 3-400
苦皮树 4-675
苦荞　2-480，2-481，2-535，3-576
苦荞麦 2-480，2-481，2-535
苦参　1-012，1-019，1-031，1-057，1-064，3-022，
　　3-249，4-102，4-105，4-465，4-498，4-499，4-500，
　　4-501，4-621，4-655，5-404，5-473，6-028，6-053，
　　6-077，6-215，6-392，7-391，8-071，8-297
苦参麻 4-499
苦树　4-675，4-676，4-677
苦树属 4-675
苦叶菜 7-615
库恩菇 1-271
库恩菌属　1-271
库莎红门兰　8-635
库页白芷　5-356
库页红景天　1-011，1-059，1-061，1-064，1-091，
　　3-619，3-620，8-668
库页堇菜　5-185，5-186，5-187，5-188
库页悬钩子　1-010，1-035，1-081，4-195，4-196，
　　4-197
块根糙苏　1-012，6-352，6-353，6-354，6-355，
　　6-356
块根老鹳草　4-572
块根牻牛儿苗　4-577
块茎糙苏　6-352
筷子菜 3-448
宽瓣金莲花　3-335
宽苞翠雀　1-011，3-238，3-239，3-240，3-241
宽苞翠雀花　3-238，3-240，3-241
宽苞棘豆　4-478
宽裂北乌头　3-117
宽鳞大孔菌　1-427，1-428
宽卵叶长柄山蚂蝗　4-482，4-483，4-484
宽卵叶山蚂蝗　4-482
宽叶草 8-576
宽叶打碗花　1-013，1-078，6-167，6-168，6-169
宽叶杜香　5-519
宽叶返魂草　7-454
宽叶费菜　3-633
宽叶谷精草　8-405
宽叶红门兰　1-012，1-038，1-064，1-075，8-637，
　　8-638，8-639，8-641，8-642，8-643
宽叶接骨木　7-001
宽叶蓝刺头　7-489，7-490
宽叶蔓乌头　3-099，3-100，3-101
宽叶荨麻　1-032，1-079，2-455

宽叶乳浆大戟　4-634
宽叶山蒿　7-369，7-370，7-371
宽叶山柳菊　1-063，7-607，7-608，7-609，7-610
宽叶水苏　6-432
宽叶薹草　8-576，8-577
宽叶香蒲　1-013，1-032，1-081，8-536，8-537，
　　8-538，8-539，8-541，8-543，8-545，8-547
宽叶远志　5-004
宽叶紫杉　2-266
宽褶奥德蘑　1-205
款冬　1-011，1-020，1-035，1-064，4-268，7-150，
　　7-483，7-484，7-485
款冬花 4-268，7-150，7-483，7-484，7-485
款冬属 7-483
筐柳　2-328，2-329
盔状黄芩　6-421，6-422
魁蓟　7-538，7-539，7-540，7-541
坤草　6-319
昆布　1-134，1-138，1-430，6-371，8-227
阔叶红门兰　8-637
阔叶沙参　7-081

L

拉打碗 6-158
拉狗蛋 2-426，2-524，6-142
拉狗蛋子　2-426，6-142
拉古蛋 2-524，2-528，2-530，2-535
拉古蛋子　2-530，2-535
拉瓜瓢根　6-086
拉拉草 8-476
拉拉蔓 2-426，6-142
拉拉蔓子　6-142
拉拉藤 1-009，2-426，6-126，6-127，6-128，6-129，
　　6-130，6-132，6-133，6-134
拉拉藤属　6-126
拉拉香 6-258，6-294
拉拉秧 1-079，2-426，5-230，6-142
拉拉秧子　6-142
拉马　2-426
拉拖榆 2-415
喇叭茶 5-517
喇叭花　1-078，1-080，3-093，3-114，6-158，6-160，
　　6-162，6-165，6-167，6-187，6-192
喇嘛黄 6-134
腊八菜 3-667
蜡蘑属 1-206
蜡木 5-654
蜡树　1-014，1-080，5-654，5-661，5-662，5-664，
　　5-665，5-666，8-392
蜡条榆 2-415

辣根草 5-154

辣花菜 3-297

辣花子 2-506

辣辣菜 3-566

辣辣根 3-566

辣蓼 1-011, 1-032, 1-058, 1-059, 1-061, 1-078,
1-079, 1-092, 2-503, 2-505, 2-506, 3-211, 3-212,
3-213, 3-214, 4-405, 7-366

辣蓼草 2-506

辣蓼铁线莲 1-011, 1-032, 1-058, 1-059, 1-061,
1-078, 1-092, 3-211, 3-212, 3-213, 3-214

辣乳菇 1-335

辣味乳菇 1-335

辣子草 7-289

蝲蛄蛋 2-524

蝲蛄管 2-524

来年籽 4-307

来森车前 6-650

莱阳沙参 5-420

栜木属 5-306

赖草 8-451, 8-453

赖草属 8-451

赖鸡毛子 6-205, 6-209

赖毛蒿子 6-209

赖毛子 6-205, 6-209, 6-211

癞蛤蟆皮 6-387

癞瓜瓢 6-116

癞棘疤子花 5-598

癞头草 6-387

癞子草 6-387

兰花菜 8-326

兰花茶 6-242

兰科 3-056, 3-394, 5-562, 8-580, 8-583, 8-586,
8-590, 8-596, 8-597, 8-599, 8-601, 8-602, 8-605,
8-609, 8-612, 8-618, 8-620, 8-622, 8-624, 8-626,
8-629, 8-632, 8-635, 8-637, 8-644, 8-645, 8-648,
8-650, 8-653, 8-655, 8-657, 8-660, 8-664

拦金牛 6-435

拦路虎 4-591

蓝包袱花 7-127

蓝刺头 7-486, 7-487, 7-488, 7-489, 7-490

蓝刺头属 7-486

蓝蛋树 5-642

蓝靛果 1-060, 1-078, 6-662, 6-663, 6-664

蓝靛果忍冬 6-662

蓝萼香茶菜 1-080, 2-047, 6-381, 6-382, 6-383

蓝鸽子花 3-245

蓝果七筋姑 8-118

蓝果忍冬 6-662

蓝蝴蝶 3-245

蓝花菜 3-114, 3-482, 3-486, 3-488, 3-490, 3-495,
8-390

蓝花草 3-506, 8-326

蓝花蒿 6-209

蓝花棘豆 1-012, 4-468, 4-469

蓝花子 3-114

蓝黄红菇 1-322

蓝堇草 1-012, 3-263, 3-264

蓝堇草属 3-263

蓝菊 7-159

蓝苦龙芽草 3-201

蓝莓 5-550

蓝梅 6-207

蓝鸟花 8-326

蓝盆花属 7-065

蓝雀菜 8-390

蓝雀花 3-482, 3-486, 3-488, 3-490, 3-495

蓝乌拉花 3-114

蓝靴鞡花 3-114

懒汉子筋 4-077

烂疤眼 4-634

烂肠草 4-616

烂肺草 3-297

烂脚丫子草 4-614

狼把草 7-279, 7-285

狼毒 1-009, 1-019, 1-035, 1-051, 1-058, 1-059,
1-060, 1-061, 1-079, 1-080, 3-474, 4-618, 4-619,
4-620, 4-621, 4-622, 4-623, 4-625, 4-634, 5-158,
5-159, 5-161, 6-473, 8-498

狼毒大戟 1-009, 1-019, 1-035, 1-051, 1-058,
1-059, 1-060, 1-061, 1-079, 1-080, 4-618, 4-619,
4-620, 4-621, 4-622, 4-623, 4-625

狼毒大戟疙瘩 4-618

狼毒属 5-158

狼杷草 1-020, 7-279, 7-280, 7-281, 7-285, 7-286

狼山芹 5-363

狼尾巴 2-495, 5-590, 5-591, 5-592, 5-593, 6-589,
7-378, 7-382, 8-458, 8-479

狼尾巴草 8-479

狼尾巴吊 2-495

狼尾巴蒿 7-378, 7-382

狼尾巴花 5-590, 5-591, 5-592, 6-589, 8-458

狼尾巴酸浆 5-593

狼尾草 5-590, 8-479, 8-480

狼尾草属 8-479

狼尾花 1-013, 5-590, 5-591, 5-592

狼尾珍珠菜 5-590, 5-593

狼尾子 2-495

狼牙 3-603, 4-080, 4-131, 4-132

狼牙草 3-603

狼牙委陵菜　　4-131，4-132
狼牙萎陵菜　　4-131
狼爪瓦松　　1-012，3-609，3-610，3-611
狼爪子 3-603
廊茵　2-528
榔头花 7-550
莨菪　6-450，6-451，6-452，6-454
崂山单脉蓟　7-530
崂山溲疏　3-661
老棒子葱　8-295
老苍子 1-081，7-310，7-314
老苍子草　7-310，7-314
老葱　8-380
老鸹子花　5-525
老道帽 7-464
老公花 3-268
老姑帮子　4-144
老姑草 3-268
老姑都花　3-272，3-278，3-280，3-283
老姑花 3-268
老姑针 7-274
老姑子花　3-268
老瓜瓢 6-104，6-116
老鸹膀子　4-115，4-209
老鸹角 6-112
老鸹筋 1-080，4-577，6-142
老鸹瓢 6-086，6-116
老鸹瓢根　6-086
老鸹食棵　5-065
老鸹眼 1-077，5-090，5-093，5-095，5-096，5-097，
　5-099，5-114，6-106
老鸹爪 3-353，4-104，4-107，4-144
老鸹爪子　3-353，4-144
老鸹嘴 4-570
老鹳草 1-009，1-012，1-032，2-017，4-552，4-556，
　4-557，4-558，4-559，4-560，4-561，4-562，4-563，
　4-564，4-565，4-566，4-567，4-568，4-569，4-570，
　4-571，4-572，4-573，4-574，4-575，4-577，4-578，
　4-579，4-580，4-581，5-316，5-472，7-302
老鹳草属　4-556
老鹳筋 4-552，4-577
老鹳咀 4-577
老鹳嘴 4-552
老鹳眼 5-090，5-095
老寒葱 8-295
老汉葱 8-295
老旱葱 8-295，8-300，8-303，8-306
老和尚帽子　6-086，7-127，7-464
老虎草 3-297
老虎脚爪草　3-297

老虎镣子　　4-203，5-314
老虎爪 2-029，4-471
老虎爪子　4-471
老虎嘴 7-663
老尖角 6-086
老君须 1-594，1-595，6-086，6-094
老开皮 5-637
老龙皮 1-570
老母猪耳朵　1-078，1-081，7-491
老母猪挂搭子　3-201
老母猪挂达子　7-491
老母猪哼哼　5-598，6-162，6-165，7-491，8-526
老母猪呼达　7-491
老母猪呼答　8-590，8-596
老母猪花　5-598
老母猪豁子　7-214
老牛锉 1-081，7-506，7-514，7-520，7-532，7-535
老牛错 7-506，7-514，7-532，7-535
老牛肝 1-059，1-444，3-448
老牛筋 1-012，2-572，2-573，2-574，3-448，4-077，
　4-152，4-432，4-552，5-065
老牛心 3-448
老牛拽 8-376
老披碱 8-453
老披碱草　8-453
老皮袄 4-144，7-214
老婆花 3-280，3-283，7-550
老婆婆花根　3-268
老婆子花　3-268，7-127
老羌谷 3-044
老枪谷 3-044
老山芹 5-423，5-426
老石棵子　5-065
老寿星 2-029
老鼠愁 7-491，7-582
老太太花根　3-268
老太太脚后跟　3-603
老头艾 7-253
老头儿秧　5-144
老哇芋头　8-203
老哇爪子　4-144
老蜗生 4-442
老乌眼 5-090，5-095，5-096，5-097，5-099
老鸦瓣 1-011，1-031，1-064，8-292，8-293，8-294
老鸦葱 7-663
老鸦雀食　5-065
老鸦食 5-065
老鸦眼睛　6-481
老鸦嘴 4-552
老雅蒜 8-256

老鹳膀子　　　7-550

涝豆秧 4-371，4-523

勒草　　2-426

勒马回 6-566

雷公藤属　　　5-077

雷窝子 1-254

肋果菘蓝　　　3-562

肋柱花 1-009，6-057，6-058

肋柱花属　　　6-057

类叶牡丹　　　3-352

类叶升麻　　　1-010，1-019，1-079，3-122，3-123，
　3-124，3-125，3-126，3-127

类叶升麻属　　　3-122

棱孔菌 1-426

棱榆 2-369

棱枝草 5-620

棱柱散尾菌　　　1-496

棱子芹 5-460，5-461，5-462

棱子芹属　　　5-460

冷草 6-589

冷蒿 7-337，7-338

冷杉属 1-413，2-184

冷水花属　　　2-447

狸藻　　　1-013，6-628，6-629

狸藻科 6-628

狸藻属 6-628

离褶伞属　　　1-226

梨形灰包　　　1-510

梨形马勃　　　1-010，1-510，1-511

梨属 2-468，4-247

犁头草 5-002，5-212，6-661，8-033

犁头刺 2-524

篱边黏褶菌　　　1-424

篱打碗花　　　6-167

篱天剑 6-167

藜　　　1-009，1-010，1-011，1-012，1-013，1-019，
　1-020，1-035，1-079，1-081，2-658，2-660，2-661，
　2-662，2-665，2-666，2-667，2-668，2-669，2-670，
　3-001，3-002，3-003，3-004，3-005，3-006，3-007，
　3-008，3-009，3-010，3-011，3-012，3-013，3-014，
　3-015，3-016，3-017，3-019，3-024，3-026，3-027，
　3-030，3-032，3-034，3-037，3-377，3-409，3-428，
　4-349，4-465，4-500，4-584，4-586，4-591，4-592，
　4-593，4-594，4-596，5-337，5-421，6-180，6-184，
　6-253，6-385，6-559，7-039，7-076，7-115，8-122，
　8-141，8-145，8-231，8-295，8-296，8-297，8-299，
　8-300，8-301，8-302，8-303，8-304，8-305，8-306，
　8-307，8-309，8-310，8-311

藜科　　　2-658，2-660，2-662，2-665，2-667，2-668，
　3-001，3-003，3-004，3-006，3-008，3-011，3-013，
　3-017，3-019，3-024，3-026，3-027，3-030，3-032，
　3-034，3-037，4-584，4-586，4-591，4-594，4-596，
　6-180，6-184

藜芦　　　1-009，1-010，1-011，1-013，1-019，1-035，
　1-081，3-409，3-428，4-500，5-337，5-421，6-385，
　6-559，7-076，7-115，8-122，8-141，8-145，8-295，
　8-296，8-297，8-299，8-300，8-301，8-302，8-303，
　8-304，8-305，8-306，8-307，8-309，8-310，8-311

藜芦花 8-122，8-295，8-297，8-301，8-303，8-304，
　8-307，8-310

藜芦属 1-081，8-295

藜属　　　2-660，2-665，2-667，2-668，3-001，4-591

蠡实 8-346

李属　　　1-412，1-413，2-467，2-468，4-292，4-299，
　5-088

李子　　　1-081，4-240，4-283，4-285，4-295，4-299，
　5-090，5-093，5-095，5-096，5-099

鳢肠　　　1-014，1-020，1-035，7-287，7-288

鳢肠属 7-287

立马追 6-101

栎　　　1-010，1-079，1-183，1-212，1-214，1-224，
　1-229，1-230，1-237，1-356，1-375，1-378，1-379，
　1-386，1-395，1-400，1-403，1-412，1-417，1-431，
　1-445，1-457，1-459，1-468，1-470，1-472，2-196，
　2-205，2-214，2-377，2-378，2-379，2-380，2-381，
　2-382，2-383，2-384，2-385，2-386，2-387，2-388，
　2-391，2-392，2-393，2-394，2-395，2-467，5-536，
　7-168

栎金钱菌　　　1-229

栎属　　　1-386，1-412，1-431，1-445，1-472，2-377，
　2-467

栎小皮伞　　　1-229，1-230

栎蕈菌 1-237

荔枝草 6-387，6-388，6-389

栗　　　1-013，1-212，1-214，1-261，1-270，1-314，
　1-382，1-401，1-402，1-409，1-444，1-500，1-531，
　1-590，2-037，2-040，2-071，2-083，2-084，2-100，
　2-130，2-135，2-299，2-318，2-374，2-375，2-376，
　2-378，3-384，3-538，4-023，5-648，6-410，7-578，
　8-387，8-571，8-597

栗果　　　2-374，2-375，2-376

栗褐暗孔菌　　　1-401，1-402

栗花灯心草　　　8-387

栗花灯芯草　　　8-387

栗色灯芯草　　　8-387

栗属 2-374

栗子　　　1-382，2-374，3-384

栗子蘑 1-382

砾玄参 6-556，6-557，6-558

痢疾草 4-144，4-147

连萼锦带花　　7-019

连明子 2-554

连钱草 2-529，6-102，6-303，6-304，6-305，7-201，
　7-277，8-006

连翘　　2-274，2-434，3-290，3-448，3-454，4-489，
　5-393，5-473，5-652，5-653，6-055，6-341，6-468，
　6-550，6-551，6-660，6-661，7-391，7-487，7-551，
　8-266，8-422

连翘属 5-652

连针　4-360

帘子草 4-307

莲　　　1-009，1-010，1-011，1-012，1-013，1-019，
　1-020，1-031，1-032，1-034，1-035，1-037，1-039，
　1-057，1-058，1-059，1-061，1-063，1-064，1-065，
　1-067，1-078，1-079，1-081，1-092，1-382，1-401，
　1-614，2-609，3-093，3-128，3-131，3-133，3-135，
　3-136，3-137，3-138，3-139，3-140，3-141，3-142，
　3-143，3-144，3-145，3-146，3-149，3-150，3-151，
　3-152，3-153，3-154，3-155，3-156，3-157，3-158，
　3-159，3-160，3-161，3-162，3-163，3-164，3-165，
　3-166，3-167，3-193，3-201，3-202，3-203，3-204，
　3-205，3-206，3-207，3-208，3-209，3-210，3-211，
　3-212，3-213，3-214，3-215，3-216，3-217，3-218，
　3-219，3-220，3-221，3-222，3-223，3-224，3-225，
　3-226，3-227，3-228，3-229，3-230，3-231，3-232，
　3-233，3-234，3-235，3-236，3-237，3-245，3-319，
　3-320，3-321，3-323，3-324，3-325，3-326，3-327，
　3-329，3-330，3-331，3-333，3-334，3-335，3-336，
　3-337，3-339，3-340，3-341，3-370，3-374，3-376，
　3-377，3-378，3-379，3-380，3-381，3-382，3-384，
　3-387，3-388，3-389，3-390，3-391，3-436，3-448，
　3-450，3-454，3-458，3-517，3-534，3-550，3-555，
　3-557，3-582，3-601，3-603，3-605，3-607，3-610，
　4-030，4-078，4-080，4-110，4-134，4-344，4-350，
　4-372，4-546，4-617，4-682，5-002，5-003，5-076，
　5-193，5-199，5-201，5-202，5-204，5-206，5-234，
　5-244，5-254，5-278，5-338，5-417，5-573，5-575，
　5-577，5-579，5-581，5-587，5-602，5-616，5-617，
　6-031，6-034，6-043，6-057，6-073，6-074，6-075，
　6-102，6-181，6-200，6-230，6-232，6-256，6-257，
　6-361，6-450，6-500，6-509，6-539，6-549，6-551，
　6-585，6-602，6-636，6-638，6-641，6-643，6-646，
　6-649，6-650，7-071，7-115，7-124，7-143，7-176，
　7-179，7-219，7-256，7-287，7-288，7-348，7-349，
　7-350，7-351，7-356，7-382，7-471，7-474，7-510，
　7-512，7-514，7-524，7-525，7-526，7-534，7-554，
　7-555，7-580，7-586，7-595，7-620，7-659，8-001，
　8-003，8-006，8-038，8-170，8-178，8-203，8-212，
　8-295，8-300，8-303，8-306，8-346，8-374，8-508，
　8-537，8-664

莲花　　1-009，1-010，1-011，1-012，1-013，1-019，
　1-020，1-031，1-034，1-037，1-039，1-057，1-061，
　1-063，1-065，1-067，1-078，1-079，1-081，1-382，
　1-401，3-128，3-131，3-133，3-135，3-136，3-137，
　3-138，3-139，3-140，3-141，3-142，3-143，3-144，
　3-145，3-146，3-149，3-150，3-151，3-152，3-153，
　3-154，3-155，3-156，3-157，3-158，3-159，3-160，
　3-161，3-162，3-163，3-164，3-165，3-166，3-167，
　3-202，3-204，3-205，3-207，3-208，3-210，3-212，
　3-215，3-216，3-217，3-218，3-220，3-222，3-223，
　3-224，3-225，3-226，3-227，3-228，3-229，3-230，
　3-233，3-234，3-236，3-237，3-319，3-320，3-321，
　3-323，3-324，3-325，3-326，3-327，3-329，3-330，
　3-331，3-333，3-334，3-335，3-336，3-337，3-339，
　3-340，3-341，3-370，3-378，3-379，3-380，3-387，
　3-388，3-389，5-587，5-616，5-617，6-073，6-074，
　6-075，7-554，7-555，8-170，8-178，8-203

莲花菜 6-075

莲花菌 1-382

莲蓬花 3-387

莲属　　3-201，3-378，3-387，5-616，7-124

莲叶荇菜　6-075

莲座蓟 1-012，7-071，7-524，7-525，7-526

镰刀菜 7-497

镰荚苜蓿　　4-444

凉黄瓜 3-603

凉子木 5-306，5-309

两栖蓼 2-493，2-494

两色鹿药　　8-267，8-268

两色乌头　　3-078，3-079，3-080，3-081

两头菜 3-093

两头尖 1-079，3-149，3-152

两型豆 4-322，4-323，4-324，4-325

两型豆属　　4-322

亮杆芹 5-051

亮秆芹 2-450

辽东赤松　　2-239

辽东赤杨　　2-332

辽东丁香　　6-011

辽东桦 2-354

辽东冷杉　　2-184

辽东栎 2-391，2-392

辽东桤木　　2-196，2-332，2-333，2-334，2-335

辽东楤 5-030

辽东山梅花　　4-006

辽东山樱　　4-280

辽东水蜡树　　1-014，5-664，5-665，5-666

辽东楤木　　1-010，1-080，5-322，5-323，5-324

辽东柞 2-391

辽椴　　1-080，5-132，5-133，5-134

辽藁本 1-013，1-031，1-058，1-064，5-433，5-434，5-435

辽吉侧金盏花 1-047，1-063，3-131，3-132

辽吉楲树 5-038

辽堇菜 5-199

辽宁扁核木 4-260

辽宁堇菜 5-195，5-196

辽宁山楂 1-009，4-236，4-237

辽茜草 6-142

辽沙参 5-420

辽瓦松 3-609

辽五味 3-064

辽细辛 1-011，1-031，1-051，1-058，1-059，1-060，1-061，1-064，3-408，3-409，3-410，3-412

辽杏 4-273

疗齿草 6-520，6-521

疗齿草属 6-520

疗毒草 5-189，6-142，6-331

疗毒蒿 6-134

了刁竹 6-101

蓼吊棵 2-495

蓼吊子 2-495，2-503，2-506

蓼科 2-474，2-476，2-478，2-480，2-482，2-484，2-486，2-488，2-491，2-493，2-495，2-498，2-501，2-503，2-506，2-508，2-510，2-511，2-514，2-516，2-518，2-520，2-522，2-524，2-528，2-530，2-533，2-535，2-538，2-539，2-542，2-544，2-547，2-549，2-552，2-554

蓼属 2-474，2-486，2-488

蓼子朴 7-249，7-251，7-252

燎毛蒿 7-378，7-382

料斗子 3-404

撂荒镣子 4-203

列当 1-010，1-012，1-013，1-020，1-027，1-064，6-606，6-610，6-611，6-612，6-613，6-614，6-615，6-616，6-617，6-618，6-619，6-620，6-621，6-623

列当科 6-606，6-610，6-613，6-616，6-618，6-620，6-621，6-623

列当属 6-610

裂瓣角盘兰 8-620，8-621

裂唇虎舌兰 8-602，8-603，8-604

裂刀菜 8-511

裂瓜 5-235，5-236，5-237，5-296

裂瓜属 5-235

裂芽肺衣 1-570，1-571

裂叶蒿 7-352，7-353，7-354

裂叶堇菜 5-189，5-190

裂叶荆芥 1-012，6-392，6-393，6-394，6-395，6-396，6-397

裂叶荆芥属 6-392

裂叶马兰 1-032，7-199，7-200，7-201

裂叶牵牛 6-192

裂叶山楂 4-229

裂叶水榆花楸 4-254

裂叶榆 1-174，2-186，2-405，2-406

裂褶菌 1-190，1-191

裂褶菌科 1-190

裂褶菌属 1-190

林艾蒿 7-355

林大戟 1-035，4-626，4-627

林地铁线莲 3-224

林孩儿参 2-589

林蓟 7-527，7-528，7-529

林荆子 4-240

林拉拉藤 6-129

林木贼 2-035，2-036

林生银莲花 3-139

林氏泽兰 7-140

林问荆 2-035

林下木贼 2-035

林荫千里光 1-010，7-451，7-452，7-453

林泽兰 7-140，7-141，7-142

林猪殃殃 6-129

临江延胡索 3-495，3-496

鳞盖红菇 1-329

鳞盖蜜环菌 1-241

鳞毛蕨科 2-134，2-135，2-138，2-140，2-141，2-142，2-143，2-144，2-146，2-157

鳞毛蕨属 2-135

鳞片龙胆 6-045

鳞伞属 1-250，1-284

鳞香菇 1-186

鳞叶龙胆 1-012，6-045，6-046

灵角 5-296

灵芝 1-009，1-010，1-035，1-047，1-059，1-060，1-061，1-062，1-063，1-064，1-070，1-076，1-097，1-444，1-445，1-446，1-447，1-448，1-449，1-450，1-451，1-452，1-453，5，6-602，8-668

灵芝草 1-447，6-602

灵芝科 1-444，1-447，1-450

灵芝属 1-444

铃铛菜 8-231，8-248

铃铛草 2-570，4-368，8-231

铃铛花 4-368，7-127，8-122

铃兰 1-010，1-020，1-081，8-122，8-123，8-124，8-125，8-126

铃兰属 8-122

铃铃香 7-219，7-220

铃铃香青 7-219，7-220

菱红菇 1-330

菱角　　5-252，5-254，8-390
菱角草 8-390
菱角秧子　　5-252，5-254
菱科　　5-252，5-254
菱属　　5-252
零余虎耳草　　4-033，4-034
零余子 2-442，3-589，8-321
零余子景天　　3-589
零余子荨麻　　2-442
溜溜酸 2-535，2-544
刘寄奴 3-448，6-563，6-565
刘小脚 8-101
流苏树 1-013，5-648，5-649
流苏树属　　5-648
琉璃草根　　6-205，6-206
琉璃草属　　6-205
硫黄多孔菌　　1-394
硫黄菌 1-009，1-064，1-070，1-079，1-394，1-395，
　　1-396，1-397
硫黄菌属　　1-394
硫色干酪菌　　1-394
硫色烟孔菌　　1-394
瘤果地构叶　　4-646
瘤毛獐牙菜　　1-011，1-032，6-061，6-062
柳穿鱼 1-012，6-502，6-503，6-504，6-505，6-506
柳穿鱼属　　6-502
柳芙蓉蒿　　6-134
柳蒿　　1-081，7-359，7-378，7-382
柳蒿芽 1-081，7-359
柳兰　　1-012，5-266，5-267，5-269，5-270，5-271
柳毛子 2-320，2-322，2-326，2-328
柳蘑　　1-254，1-273
柳属　　1-209，1-386，1-408，1-409，1-412，1-413，
　　1-431，1-445，1-472，2-296，2-312，2-468，5-222，
　　5-650，6-120
柳树　　1-021，1-079，1-249，1-254，1-255，2-291，
　　2-297，2-312，2-315，2-317，2-318，2-321，2-324，
　　2-325，2-327，5-650，5-655，5-660，6-182，7-366
柳树鹅 1-079，1-254
柳树蘑　　1-254
柳树藤子　　6-182
柳树钻 1-254
柳叶菜 1-013，5-258，5-260，5-263，5-266，5-272，
　　5-273，5-274，5-275，5-276，5-277，5-278，7-564
柳叶菜风毛菊 7-564
柳叶菜科　　5-258，5-260，5-263，5-266，5-272，
　　5-276，5-278
柳叶菜属　　5-266
柳叶风毛菊 7-564，7-565
柳叶鬼针草　　7-268，7-269，7-270

柳叶景天　　3-626
柳叶兰 5-266
柳叶婆婆纳　　6-594
柳叶沙参　　7-097
柳叶鼠李 5-088，5-089
柳叶绣线菊　　4-058
柳叶旋覆花 7-231，7-232，7-233
柳叶野豌豆　　4-534
六齿卷耳　　2-580，2-581
六道木 1-064，6-654，6-655，6-656
六道木属　　6-654
六棱草 1-060，6-142
六条木 6-654
六月菊 7-159，7-240
龙抱柱 8-657
龙昌菜 6-323
龙昌昌 6-319
龙常草 8-427
龙常草属　　8-427
龙胆　　1-009，1-010，1-011，1-012，1-019，1-031，
　　1-035，1-058，1-061，1-063，1-064，1-066，1-069，
　　1-072，1-079，2-541，4-526，5，5-233，6-018，
　　6-020，6-021，6-022，6-023，6-024，6-025，6-026，
　　6-027，6-028，6-029，6-030，6-031，6-034，6-037，
　　6-038，6-039，6-040，6-041，6-042，6-043，6-044，
　　6-045，6-046，6-047，6-048，6-049，6-050，6-051，
　　6-052，6-054，6-057，6-059，6-061，6-063，6-065，
　　6-066，6-246，7-120，7-453
龙胆草 2-541，4-526，6-018，6-020，6-022，6-025，
　　6-029，6-246，7-120，7-453
龙胆科 6-018，6-020，6-022，6-025，6-029，6-031，
　　6-034，6-037，6-040，6-042，6-045，6-047，6-049，
　　6-050，6-052，6-054，6-057，6-059，6-061，6-063，
　　6-065，6-066
龙胆属 6-020，6-050
龙江风毛菊 7-568，7-569
龙葵　　1-012，1-020，1-031，1-081，3-050，5-190，
　　6-480，6-481，6-482，6-483，6-484
龙舌草 1-013，8-047，8-048，8-049
龙头草属　　6-334
龙吐珠 4-086
龙须菜 1-011，1-078，1-081，6-075，8-104，8-105，
　　8-106，8-107，8-111，8-269，8-273
龙须草 6-304，8-445
龙须蒿 6-632
龙须子 1-078，6-179，6-182，6-184
龙牙草 4-077，7-173
龙芽草 1-012，1-032，1-042，3-201，3-536，4-077，
　　4-078，4-079
龙芽草属　　4-077

龙芽楤木　　　5-322
龙眼草　1-644，6-481
龙眼梳　1-422
龙爪菜　8-047
龙爪柳　2-316
隆纹黑蛋巢菌　1-530，1-531
笼头菌科　　　1-496
蒌　　1-009，7-359，7-360，7-361，7-362
蒌蒿　1-009，7-359，7-360，7-361，7-362
耧斗菜　1-009，1-010，1-013，1-063，1-064，3-167，
　　3-168，3-169，3-170，3-171，3-172，3-173，3-174，
　　3-175，3-176，3-177，3-178，3-179，3-180，3-181，
　　4-211
耧斗菜属　　　3-167
漏斗形杯伞　1-217
漏芦　1-009，1-064，4-647，5-330，7-486，7-489，
　　7-494，7-550，7-551，7-552，7-553
漏芦属　7-550
芦草　7-553，8-101，8-412
芦藜　8-122，8-231，8-295
芦莲　8-295
芦苇　1-013，1-031，1-081，8-410，8-412，8-413，
　　8-414，8-415
芦苇属　8-410
芦苇子　8-412
庐山堇菜　　　5-195
陆英菜　7-550
鹿儿葱　8-074
鹿含草　5-500，5-507，5-509
鹿角茶　2-026
鹿角卷柏　　　2-026
鹿角漆树　　　5-013
鹿莲　1-081，8-295，8-300，8-303，8-306
鹿铃　8-122
鹿铃草　8-122
鹿蕊　1-009，1-574，1-575
鹿蕊属　1-574
鹿寿草　5-500，5-507
鹿寿茶　5-500，5-507
鹿蹄草　1-009，1-010，1-032，1-063，5-486，5-488，
　　5-490，5-492，5-494，5-496，5-498，5-499，5-500，
　　5-501，5-502，5-503，5-504，5-505，5-506，5-507，
　　5-508，5-509，5-510，5-511
鹿蹄草科　　　5-486，5-488，5-490，5-492，5-494，
　　5-496，5-498，5-500，5-504，5-507，5-509
鹿蹄草属　　　5-498
鹿蹄叶　2-486
鹿心草　6-050
鹿药　　1-010，1-011，1-019，1-078，8-260，8-261，
　　8-262，8-263，8-264，8-265，8-266，8-267，8-268

鹿药属　8-260
鹿以子菜　　　3-352
路边青　1-012，3-124，4-101，4-102，4-103
路边青属　4-101
露水豆　5-238，8-326
露珠草　1-010，5-258，5-259，5-260，5-263，5-264，
　　5-265
露珠草属　5-258
驴饽饽　4-448
驴打滚儿　　　7-598，7-605
驴打滚儿草　　7-598
驴屎菜　8-498
驴屎带羹匙　　8-495，8-504
驴屎芹　8-498
驴儿菜　7-238，7-240
驴耳草　8-033
驴耳朵　1-081，2-508，6-636，6-640，6-643，7-147，
　　7-234，8-033
驴耳朵菜　　　1-081，6-636，6-640，6-643，7-147，
　　7-234
驴耳风毛菊　　7-556
驴粪蛋子花　　7-550
驴干粮　4-346
驴夹板　4-307，7-034，7-147
驴夹板菜　　　7-147
驴笼棵　3-211
驴笼头　3-204，3-211，4-535
驴笼头菜　　　3-204，3-211
驴笼头菜根　　3-211
驴卵子花　4-502
驴马笼头　3-211
驴欺口　1-012，7-489，7-490
驴蹄菜　3-184，3-187
驴蹄草　1-013，3-182，3-183，3-184，3-185，3-186，
　　3-187，3-188，3-189，6-075，7-434
驴蹄草属　　　3-182
驴蹄叶　3-187，6-075，7-214
驴蹄叶子　　　6-075
驴蹄子菜　　　7-214
驴尾巴蒿　6-589
驴旋子草　6-142
履状囊兰　8-597
履状杓兰　8-597
绿宝铎草　8-127
绿萼水珠草　　5-262
绿菇　1-331
绿广东　2-121
绿果黄花落叶松　　　2-197
绿花凹舌兰　　8-583
绿蓟　1-014，7-530，7-531

绿蓝花 6-509

绿苋 3-050

绿叶悬钩子　4-201，4-202

绿珠藜 3-006

绿竹 8-454

葎草　1-012，1-031，1-079，2-426，2-427，2-428，
　3-546，3-568，6-088

葎草属 2-426

葎叶蛇葡萄　1-012，5-109，5-110

孪生堇菜　5-177

栾华 5-044

栾树　5-044，5-045

栾树属 5-044

卵盘鹤虱　6-211，6-212，6-213

卵穗薹草　8-579

卵叶扭柄花　1-081，8-283，8-284，8-285

卵叶芍药　3-416

卵叶鸭跖草　8-394

卵叶玉簪　8-167

卵叶远志　5-004

卵叶蚤缀　2-570

卵叶獐牙菜　6-065

轮花筋骨草　6-262

轮花马先蒿　6-544

轮叶八宝　3-586，3-587，3-588

轮叶百合　8-203

轮叶贝母　1-009，8-143，8-144，8-145

轮叶党参　7-117

轮叶腹水草　6-589

轮叶狐尾藻　5-284

轮叶景天　3-586

轮叶马先蒿　6-544，6-545

轮叶婆婆纳　6-589

轮叶沙参　1-011，1-019，1-035，1-081，7-074，
　7-075，7-076，7-077

轮叶委陵菜　4-140，4-141

罗布麻　1-012，6-082，6-083，6-085

罗布麻属　6-082

罗鳞伞属　1-284

罗芹 5-482

萝卜芁 6-031

萝萝蔓 3-222

萝藦　1-012，1-080，6-086，6-089，6-091，6-094，
　6-097，6-099，6-101，6-104，6-106，6-108，6-109，
　6-112，6-114，6-116，6-117，6-118，6-119，6-121

萝藦科　6-086，6-089，6-091，6-094，6-097，6-099，
　6-101，6-104，6-106，6-109，6-112，6-114，6-116，
　6-121

萝藦属 6-116

螺丝钻 6-331

螺蛳菜 6-423

螺蛳钻　1-080，6-423

裸报春 5-604

裸口蘑 1-232

裸伞属 1-286

裸子蕨科　2-088，2-090

裸子植物　2-181，8，8-672

洛氏堇菜　5-195

洛雪堇菜　5-195

洛阳花　2-611，2-616

骆驼蒿　4-594，7-346

骆驼毛草　7-405

骆驼蓬　4-594，4-595

骆驼蓬属　4-594

落斗 3-404

落豆秧　1-079，1-080，4-322，4-371，4-409，4-412，
　4-413，4-414，4-416，4-418，4-523，4-525，4-527，
　4-530，4-532，4-534

落新妇　1-010，1-019，1-078，3-642，3-643，3-644，
　3-645，3-646，3-647

落新妇属　3-642

落叶松　1-020，1-035，1-212，1-395，1-413，1-424，
　1-434，1-436，1-611，2-107，2-186，2-191，2-192，
　2-193，2-194，2-195，2-196，2-197，2-198，2-199，
　2-200，2-201，2-209，2-214，2-225，2-237，4-026，
　4-107，4-194，5-499，5-518，5-536，5-548，5-551，
　5-558，6-398

落叶松属　1-413，2-191

落褶菌 1-296

M

妈妈草 8-101

麻花头　7-570，7-574，7-575，7-577，7-578，7-579

麻花头属　7-570

麻黄　1-012，2-037，2-046，2-272，2-273，2-274，
　2-275，2-276，2-277，2-457，2-470，3-067，3-348，
　3-410，4-267，4-268，4-276，4-558，4-635，6-551，
　7-071，7-385

麻黄草　2-037，2-272，2-273，2-276，2-277

麻黄科　2-272，2-273，2-276，2-277

麻黄属 2-272

麻栎　2-377，2-378

麻栗窝菌　1-382

麻柳 2-291

麻落粒 2-665

麻配 6-657

麻绳菜 1-131

麻氏紫菀　7-156

麻腿 5-046

麻叶风轮菜　6-270

麻叶千里光　　1-009，1-061，7-454，7-456，7-457，
　7-459，7-460
麻叶荨麻　　1-012，2-452，2-453，2-454
麻叶绣球　　4-071
麻枣子 3-444
马鞍草 4-523
马鞍树属　　4-436
马拌肠 4-333
马鞭草科　　6-238，6-240，6-242，6-244，6-247，
　6-251
马勃　　1-010，1-012，1-013，1-031，1-034，1-079，
　1-500，1-506，1-507，1-508，1-509，1-510，1-511，
　1-512，1-513，1-514，1-515，1-516，1-518，1-526，
　1-527，3-370，8-006
马勃科 1-506，1-508，1-509，1-510，1-512，1-515，
　1-516，1-518，1-527
马勃属 1-079，1-506，1-512，1-527
马勃状硬皮马勃　　　1-526，1-527
马草　　8-444，8-454
马层子 4-339，4-448
马齿菜 2-564
马齿苋 1-012，1-031，1-057，1-079，2-408，2-564，
　2-565，2-566，2-567，3-270，3-315，4-145，4-611，
　5-167，5-592，6-508，7-039，8-352
马齿苋科　　2-564
马齿苋属　　2-564
马蹬草 2-112
马兜铃科　　3-400，3-404，3-408，3-411
马兜铃属　　3-400
马儿草 8-454
马耳草 8-454
马耳朵草　　8-454
马粪包 1-079，1-506，1-508，1-509，1-510，1-512，
　1-515，1-516，1-518，1-527
马红枣 4-209
马猴枣 4-209
马胡枣 8-256
马加木 4-256
马家木 4-256
马来眼子菜　　8-065
马兰　　1-012，1-032，1-081，5-595，6-133，6-304，
　7-152，7-193，7-194，7-195，7-196，7-197，7-198，
　7-199，7-200，7-201，7-202，7-203，7-209，8-342，
　8-346，8-357，8-360，8-366，8-370，8-374，8-392
马兰花 1-081，7-194，7-196，7-197，7-198，7-199，
　7-201，7-202，8-342，8-346，8-357，8-360，8-366，
　8-370，8-374
马兰菊 7-199，7-202
马兰属 7-193
马兰头 7-196

马狼柴 4-375
马狼秆 4-375
马莲　　8-346，8-374
马莲子 8-346
马林果 4-203
马蔺　　1-012，1-020，1-024，1-031，1-081，8-346，
　8-347，8-348，8-349，8-351，8-352，8-376
马笼头 3-201，3-204，3-211
马木通 3-400
马尿花 8-045
马尿骚 1-060，1-078，7-001，7-007
马尿骚条子 7-001
马尿臊 7-001，7-007
马尿烧 7-001，7-007
马尿溲 4-053，4-058，5-085
马屁包 1-512，1-516，1-518
马屁眼子　　7-550
马蛇菜 2-624
马蛇子菜　　1-079，2-564
马生菜 2-564，2-620
马食菜 2-564
马氏贝母　　8-143
马氏醋李　　4-010
马氏飞燕草　　3-238
马氏忍冬　　6-665
马氏紫菀　　7-156
马唐　　8-467，8-468，8-469，8-470，8-471
马唐属 8-467
马蹄菜 7-214
马蹄草 3-184，3-187，7-434，8-565
马蹄秧 6-075
马蹄叶 1-078，7-214，7-431，7-434，7-438，7-442
马蹄叶子　　1-078，7-431，7-434，7-438，7-442
马蹄紫菀　　7-434
马尾黄连　　3-317
马尾连 3-317
马尾松 2-230，2-235
马尾藻科　　1-142
马尾藻属　　1-142
马先蒿 1-010，1-012，1-013，4-355，6-522，6-523，
　6-524，6-525，6-526，6-527，6-528，6-529，6-530，
　6-531，6-534，6-535，6-536，6-537，6-538，6-539，
　6-541，6-542，6-543，6-544，6-545
马先蒿属　　6-522
马牙草 8-466
马缨花 4-304
马枣子 1-081，3-444
马掌菜 7-431，7-434，7-438，7-442
蚂蚁菜 2-564
蚂蚁窝 6-525

蚂蚱菜 2-564，2-620，2-624，2-650
蚂蚱腿 4-065，5-390
麦毒草 2-604
麦蒿子 3-544
麦黄草 3-512
麦黄杏 4-265
麦家公 6-218
麦角菌科　　1-534，1-537，1-539
麦蓝菜 1-032，2-653，2-654，2-655
麦蓝菜属　　2-653
麦蓝子 2-653
麦瓶草 2-643，2-645，2-647，2-649，2-650
麦氏埃蕾　　6-018
麦穗草 8-449
麦仙翁 2-604，2-605
麦仙翁属　　2-604
脉叶野豌豆　　4-534
蛮老婆针　　7-274
满江红 2-178，2-179
满江红科　　2-178
满江红属　　2-178
满山红 2-553，4-209，5-533，5-538，5-541，6-003
满天星 7-620，7-637
满洲茶藨子　　4-014
曼点点地梅　　5-579
曼陀罗 1-012，1-020，1-032，1-045，4-379，4-681，
　　6-444，6-445，6-446，6-447，6-448，6-449
曼陀罗属　　6-444
蔓出卷柏　　2-028
蔓孩儿参　　1-010，2-591，2-592
蔓黄芪 4-349
蔓假繁缕　　2-591
蔓茎蝇子草　　2-647，2-648
蔓荆实 6-251
蔓荆子 2-479，3-532，6-251，6-253，6-341，7-235，
　　7-239，7-244，8-349
蔓麦瓶草　　2-647
蔓首乌 2-482
蔓委陵菜　　4-121，4-158
蔓乌头 1-019，3-097，3-098，3-099，3-100，3-101
蔓野蔷薇　　4-166
蔓越桔 5-556，5-558
蔓越橘 5-556，5-558
蔓子草 8-456
牤牛茶 4-426
牤牛尾 4-101
芒　　2-028，2-043，2-154，2-155，2-374，2-377，
　　2-393，2-429，2-520，2-541，2-546，3-050，3-051，
　　3-626，3-630，3-635，3-639，4-030，4-110，4-426，
　　4-428，4-493，4-552，4-574，4-630，4-657，4-668，

5-140，5-392，5-410，5-515，5-623，6-032，6-294，
6-314，6-498，6-499，6-586，6-632，7-056，7-105，
7-116，7-285，7-486，8-380，8-409，8-417，8-419，
8-428，8-429，8-434，8-439，8-447，8-449，8-451，
8-455，8-458，8-461，8-462，8-463，8-464，8-465，
8-466，8-471，8-473，8-474，8-475，8-477，8-479，
8-481，8-488，8-552，8-575
芒草 8-458，8-461，8-479
芒属　　8-458，8-463
芒小米草　　6-498，6-499
芒种草 6-586
茫草　　1-013，6-500，6-501，8-563
牻牛儿苗　　1-012，1-032，4-552，4-553，4-554，
　　4-555，4-556，4-560，4-562，4-564，4-567，4-568，
　　4-570，4-572，4-574，4-577，4-580
牻牛儿苗科　　4-552，4-554，4-556，4-560，4-562，
　　4-564，4-567，4-568，4-570，4-572，4-574，4-577，
　　4-580
牻牛儿苗属　　4-552
牻牛卡架　　3-190，3-194
猫把蒿 1-080，6-258
猫蛋草 4-368
猫儿刺 2-528
猫儿菊 7-589，7-591，7-592，7-593，7-594
猫儿菊属　　7-589
猫儿眼 2-491，4-616，4-628，4-634
猫儿眼睛　　2-491，4-616
猫耳草 3-579，6-602
猫耳朵 1-078，3-258，3-550，6-602，7-586
猫耳朵菜　　1-078，3-550
猫耳朵草　　7-586
猫耳旋蒴苣苔　　6-602
猫铃铛草　　4-368
猫毛草 8-444
猫舌草 2-528
猫蹄芹 3-311
猫头草 8-038
猫头刺 4-471，4-472，4-473，4-474
猫头花 3-280，4-368
猫头花毛　　3-280
猫尾巴 2-438，2-522，4-466，6-258，8-483
猫尾巴草　　8-483
猫尾巴蒿　　2-438
猫尾巴花　　4-466
猫尾巴香　　6-258
猫尾草 8-436
猫眼草 4-616，4-618，4-626，4-628，4-634，4-637
猫眼根子　　1-059，1-080，4-618
猫眼花 4-614，4-618，5-598
猫眼睛 7-069

猫爪子 1-078，2-074，3-268，3-303，3-308，3-311，
　3-314，4-144，4-152，4-457
猫爪子菜　　　3-311，4-144
猫爪子花　　　3-268，4-457
毛百合 1-019，1-081，8-178，8-179，8-180，8-181
毛败酱 7-047
毛瓣白刺　　　4-584
毛柄环绣伞　　1-271
毛柄金钱菌　　1-209
毛柄库恩菌　　1-271，1-272
毛柄鳞伞　　　1-271
毛柄珠黄芪　　4-331
毛赤杨 2-332
毛地蔷薇　　　4-082，4-083
毛萼麦瓶草　　2-647
毛萼香芥　　　3-559
毛蜂窝菌　　　1-422
毛扶栘 4-221
毛秆野古草　　8-466
毛革盖菌　　　1-410
毛茛　 1-012，1-013，1-020，1-078，3-078，3-082，
　3-084，3-087，3-090，3-093，3-097，3-099，3-102，
　3-106，3-109，3-111，3-114，3-118，3-120，3-122，
　3-125，3-128，3-131，3-133，3-135，3-139，3-142，
　3-147，3-149，3-153，3-155，3-158，3-160，3-162，
　3-164，3-167，3-169，3-172，3-176，3-178，3-182，
　3-184，3-187，3-190，3-194，3-198，3-201，3-204，
　3-208，3-211，3-215，3-217，3-219，3-222，3-224，
　3-226，3-228，3-230，3-232，3-234，3-236，3-238，
　3-242，3-245，3-250，3-254，3-256，3-257，3-258，
　3-261，3-263，3-265，3-268，3-272，3-278，3-280，
　3-283，3-286，3-287，3-288，3-289，3-292，3-293，
　3-294，3-295，3-297，3-298，3-299，3-300，3-301，
　3-302，3-303，3-306，3-308，3-311，3-314，3-317，
　3-319，3-324，3-330，3-335，3-336，7-462
毛茛科 3-078，3-082，3-084，3-087，3-090，3-093，
　3-097，3-099，3-102，3-106，3-109，3-111，3-114，
　3-118，3-120，3-122，3-125，3-128，3-131，3-133，
　3-135，3-139，3-142，3-147，3-149，3-153，3-155，
　3-158，3-160，3-162，3-164，3-167，3-169，3-172，
　3-176，3-178，3-182，3-184，3-187，3-190，3-194，
　3-198，3-201，3-204，3-208，3-211，3-215，3-217，
　3-219，3-222，3-224，3-226，3-228，3-230，3-232，
　3-234，3-236，3-238，3-242，3-245，3-250，3-254，
　3-256，3-258，3-261，3-263，3-265，3-268，3-272，
　3-278，3-280，3-283，3-286，3-287，3-289，3-292，
　3-295，3-297，3-303，3-306，3-308，3-311，3-314，
　3-317，3-319，3-324，3-330，3-335，3-336
毛茛属 3-254，3-286
毛梗豨莶　　　7-304，7-305，7-306

毛梗鸦葱　　　7-657，7-658
毛梗蚤缀　　　2-574
毛狗草 8-483，8-486
毛姑朵花　　　3-265，3-268，3-272，3-278，3-280，
　3-283
毛管菜 8-231
毛果胡枝子　　4-426
毛果堇菜　　　5-193
毛果香茶菜　　6-374
毛果一枝黄花　7-204
毛果银莲花　　3-162，3-163
毛蒿豆 5-556，5-558
毛花松下兰　　5-493
毛铧尖 7-167
毛铧尖子　　　7-167
毛黄连 3-359
毛黄栌 5-006，5-007
毛棘豆 4-454，4-466，4-467，4-470
毛尖　 1-623，3-466，6-284，6-365
毛尖茶 6-284，6-365
毛建草 1-012，3-297，6-284，6-285
毛节缬草　　　7-055，7-058，7-059
毛金腰 3-657，3-658
毛金腰子　　　3-657
毛茎花葱　　　6-148
毛梾　 5-309，5-310，5-311
毛梾木 5-309，5-310，5-311
毛狼毒大戟　　4-623
毛笠莎草　　　8-569
毛连菜 7-643，7-644，7-645
毛连菜属　　　7-643
毛莲蒿 7-350，7-351
毛驴子耳朵　　8-033
毛马唐 8-470，8-471
毛脉械 5-038
毛脉酸模　　　2-547，2-548
毛脉卫矛　　　5-070，5-072，5-073
毛曼陀罗　　　1-032，6-448，6-449
毛毛狗 8-486
毛毛蒿 7-163
毛木耳 1-010，1-459
毛平车前　　　6-642
毛荠苨 6-345
毛牵牛 6-187
毛韧革菌　　　1-359
毛蕊卷耳　　　2-576，2-577
毛蕊老鹳草　　1-009，4-556，4-557，4-558，4-559
毛山菊 7-401
毛山里红　　　4-233
毛山楂 1-020，1-032，1-041，4-233，4-234，4-235

毛栓菌 1-359，1-409，1-410
毛水苏 1-013，6-427，6-428，6-429，6-431
毛酸浆 1-061，1-092，6-470，6-471，6-472
毛穗藜芦　　1-009，1-035，8-300，8-301，8-302
毛筒黄精　　8-237
毛筒玉竹　　1-019，1-035，8-237，8-238，8-239
毛头鬼伞　　1-256，1-257
毛头蒿 7-209
毛头乳菇　　1-334
毛腿　 7-140
毛豨莶 7-301
毛叶老牛筋　　2-574
毛叶悬钩子　　4-195
毛叶蚤缀　　2-574，2-575
毛叶沼泽蕨　　2-107
毛罂粟 3-520
毛樱桃　　4-288，4-289，4-290，4-291
毛莠莠 8-483
毛缘剪秋萝　　2-630
毛云芝 1-410，1-411
毛泽兰 7-140
毛章　 7-167
毛榛　 1-020，1-060，1-081，2-366，2-367，2-368
毛榛子 2-366
毛枝云杉　　2-201
毛轴鹅不食　　2-572
毛轴蚤缀　　2-572
毛嘴地星　　1-503
矛盾草 2-056
矛枪菜 7-497
茅草　 2-437，8-456
茅草根 2-437，8-456
茅膏菜科　　3-462，3-466
茅膏菜属　　3-462
茅莓　 1-011，2-005，4-198，4-199，4-200，4-655
茅莓悬钩子　　4-198
茅香属 8-440
铆钉菇 1-013，1-064，1-079，1-300，1-301
铆钉菇科　　1-300
铆钉菇属　　1-300
帽头菜 7-464
帽子草 8-038
帽子花 8-390
玫瑰　 1-014，1-032，1-040，1-064，1-580，4-171，
　　4-172，4-173，4-174，4-175，4-532，4-584，5-272，
　　5-276，5-606，6-170，6-215，6-289，6-292，6-556，
　　6-601，7-020，8-637
玫瑰花 1-040，4-171，4-172，4-173，4-174
莓叶委陵菜　　4-152，4-153
梅花草 1-009，3-673，3-674，3-675

梅花草属　　3-673
梅花衣 1-591
梅笠草 5-488，5-490
梅衣科 1-588，1-590，1-591
梅衣属 1-590
美豆　 2-448，2-450
美妇人 5-144
美国械 5-040
美汉草 6-334
美汉花 6-334
美花风毛菊　　7-561，7-562，7-563
美丽茶藨　　4-021，4-022
美丽茶藨子　　4-021，4-022
美丽风毛菊　　7-561
美丽列当　　6-620
美丽鳞毛蕨　　2-142
美人松 2-242
美味红菇　　1-323
美味牛肝菌　　1-010，1-061，1-064，1-078，1-079，
　　1-312，1-313
美味松乳菇　　1-332
蒙椴　 5-135，5-136
蒙古败酱　　7-043
蒙古苍耳　　7-314，7-315，7-316
蒙古糙苏　　6-365
蒙古葱 8-099
蒙古蒿 7-365
蒙古鹤虱　　6-211
蒙古红门兰　　8-637
蒙古黄芪　　4-345
蒙古黄榆　　2-413
蒙古鸡儿肠　　7-202
蒙古荚蒾　　7-011，7-012
蒙古堇菜　　5-216，5-217
蒙古锦鸡儿　　4-357
蒙古韭 8-099，8-100
蒙古栎 1-010，1-079，1-183，1-212，1-214，1-224，
　　1-356，2-196，2-205，2-214，2-381，2-382，2-383，
　　2-384，2-385，2-391，5-536，7-168
蒙古柳 2-328
蒙古马兰　　7-202，7-203
蒙古蒲公英　　8-004
蒙古沙拐枣　　2-476
蒙古沙参　　7-090
蒙古山萝卜　　7-065
蒙古石竹　　2-614
蒙古糖芥　　3-555，3-556
蒙古芯芭　　6-494，6-495
蒙古绣球花　　7-011
蒙古菀 1-012，6-242，6-243

1-584，2-433，4-497

木耳科 1-456，1-459

木耳属 1-456

木防己 1-014，3-364，3-365，3-366，3-436

木防己属　　3-364

木瓜　5-046，5-320，5-473，6-032，6-122

木槿属 5-144

木茎山金梅　　4-219

木兰科 3-056

木兰属 3-056

木蓝属 4-398

木蓼属 2-474

木灵芝 1-450

木栾 5-044

木麻黄 2-277

木梳草 8-101

木蹄　1-010，1-093，1-431，1-432，1-433

木蹄层孔菌　　1-010，1-093，1-431，1-432，1-433

木天蓼 3-440，3-444

木通　1-011，1-019，1-021，1-032，1-061，1-064，
　2-268，2-489，2-490，2-613，3-010，3-116，3-201，
　3-228，3-400，3-401，3-402，3-403，3-678，4-497，
　6-483，7-071，7-510，7-512，8-382

木通花 3-201

木通马兜铃　　1-011，1-019，1-021，1-032，1-061，
　1-064，3-400，3-401，3-402，3-403

木樨菜 4-448

木樨科 5-648，5-650，5-652，5-654，5-658，5-661，
　5-662，5-664，6-002，6-006，6-008，6-011，6-012，
　6-014

木香薷 1-013，6-288，6-289

木旋花 6-176

木贼　1-010，1-020，1-025，1-031，1-057，1-059，
　1-061，1-079，1-093，2-034，2-035，2-036，2-037，
　2-040，2-041，2-042，2-043，2-044，2-045，2-046，
　2-258，2-277，2-662，2-663，2-664，4-592，5-149，
　7-039

木贼草 2-043，7-039

木贼科 2-034，2-035，2-037，2-040，2-043，2-046

木贼麻黄　　2-277

木贼属 2-034，2-662

苜蓿　3-653，4-440，4-441，4-442，4-443，4-444，
　4-445，4-446，4-447，4-448，4-515

苜蓿属 4-440

牧地山黧豆　4-407，4-408

牧地香豌豆　4-407

牧根草 7-101，7-102，7-103，7-104

牧根草属　　7-101

牧马豆 4-507，4-508

墓头灰 7-045

墓头回 1-013，7-042，7-045，7-046

N

奶浆藤 6-116

奶参　7-117

奶树　7-121

奶汁菇 1-339

南芥属 3-530

南龙须菜　　8-111

南牡蒿 7-376，7-377

南沙参 7-074，7-076

南山堇菜　　5-191，5-192

南蛇藤 1-013，1-054，1-080，1-081，5-062，5-063，
　5-064，5-065，5-066，5-067

南蛇藤属　　5-062

南玉带 1-081，8-111，8-112，8-113

南玉帚 8-111

囊毛鱼黄草　　6-185

挠挠糖 6-220

嫩青蒿 7-374

尼泊尔蓼　　1-012，2-491，2-492

泥菖蒲 8-492

泥胡菜 1-014，7-542，7-543，7-544，7-570，7-571，
　7-572，7-573，7-574

泥胡菜属　　7-542

泥茜　5-286

泥炭藓科　　1-610

泥炭藓属　　1-610

拟蚕豆岩黄芪 1-064，4-391，4-392，4-393

拟蚕豆岩黄耆 4-391

拟层孔菌属　　1-434

拟臭黄菇　　1-328

拟虎鸢尾　　8-374

拟迷孔菌属　　1-399

拟漆姑 2-568，2-569

拟漆姑属　　2-568

拟芸香属　　4-660

鲇鱼须 8-276

鲇鱼须菝葜　　8-276

黏不扎 7-301，7-305

黏不沾 7-301，7-305，7-491

黏不住 7-301

黏苍子 7-301，7-305，7-491

黏盖环锈伞　　1-275

黏盖牛肝菌属　　1-314

黏果树 5-074

黏糊草 7-301，7-305

黏滑菜 5-146

黏毛黄芩　　6-400，6-401，6-403，6-404

黏毛蓼 2-501

黏皮鳞伞　　　　1-275

黏人裙 6-632

黏身草 7-271，7-277

黏团子 1-308，1-310，1-314，1-316，1-317

黏委陵菜　　　　4-156

黏小奥德蘑　1-204

黏叶草 7-643

黏褶菌属　　　　1-424

黏珠子 6-209，6-211

黏抓草 7-301

念珠根黄芩　　　6-419

念珠根茎黄芩　　6-419，6-420

念珠藻 1-079，1-110，1-111，1-112，1-113

念珠藻科　　　　1-110，1-113

念珠藻属　　　　1-110

娘娘拳 3-454，6-142

鸟巢菌科　　　　1-531

鸟巢兰 8-632

尿泡草 4-502

宁夏枸杞　　　　6-460，6-461

宁夏黄芪　　　　4-351

柠鸡儿 4-360

柠角　　　4-363

柠条　　　4-360，4-363，4-365，4-366，4-367

柠条锦鸡儿　　　4-365，4-366，4-367

拧劲兰 8-657

牛蒡　　　1-011，1-012，1-020，1-031，1-057，1-078，
　　　1-081，4-344，4-489，6-077，6-215，6-560，6-638，
　　　6-660，7-129，7-491，7-492，7-493，7-494，7-553，
　　　7-582，7-583，7-584，7-585，8-006，8-349，8-523

牛蒡属 7-491，7-582

牛鼻子 2-508

牛扁　　　1-012，3-090，3-091，3-092

牛波罗盖　　　　3-303，7-214

牛槽子 7-491

牛插鼻 7-542

牛茶　　　4-426，6-082

牛戳口 7-535

牛叠肚 1-035，1-049，1-060，1-081，4-203，4-204，
　　　4-205

牛耳草 6-602

牛耳茶 6-602

牛耳大黄　　　　2-549

牛耳朵草　　　　8-390

牛繁缕 2-584

牛肝菌科　　　　1-304，1-308，1-310，1-312，1-314，
　　　1-316，1-317

牛肝菌属　　　　1-304，1-308，1-312，1-314

牛叫馍 5-417

牛筋草 8-421，8-422

牛筋子 4-426

牛李子 5-090

牛泷草 5-258

牛卵子花　　　　8-590，8-596

牛馒头 7-550

牛蔓 6-142

牛毛菜 1-158，1-159

牛毛广 1-079，2-062，2-065

牛毛广东　　　　1-079，2-062，2-065

牛毛蒿 7-378，7-382

牛毛七 1-614

牛毛毡 2-642，8-548，8-549

牛奶草 4-446

牛奶菇 1-339

牛奶子 1-014，5-166，5-167，7-654，8-018

牛皮茶 2-161，5-520

牛皮杜鹃　　　　1-020，1-022，1-033，1-063，1-069，
　　　5-520，5-521，5-523，5-524

牛漆姑草　　　　2-568

牛舌草 6-636，6-643

牛尾巴吊　　　　3-448

牛尾巴蒿　　　　7-163

牛尾菜 1-011，1-078，8-269，8-270，8-271，8-272，
　　　8-273，8-274，8-275

牛尾大活　　　　5-325

牛尾蒿 7-363

牛西西 2-552，2-553

牛膝　　　2-017，2-421，2-470，2-608，3-042，3-043，
　　　3-147，3-148，3-152，3-169，3-172，3-186，3-311，
　　　4-211，4-344，4-647，5-076，5-149，5-316，5-320，
　　　6-032，6-122，6-550，6-560，6-601，7-289，7-290，
　　　8-607

牛膝盖 3-169，3-172，3-311

牛膝菊属　　　　7-289

牛膝属 3-042

牛心菜 1-079，3-448，3-454

牛心茶 3-448

牛心朴 6-097

牛枝子 4-426

扭柄花属　　　　8-283

扭劲草 8-657

扭扭兰 8-657

扭树 5-074

农吉利 4-368

脓疮草 6-350，6-351

脓疮草属　　　　6-350

女肠 7-209

女儿红 4-253

女儿木 1-080，4-253，5-300

女娄菜 2-638，2-639，2-640，2-641，2-642，2-645，

6-019

女菀　1-012，7-171，7-209，7-211，7-212，7-213

女菀属 7-209

女贞属 5-664

糯蒿 6-546

O

欧车前 6-646

欧豆　5-097

欧李　1-013，1-032，4-014，4-283，4-284

欧蓍 7-325

欧石头花　2-620

欧缬草 7-055

欧亚列当　6-618

欧亚绣线菊　4-067，4-068

欧亚旋覆花　1-020，1-035，7-238，7-239

欧洲车前　6-646

欧洲菊苣 7-595

欧洲囊兰 8-597

欧洲千里光　7-448，7-449，7-450

欧洲桑寄生　2-466

欧洲杓兰 8-597

欧洲菟丝子　6-184

P

爬地松 1-079，2-235

爬拉殃 6-132

爬墙虎 5-116，5-120

爬山虎 3-667，3-671，5-062，5-116，5-117，5-118，
　5-119，5-120，6-187，6-192，8-316

爬山龙 2-016

爬山松 2-254

爬山秧子　3-367

爬松 2-235

耙齿菌 1-412

排香草 6-258

徘徊草 4-171

攀倒甑 1-011，7-047，7-048，7-049

攀援天门冬　8-114，8-115

盘菌科 1-552

盘菌属 1-552

盘龙草 7-167，8-657

盘龙参 8-638，8-657，8-658，8-659

旁风 3-530，5-469

狍羔草 8-458，8-461

狍羔子草　8-458，8-461

狍子腔 3-394

狍子屁股　1-377

泡卵子花　8-590，8-596

泡囊草 1-009，6-473，6-474，6-475

泡囊草属 6-473

泡囊蕨 2-128

泡泡　4-462，4-464，4-465，4-475，6-158，6-466

泡泡草 4-462，4-464，4-465，6-466

泡泡豆 4-462

泡小檗 3-349

泡质盘菌　1-552，1-553

泡状火菇 1-276

喷嚏草 8-295

蓬草　1-013，1-064，1-597，2-601，3-027，3-303，
　3-306，3-308，3-311，3-314，3-384，3-385，3-386，
　7-163，7-164，7-165，7-166，7-182

蓬蒿 7-163，7-333，7-461

蓬蒿草 7-163

蓬蘽 4-203

蓬蘽悬钩子 4-203

蓬子菜 1-020，6-134，6-135，6-136，6-137，6-139

蓬子菜拉拉藤　6-134

膨萼蝇子草　2-643

批把柴 5-218

披针薹草　8-574

披针叶车前 6-646

披针叶黄华　4-507

披针叶野决明　1-012，1-038，4-507，4-508，4-509，
　4-511

皮袄菜 7-214

皮孔菌属　1-390

屁屁根 5-629

偏苍耳 4-375

偏头草 4-375

偏肿栓菌　1-405

漂叶草 8-062，8-066

瓢羹菜 8-047

平贝　1-011，1-019，1-020，1-035，1-058，1-060，
　1-061，1-064，1-069，1-094，5，8-139，8-140，
　8-141，8-142

平贝母 1-011，1-019，1-020，1-035，1-058，1-060，
　1-061，1-064，1-069，1-094，8-139，8-140，8-141，
　8-142

平车前 1-020，1-032，1-058，1-080，6-640，6-641，
　6-642

平盖灵芝　1-444

平菇　1-177，1-178

平滑褐孔菌 1-440

平滑木层孔菌 1-440

平基槭 5-026

平头花 7-140

平杨柳 2-291

平叶鸢尾　8-370

平榛 2-362

苹 1-013，2-170，2-171，2-172，2-174，2-175，
　2-178，4-240，4-243，5-547

苹果属 4-240

苹科 2-170，2-174

苹属 2-170，2-174

屏风 4-344，5-469

屏风草 5-469

瓶尔小草 1-010，1-063，2-056，2-057，2-058，
　2-059

瓶尔小草科 2-056，2-059

瓶尔小草属 2-056

萍 1-013，1-031，1-064，2-174，2-178，3-384，
　3-385，3-386，5-223，6-158，6-392，8-522，8-523，
　8-524，8-525

萍蓬草 1-013，1-064，3-384，3-385，3-386

萍蓬草属 3-384

萍蓬莲 3-384

婆罗门参属 8-018

婆婆丁 1-060，1-081，8-001，8-003，8-004，8-008，
　8-009，8-014，8-016

婆婆纳属 6-566

婆婆奶 6-549

婆婆头 1-081，4-191，4-195，4-198，4-201，4-203

婆婆头蔓 4-198

婆婆英 8-004

婆婆针 1-081，6-116，7-277，7-278

婆婆针线包 6-116

朴属 2-398

朴树 2-399，2-400

破肚子参 7-520

破茎松萝 1-594

破牛膝 3-147，3-148

破皮袄 7-214

破铜钱 2-170

破子草 5-482

扑鸽子 3-245

铺地红 4-614

铺地虎 2-012

铺地锦 4-614

铺地委陵菜 4-150

匍匐苦荬菜 7-624

匍根斑叶兰 8-609

匍根骆驼蓬 4-594，4-595

匍生蝇子草 2-647

匍行景天 3-628

匍枝毛茛 1-078，3-292，3-293，3-294

匍枝委陵菜 4-121，4-122

匍枝银莲花 3-153，3-154

菩提树 5-132

葡堇菜 5-212

葡萄科 5-106，5-109，5-111，5-114，5-116，5-120，
　5-124

葡萄属 5-106，5-124

蒲草 8-536，8-540，8-542，8-545，8-546，8-563

蒲公英 1-020，1-031，1-060，1-081，2-057，2-274，
　2-408，2-523，2-541，2-553，2-560，2-565，2-612，
　2-654，3-334，3-458，3-507，3-524，3-629，4-088，
　4-362，4-617，4-636，4-666，5-076，5-167，5-201，
　5-393，6-260，6-372，6-436，6-585，6-586，6-637，
　6-638，6-660，6-661，7-039，7-042，7-118，7-235，
　7-239，7-244，7-338，7-366，7-379，7-383，7-384，
　7-391，7-488，7-490，7-543，7-551，7-553，7-613，
　7-639，8-001，8-002，8-003，8-004，8-005，8-006，
　8-007，8-008，8-009，8-010，8-011，8-013，8-014，
　8-015，8-016，8-017，8-221，8-352，8-392

蒲公英属 8-001

蒲扇草 8-339

蒲扇卷柏 2-025

蒲子莲 8-038

普本 4-198，4-203

普通羊肚菌 1-561，1-562

Q

七瓣花 5-616

七瓣莲 5-616，5-617

七瓣莲属 5-616

七角白蔹 5-109

七筋姑 8-118，8-119，8-120，8-121

七筋姑属 8-118

七里香 5-162

七星草 2-154

七叶一枝花 1-060，8-217，8-223

桤木属 2-330

欺树 5-017

漆 1-013，1-207，1-447，1-450，2-137，2-287，
　2-376，2-401，2-413，2-529，2-568，2-569，4-256，
　4-616，4-617，4-654，4-655，5-006，5-007，5-008，
　5-011，5-013，5-017，5-018，5-019，5-069，5-072，
　5-075，5-076，5-309，6-232，6-633，7-006，7-232，
　7-235，7-238，7-241，7-633

漆蜡蘑 1-207

漆属 5-017

漆树 5-006，5-008，5-013，5-017，5-018，5-019

漆树科 5-006，5-008，5-013，5-017

齐头蒿 7-374

祁州漏芦 7-550

歧伞当药 6-063

歧伞獐牙菜 6-063，6-064

歧序唐松草 3-311

歧枝繁缕　　2-598
奇门草 4-448
奇特猪殃殃　　6-129
奇异堇菜　　5-180，5-181
脐菇属 1-208
棋盘花 8-312，8-313
棋盘花属　　8-312
鳍蓟 7-545
杞　　1-012，1-035，1-053，1-086，2-217，2-421，
　　2-434，3-377，4-079，4-350，4-372，5，6-181，
　　6-457，6-458，6-459，6-460，6-461，6-485，6-486，
　　6-487，8-227
气包　　1-060，1-080，5-238
气死大夫草　　4-646
槭属　　1-412，1-413，1-431，1-445，1-472，5-022
槭树科 5-022，5-026，5-030，5-034，5-038，5-040
槭叶草 1-011，1-061，1-064，1-079，3-667，3-668，
　　3-669，3-670
槭叶草属　　3-667
槭叶蚊子草　　4-092，4-093
掐不齐 1-059，1-080，4-326，4-404，4-435
千层桦 2-348
千层蘑 1-079，1-412，1-413
千层皮 3-661，3-665，5-070，6-665
千层塔 2-004
千叠松 2-235
千金草 8-421
千金鹅耳枥　　2-359
千金榆 1-079，2-359，2-360，2-361
千锯草 7-319，7-322
千里光属　　7-448
千年柏 2-019
千鸟兰 8-635
千屈菜 1-013，5-244，5-245，5-247，5-248，5-249
千屈菜科　　5-244
千屈菜属　　5-244
千叶蓍 7-325
牵牛　　1-020，1-032，1-036，1-078，1-080，4-629，
　　6-173，6-187，6-188，6-189，6-190，6-191，6-192，
　　6-193，6-638
牵牛花 1-078，6-187，6-188，6-189，6-190，6-192
牵牛子 4-629，6-189，6-190，6-192，6-638
铅色灰球　　1-518，1-519
铅色灰球菌　　1-518，1-519
荨麻科 2-438，2-440，2-442，2-445，2-447，2-448，
　　2-450，2-452，2-455，2-456
荨麻叶龙头草　　6-334，6-335，6-336
荨麻属 2-452
前胡 2-274，4-211，4-492，5-011，5-366，5-367，
　　5-368，5-417，5-419，5-451，5-452，5-456，7-235，

7-239，7-244
前胡属 5-451
钱榆　　2-411
浅白绿杯伞　　1-219
浅裂剪秋罗　　1-020，2-630，2-631，2-632，2-633
芡　　1-013，1-020，1-035，1-049，1-064，1-079，
　　3-374，3-375，3-376，3-377，4-350
芡实　　1-013，1-020，1-035，1-049，1-064，1-079，
　　3-374，3-375，3-376，3-377，4-350
芡属 3-374
茜草　　1-010，1-019，1-032，1-057，1-060，1-061，
　　1-080，2-513，3-436，4-578，5-086，5-118，5-224，
　　5-472，6-055，6-126，6-128，6-129，6-130，6-132，
　　6-134，6-140，6-141，6-142，6-143，6-144，6-145，
　　6-215，6-318，7-005，7-116，7-151，7-507，7-512，
　　7-513，7-534，8-212
茜草科 6-126，6-128，6-129，6-130，6-132，6-134，
　　6-140，6-142
茜草属 6-140
茜堇菜 5-204，5-205
羌活　　3-223，5-325，5-365，5-415，5-449，6-392，
　　7-302，8-277，8-290，8-496
枪草　　8-444
枪刀菜 7-510，7-643
枪头菜 1-078，1-081，7-497，7-501，7-504，7-510，
　　7-514，7-520
墙草　　2-445，2-446
墙草属 2-445
蔷薇科 4-046，4-049，4-051，4-053，4-056，4-058，
　　4-061，4-063，4-065，4-067，4-069，4-071，4-073，
　　4-075，4-077，4-080，4-082，4-084，4-086，4-089，
　　4-092，4-094，4-096，4-098，4-101，4-104，4-107，
　　4-111，4-115，4-119，4-121，4-123，4-125，4-127，
　　4-129，4-131，4-133，4-135，4-137，4-140，4-142，
　　4-144，4-147，4-150，4-152，4-154，4-156，4-158，
　　4-160，4-163，4-166，4-168，4-171，4-175，4-180，
　　4-184，4-188，4-191，4-193，4-195，4-198，4-201，
　　4-203，4-206，4-209，4-215，4-216，4-219，4-221，
　　4-222，4-224，4-226，4-229，4-233，4-236，4-238，
　　4-240，4-243，4-244，4-247，4-250，4-253，4-256，
　　4-260，4-262，4-265，4-273，4-277，4-280，4-283，
　　4-285，4-288，4-293，4-295，4-300
蔷薇属 4-080，4-163
荞麦　　1-078，2-274，2-478，2-479，2-480，2-481，
　　2-482，2-535，2-552，3-546，3-568，3-642，3-646，
　　4-046，6-246，6-480
荞麦花幌子　　4-046
荞麦蔓 2-482
荞麦属 2-478
荞麦芽 4-046

荞麦秧 1-078，3-642，3-646，4-046
鞘沼兰 8-629
茄科 6-444，6-448，6-450，6-454，6-457，6-460，
6-462，6-464，6-466，6-470，6-473，6-476，6-479，
6-481，6-485
茄属 6-476
窃衣 1-010，1-020，1-032，5-482，5-483
窃衣属 5-482
芹菜幌子 3-508，3-642
芹叶钩吻 5-398
芹叶牻牛儿苗 4-554，4-555
芹叶铁线莲 3-217，3-218
秦艽 1-009，1-012，2-470，3-223，3-674，4-558，
5-316，5-365，6-031，6-032，6-033，6-034，6-035，
6-037，7-302，8-235
秦纠 6-031
秦岭金银花 6-671
秦岭忍冬 6-671
秦氏忍冬 6-673
青白蘑 1-219
青冈菌 1-331
青岗树 2-381
青岗柞 2-379，2-381
青钢柳 2-324
青杠 1-214，2-379，2-391，2-393，2-395，6-001
青杠菌 1-214
青杠柳 2-391
青杠松茸 1-214
青杠子 2-379，2-391，6-001
青根 2-154，3-536，5-066
青广东 2-120，2-121
青蒿 1-031，1-081，2-598，3-380，3-653，6-345，
7-341，7-342，7-343，7-374
青花椒 1-014，4-668，4-669，4-670，4-671
青菅 8-575
青椒 4-668
青楷槭 2-285，5-030，5-031，5-032，5-033
青楷子 5-030
青兰 1-012，1-013，6-274，6-275，6-276，6-277，
6-278，6-279，6-281，6-282，6-283，6-284，6-285，
6-286
青兰属 6-274
青梨 4-247
青绿薹草 8-575
青麻 5-140
青毛广 2-121
青木香 3-364，3-404，3-406，3-407，3-458，3-644，
4-145，6-053，6-102，6-475，7-042，7-247，8-006，
8-290
青牛舌头花 7-147
青杞 6-485，6-486，6-487

青丝柳 2-317
青苔 8-524
青檀 1-014，2-404，3-364，5-070
青檀属 2-404
青檀子 5-070
青藤 3-364，5-116，5-120
青藤香 3-364
青条 5-074
青头菇 1-331
青头菌 1-331
青菀 7-147
蜻蜓兰 1-010，1-011，8-660，8-661，8-662，8-663，
8-664，8-665
蜻蜓兰属 8-660
苘麻 1-012，1-020，5-140，5-141，5-142，5-143
苘麻属 5-140
穷搅 5-065，5-077，6-179，6-182
穷搅棒子 6-182
穷搅藤 5-065
丘狗舌草 7-474
秋海棠科 5-226
秋海棠属 5-226
秋胡颓子 5-166
秋苦荬菜 7-620
秋麻子 6-584
秋子梨 1-011，1-020，1-060，1-081，4-247，4-248，
4-249
楸树 1-010，1-020，1-064，1-071，2-284，2-285，
2-287，2-290，4-256，4-257，4-258，4-259，5-330
楸子梨 4-247
楸子树 2-284
求米草 8-477，8-478
求米草属 8-477
球盖菇科 1-268，1-270，1-271，1-273，1-275，
1-276，1-278，1-280
球果葶菜 3-572
球果假水晶兰 1-063，5-486，5-487
球果堇菜 1-080，5-193，5-194
球花风毛菊 7-561
球花棘豆 4-478，4-479
球花漏芦 7-489
球茎虎耳草 4-035，4-036
球壳菌科 1-542
球穗莎草 8-571
球序韭 8-087，8-088，8-089
球状拟水晶兰 5-486
球子草 7-385
球子蕨 1-010，2-120，2-121，2-124，2-125
球子蕨科 2-120，2-121，2-124
球子蕨属 2-124
曲唇羊耳蒜 8-622，8-623，8-625

曲萼绣线菊　4-073

曲尖委陵菜　4-115

曲柳　1-013，1-020，1-021，1-064，1-080，2-186，
　2-196，2-204，2-209，2-214，2-285，5-008，5-654，
　5-655，5-656，5-657，5-658，5-659，5-660

曲麻菜 7-667

曲树　5-008

曲枝补血草　5-632，5-633

曲枝天门冬　1-013，8-110

蛆儿草 5-263

圈托柄菇　1-196

圈托鹅膏菌　1-196

全叶独活　5-447

全叶鸡儿肠　7-193

全叶马兰　1-012，7-193，7-194，7-195

全叶千里光　7-456

全叶山芹　5-447，5-448

全叶延胡索　1-019，3-486，3-487

全缘贯众　1-014，2-134

全缘橐吾　1-012，7-428，7-429，7-430

全缘栒子　4-222，4-223

全缘栒子木　4-222

拳参　1-010，2-516，2-517，2-519，2-522，2-523

拳手菜 2-074

拳头菜 2-074

犬问荆 2-040

雀斑党参　1-010，7-121，7-122，7-123

雀儿舌头　1-013，4-638，4-639

雀扑拉 3-566，4-614

雀铺拉 6-230

雀翘　2-530

雀舌草 2-601，2-602

雀舌繁缕　2-601

雀舌木属　4-638

雀石蕊 1-009，1-577

裙带菜 1-014，1-138，1-139

裙带菜属　1-138

R

荛花　5-152，5-153

热河藁本　5-433

热河黄精　1-013，8-248，8-249，8-250

热河芦苇　8-412

人参　1-011，1-019，1-035，1-048，1-056，1-057，
　1-058，1-059，1-060，1-061，1-063，1-065，1-080，
　1-094，1-095，1-448，2-594，3-193，3-381，3-621，
　4-211，4-345，4-629，5，5-331，5-334，5-335，
　5-336，5-337，5-338，5-339，5-340，5-341，5-342，
　5-343，5-473，6-033，6-190，6-202，8-103，8-217，
　8-297，8-618，8-668

人参果 5-340，5-342，8-618

人参幌子　6-202，8-217

人参属 5-334，5-335

人头七 8-618

人衔　5-334

人字草 4-404

仁丹草 6-258，6-337

忍冬　1-010，1-014，1-019，1-031，1-034，1-064，
　1-081，5-364，5-365，6-215，6-389，6-637，6-654，
　6-657，6-658，6-659，6-660，6-661，6-662，6-665，
　6-666，6-667，6-668，6-669，6-670，6-671，6-672，
　6-673，6-674，7-001，7-007，7-009，7-011，7-013，
　7-017，7-019，7-023，8-049

忍冬花　1-034，6-657，6-659，6-660，6-667，6-670，
　6-671，6-674

忍冬科　6-654，6-657，6-659，6-662，6-665，6-668，
　6-671，6-673，7-001，7-007，7-009，7-011，7-013，
　7-017，7-019，7-023

忍冬属 6-657

韧革菌科　1-356，1-358，1-359

韧革菌属　1-356

韧伞属 1-268

日本侧耳　1-179

日本赤松　2-239，2-356

日本赤杨　2-330

日本臭菘　1-064，8-518，8-519

日本打碗花　1-080，6-165

日本对开蕨　2-115

日本风毛菊　7-559

日本金腰　3-654

日本鹿蹄草　1-032，5-507，5-508

日本毛连菜　7-643，7-644，7-645

日本桤木　2-330，2-331

日本前胡　5-366

日本散血丹　6-464，6-465

日本蹄盖蕨　2-095

日本天剑　6-165

日本菟丝子　6-182

日本苇 8-410，8-411

日本续断　1-013，7-062，7-063，7-064

日本旋覆花　7-240

日本榆 2-415

日本远志　5-001

日本皂荚　4-310

日本紫珠　6-238，6-239

茸球蘑草　8-555，8-556

绒白鬼伞　1-260

绒白乳菇　1-336，1-338

绒背蓟 7-520，7-521，7-522，7-523

绒背老鹳草　4-567

绒果芹 5-415，5-416

绒果芹属　　　5-415
绒花树 4-304
绒蕨　　2-065
绒毛胡枝子　　　4-432
绒毛蕨 2-167
绒紫萁 2-065，2-066，2-067
柔毛打碗花　　6-165，6-166
柔毛黄栌　　　5-006
柔毛绣线菊　　　4-065
肉苁蓉属　　　6-623
肉蘑　　1-300
肉色杯伞　　　1-222
肉色迷孔菌　　　1-398
肉色栓菌　　　1-398
肉色香蘑　　　1-231
如意菜 2-074
如意草 5-212
乳白花黄芪　　　4-351
乳白黄芪　　　4-351，4-352
乳白黄耆　　　4-351
乳白口蘑　　　1-211
乳菇属 1-332
乳浆草 4-634
乳浆大戟　　　1-012，1-035，4-634，4-635，4-636，
　4-637
乳苣　　7-632，7-633
软柴胡 5-382
软骨红藻　　　1-163
软骨藻属　　　1-167
软条　5-158
软叶杜松　　　2-248
软枣　　1-011，1-081，3-434，3-435，3-436，3-437，
　3-438，3-439
软枣猕猴桃　　　1-011，1-081，3-434，3-435，3-436，
　3-437，3-438，3-439
软枣子 1-081，3-434
锐齿白鹃梅　　　4-051
锐齿鼠李　　　5-099，5-100
瑞木　　1-009，5-300，5-306，5-307，5-308
瑞香科 5-152，5-154，5-156，5-158
瑞香狼毒　　　5-158
瑞香属 5-152，5-156
箬叶藻 8-065

S

赛繁缕 2-603
三把抓 2-620
三白草 8-132，8-558
三叉耳蕨　　　2-146
三叉蒿 7-359

三齿萼野豌豆　　4-530
三齿野豌豆　　4-530
三出叶委陵菜　　4-129
三花顶冰花　　8-150，8-151
三花龙胆　　　1-009，1-031，1-058，1-064，6-020，
　6-021，6-023
三花萝蒂　　8-150
三花洼瓣花　　8-150
三夹子菜　　8-390
三尖菜 7-419
三角菜 8-390
三角蒺藜　　4-591
三角藻 1-142
三颗针 3-344，3-346，5-538，6-436，6-661
三块瓦 4-548
三肋果 7-415，7-416
三肋果属　　7-415
三肋菘蓝　　3-562
三棱　　1-013，1-019，1-032，1-057，2-249，2-252，
　2-667，3-088，3-099，3-120，4-614，4-616，4-630，
　4-643，5-045，5-070，5-219，5-622，6-148，6-185，
　6-188，6-192，6-233，6-262，6-265，6-267，6-299，
　6-314，6-317，6-320，6-323，6-350，6-381，6-392，
　6-421，6-430，7-199，7-639，8-038，8-079，8-085，
　8-087，8-104，8-150，8-357，8-360，8-399，8-461，
　8-470，8-492，8-526，8-527，8-528，8-529，8-530，
　8-531，8-532，8-533，8-550，8-552，8-554，8-555，
　8-557，8-563，8-567，8-569，8-570，8-571，8-572，
　8-575，8-578
三棱藨草　　8-557
三棱菜 5-070
三棱草 8-526，8-552，8-554，8-557，8-563，8-567，
　8-569，8-570，8-571
三棱茶 5-070
三棱观 8-563
三棱条子　　5-070
三裂八角枫　　5-296
三裂慈姑　　8-033
三裂瓜木　　5-296
三裂绣线菊　　1-013，4-063，4-064
三裂叶豚草　　7-265，7-266，7-267
三裂叶绣线菊　　4-063
三铃子 4-535
三轮草 8-567，8-569
三脉拉拉藤　　6-128
三脉马兰　　7-152
三脉山黧豆　　4-416，4-417
三脉叶马兰　　7-152
三脉猪殃殃　　6-128
三脉紫菀　　1-012，7-152，7-153，7-154，7-155
三色拟迷孔菌　　1-399，1-400

三色褶孔 1-399
三太草 2-050
三头灯芯草 8-387
三腺金丝桃属 3-457
三消草 4-515
三丫乌药 3-072
三桠钓樟 3-072
三桠乌药 1-014, 1-064, 3-072, 3-073, 3-074, 3-075
三桠绣线菊 4-063
三牙菜 2-620
三牙戟 7-385
三叶半夏 8-511
三叶菜 7-114
三叶草 4-518
三叶耳蕨 2-146
三叶海棠 4-244, 4-245, 4-246
三叶鹿药 8-263
三叶梅 4-086
三叶槭 5-085
三叶人字草 4-404
三叶升麻 1-019, 1-031, 1-058, 3-194, 3-195, 3-196, 3-197
三叶酸 4-544
三叶酸浆 4-544
三叶委陵菜 4-133, 4-134
三褶脉马兰 7-152
三枝九叶草 1-077, 3-355
三爪龙 4-086
三籽两型豆 4-322
三钻风 3-072, 3-073
伞报春 5-612
伞蛋花 8-203
伞花胡颓子 5-166, 5-167
伞花蔷薇 1-014, 4-166, 4-167
伞花山柳菊 7-611
伞形科 5-346, 5-348, 5-350, 5-354, 5-356, 5-358, 5-363, 5-366, 5-368, 5-372, 5-374, 5-376, 5-378, 5-382, 5-386, 5-388, 5-390, 5-394, 5-396, 5-398, 5-402, 5-405, 5-407, 5-410, 5-412, 5-415, 5-417, 5-420, 5-423, 5-426, 5-430, 5-433, 5-436, 5-440, 5-442, 5-444, 5-447, 5-449, 5-451, 5-453, 5-456, 5-457, 5-460, 5-463, 5-467, 5-469, 5-474, 5-478, 5-482
伞形喜冬草 1-011, 5-490, 5-491
散莲伞 8-170
散尾鬼笔属 1-496
散血丹属 6-464
桑 1-013, 1-031, 1-032, 1-035, 1-438, 1-440, 1-441, 2-017, 2-137, 2-274, 2-316, 2-420, 2-423, 2-426, 2-429, 2-430, 2-431, 2-432, 2-433, 2-434,
2-435, 2-436, 2-437, 2-466, 2-467, 2-468, 3-186, 3-289, 3-348, 3-406, 3-410, 4-205, 4-427, 5-034, 5-224, 5-320, 5-365, 5-367, 5-422, 6-181, 6-226, 6-372, 6-459, 6-550, 7-076, 7-235, 7-239, 7-241, 7-366, 7-484, 8-103, 8-141, 8-227, 8-392, 8-450, 8-453, 8-501, 8-607
桑黄 1-438, 1-440, 1-441
桑寄生科 2-466, 2-468
桑寄生属 2-466
桑科 2-420, 2-423, 2-426, 2-429, 2-432, 2-436
桑树 2-430, 2-432, 2-433, 2-434
桑属 2-429
扫条 4-420, 4-642
扫帚 1-012, 1-079, 2-620, 3-001, 3-019, 4-339, 4-398, 4-401, 4-420, 4-430, 4-433, 4-434, 5-156, 5-341, 7-090, 7-091, 7-193, 7-378, 7-381, 8-077, 8-092, 8-122
扫帚艾 7-378
扫帚菜 1-079, 2-620, 3-019
扫帚花 4-398, 4-434, 7-193
扫帚鸡儿肠 7-193
扫帚糜子 8-122
扫帚苗 3-001, 3-019, 4-339, 4-430
扫帚沙参 1-012, 7-090, 7-091
扫帚头 4-420
色赤杨 2-332
色道麻 2-273
色木 1-081, 2-196, 2-205, 2-209, 2-285, 3-532, 4-436, 5-022, 5-023, 5-024, 5-025, 5-026
色木槭 1-081, 2-196, 2-205, 2-209, 2-285, 3-532, 5-022, 5-023, 5-024, 5-025
色树 1-081, 5-022, 5-026
涩疙瘩 3-622
森林假繁缕 2-589
森林千里光 7-451
沙苁蓉 1-064, 1-069, 6-623, 6-624, 6-625
沙葱 8-099
沙地委陵菜 4-154
沙地旋覆花 7-249
沙地云杉 2-201
沙浮萍草 6-158
沙拐枣 2-476, 2-477
沙拐枣属 2-476
沙蒿 7-372, 7-381
沙茴香 5-417
沙棘 1-012, 1-035, 1-095, 4-462, 5-170, 5-171, 5-172, 5-173
沙棘属 5-170
沙苦荬菜 1-014, 7-624
沙漏芦 7-486
沙米 2-658

沙奶草 6-104
沙奶奶 6-104
沙蓬　1-012，2-658，2-659，3-030，3-031
沙蓬属 2-658
沙参　1-010，1-011，1-012，1-019，1-035，1-081，
　2-274，2-598，3-067，4-355，4-635，5-167，5-241，
　5-417，5-420，5-422，7-074，7-075，7-076，7-077，
　7-078，7-079，7-080，7-081，7-082，7-083，7-088，
　7-089，7-090，7-091，7-092，7-093，7-094，7-095，
　7-096，7-097，7-098，7-099，7-100，8-227，8-233，
　8-297，8-322
沙参属 7-074
沙树　2-208
沙松　2-184
沙滩黄芩　1-014，6-415，6-416
沙窝窝 4-195
沙旋覆花　7-249
沙苑蒺藜　3-377，4-349
沙苑子 4-349，4-350
沙枣　5-162，5-163，5-164，5-165，5-166
沙枣子 5-162
砂葱　8-090，8-099
砂棘豆 4-462
砂韭　8-090，8-091
砂蓝刺头　7-486，7-487，7-488
砂引草 6-220，6-221，6-222，6-223
砂引草属　6-220
砂珍棘豆　4-462，4-463
莎草　8-548，8-550，8-552，8-554，8-555，8-557，
　8-558，8-563，8-565，8-567，8-568，8-569，8-570，
　8-571，8-572，8-574，8-575，8-576，8-578，8-579
莎草科 8-548，8-550，8-552，8-554，8-555，8-557，
　8-558，8-563，8-565，8-567，8-569，8-570，8-571，
　8-572，8-574，8-575，8-576，8-578，8-579
莎草属 8-567
傻松口蘑　1-214
山巴豆 4-322
山白菜 6-205，6-549，7-034，7-109，7-147，7-586，
　7-637，8-264，8-295
山百合 4-368，8-170
山棒葱 8-295
山苞米 1-081，6-606，8-104，8-108，8-111，8-114，
　8-122，8-224，8-228，8-231，8-240，8-244，8-248，
　8-251，8-254，8-295，8-495，8-498，8-504
山苞米疙瘩　8-498
山崩子 5-533，5-541
山鞭草 6-589
山扁豆 4-307
山菠菜 1-011，1-020，1-031，1-057，1-081，2-544，
　6-369，6-370，6-371，6-372，6-373，7-109，7-419
山薄荷 6-278

山茶　1-081，3-448，4-307，5-034，5-517，5-520，
　6-405
山茶根 6-405
山茶根子　6-405
山茶叶 4-307，5-034，6-405
山茶叶树　5-034
山茶叶枝子　5-034
山赤瓜 5-238
山樗树 4-672
山锄板 4-544，4-548，4-550
山川柳 5-222
山慈姑 8-133，8-256，8-292，8-645
山刺菜 7-497，7-501
山刺儿菜　7-501，7-504
山刺玫 1-009，1-020，1-023，1-055，1-059，1-061，
　1-081，1-096，4-175，4-176，4-177，4-178，4-179
山葱　1-081，8-074，8-093
山酢浆草　1-080，4-548，4-550
山大黄 2-539，2-542，2-549
山大芄 7-654，8-018
山大料 4-375
山大烟 3-516，3-520，3-525，6-454
山丹　1-013，1-035，1-064，8-170，8-171，8-172，
　8-173，8-175，8-176，8-177，8-179，8-182，8-190，
　8-193，8-194，8-197，8-201，8-203，8-205
山丹丹 8-170
山丹花　8-173，8-176，8-203
山刀楔子　2-402
山灯子花　8-182
山地豆花　3-482，3-486，3-488，3-490
山地瓜 3-367，4-209，5-114，7-117，8-133，8-231，
　8-248，8-605
山地瓜秧　3-367，7-117
山地姜 5-368
山地金莲花　3-336
山丁香 6-001
山丁子 1-081，4-240，4-253
山定子 4-240
山东蛾眉蕨　2-100
山东何首乌　6-109
山冬瓜 4-256
山豆根 3-367，5-118，8-337
山豆花 4-432
山豆角 6-112
山豆秧根　3-368
山豆子 4-288，4-432
山顿子花　8-178
山鹅食 7-615
山遏蓝菜　3-582
山矾科 5-642
山矾属 5-642

山飞蓬 7-176，7-177，7-178
山芙蓉 4-256
山咖喱瓢　6-086
山高粱 2-514，3-642，4-053，4-056
山高粱条子　4-053，4-056
山疙瘩花　3-245
山葛条 4-487
山梗菜 1-009，1-020，1-064，6-102，7-124，7-125，
　7-126
山梗子 8-203
山枸杞 6-460
山谷子 2-514
山桧　2-252
山海螺 7-117
山旱烟根　6-549
山蒿　7-333，7-339，7-340，7-346，7-347，7-369，
　7-370，7-371
山蒿子 7-333
山荷叶 3-648
山核桃 1-059，1-081，2-284
山黑豆 4-523
山红花 1-080，2-630，2-633，7-510，7-514
山红花尾子　7-510，7-514
山红萝卜根　4-618
山胡椒 3-072，4-256，6-435，6-437
山胡椒属　3-072
山胡萝卜　1-080，1-081，5-368，5-405，7-117
山胡萝卜缨子　1-080，5-368
山胡麻 4-398，4-600
山胡麻秸　4-398
山葫芦 1-080，3-201，5-193，6-109
山葫芦苗　1-080，5-193
山葫芦秧　3-201
山花菜 4-046
山花骨朵苗子 8-203
山花椒 1-079，3-064，4-668，6-435
山槐　4-256，4-436，4-499
山槐子 4-256，4-499
山黄瓜 6-086
山黄瓜瓢　6-086
山黄萱 8-463
山黄菊 7-389
山黄连 3-472
山黄瓢子　5-642
山黄烟 2-606，7-643
山灰枣 2-398
山火盘 4-198
山芨芨草　5-051
山鸡儿肠　7-196
山鸡条子　5-070
山棘豆 4-464

山季草 6-546
山尖菜 1-081，7-419
山尖子 1-081，7-419，7-420，7-421
山姜　3-204，3-211
山芥菜 1-079，3-530，3-538
山荆子 1-060，1-081，4-240，4-241，4-242
山粳米 8-203
山韭　8-093，8-094，8-095，8-101
山韭菜 8-101
山菊　7-352，7-400，7-401，7-402，7-403，7-404，
　7-461
山苦菜 1-020，1-081，7-625
山苦荬 7-615，7-649
山苦荬菜　7-615
山喇叭花　3-093，3-114
山辣姜 3-072
山辣椒 1-059，1-078，3-204，3-211，3-448，4-101
山辣椒秧　1-059，1-078，3-204，3-211
山辣椒秧子　1-059，1-078，3-211
山兰　1-011，1-064，7-136，8-580，8-645，8-646，
　8-647
山兰属 8-645
山老鸹瓢　6-086
山老婆脚丫　3-603
山涝豆 4-523，4-535
山涝豆秧　4-523
山冷水花　2-448，2-449
山梨　1-081，4-023，4-247
山黧豆 1-013，1-014，1-079，1-080，4-407，4-408，
　4-409，4-410，4-411，4-412，4-413，4-414，4-415，
　4-416，4-417，4-418，4-419，4-530
山黧豆属　4-407
山李子 1-081，4-295，4-299
山里红 1-078，2-471，4-229，4-233，4-238，4-355
山蓼　2-486，2-487，2-510，3-204
山蓼属 2-486
山铃铛 1-081，4-368，8-231，8-244
山铃铛草　8-231
山铃铛花　4-368
山铃子草　8-231
山柳蒿 7-378，7-382
山柳菊 1-063，7-607，7-608，7-609，7-610，7-611，
　7-612，7-613，7-614
山柳菊属　7-607
山柳珍珠菜　5-593
山柳珍珠叶　5-593
山龙草 6-142
山龙胆 1-011，1-063，1-066，1-069，1-072，6-037，
　6-038，6-039，6-042，6-043，6-044
山绿豆 1-080，4-398，4-482，4-485
山罗花 1-013，6-514，6-515，6-516，6-517

山罗花属 6-514
山萝卜 2-558，5-278，5-478，7-065，7-069
山萝花 6-514
山落豆秧 4-523，4-525
山麻杆 7-034
山麻黄 2-277
山麻子 4-014，6-417
山马兰 7-196，7-197，7-198
山马生菜 2-620
山马先蒿 6-534
山蚂蚱 2-620，2-624，2-650，2-651，2-652
山蚂蚱菜 2-620，2-624，2-650
山蚂蚱草 2-650，2-651，2-652
山蚂子口 7-501
山麦草 8-449
山麦冬 1-014，8-207
山麦冬属 8-207
山猫把 6-258
山猫眼 4-626，4-628，4-630，4-632
山玫瑰 4-175
山莓草 4-219，4-220
山莓草属 4-219
山梅豆 3-482，3-486，3-488，3-490，4-307
山梅花属 4-001
山美豆 2-448
山麋子 1-078，8-264，8-283
山棉花 1-079，3-204，5-266
山棉花秧 3-204
山牡丹 1-079，3-056，4-650
山木通 3-400
山南星 8-256
山牛蒡 1-011，1-081，7-582，7-583，7-584，7-585
山牛蒡属 7-582
山女娄菜 2-645
山欧李 4-014
山爬山虎 8-316
山泡泡 4-464，4-475
山苹果 4-243
山葡萄 1-019，1-060，1-064，5-106，5-116，5-124，5-125，5-126，5-127
山蒲扇 8-334
山普本 4-198，4-203
山普本秧 4-203
山枪头菜 7-501
山荞麦 1-078，2-535，2-552，3-642，3-646，4-046
山荞麦秧子 1-078，3-642，3-646，4-046
山茄 1-080，5-193，5-199，6-202，6-203，6-204，6-464，6-476，6-662
山茄菜 5-199
山茄秧 1-080，6-202
山茄子 1-080，5-193，6-202，6-203，6-204，6-464，6-662

山茄子属 6-202
山芹菜 1-080，5-346，5-348，5-449，5-453，5-457
山芹属 5-407，5-447
山秦艽 6-031
山楸 2-284，5-008
山楸子 2-284
山曲 5-008
山曲柳 5-008
山雀蓝 2-624
山雀翔菜 2-620
山桑 2-429，2-436
山扫条 4-642
山扫帚菜 2-620
山沙果 4-244
山芍药 1-019，1-035，3-416，3-419，3-420，3-421，3-422，3-423，3-424
山参 1-057，1-061，5-334，5-336，5-339，5-341
山生菜 7-101，7-649
山石崩 4-065，4-067
山屎瓜 5-238
山苏子 1-080，6-294，6-310，6-343，6-357，6-360，6-369，6-374，6-377，6-381，6-384，6-390
山苏子秧 6-357
山酸枣 5-101
山蒜 8-083，8-256
山蓑衣草 8-380
山桃稠李 4-292
山桃柳 6-120
山桃树 6-120
山藤 5-065，5-124，7-013
山藤藤秧 5-124
山藤子 7-013
山天冬 8-108
山笤帚 4-642
山挑筐 3-404
山土豆 5-238，7-121，8-605
山豌豆 4-523
山苇子 8-410
山莴苣 1-012，7-625，7-626，7-627，7-628，7-632，7-646，7-649
山梧桐 5-008，6-244
山西瓜 5-144，8-288
山西瓜秧 5-144，8-288
山薪蓂 3-582，3-583
山香菜 5-433，5-453
山小菜 7-105
山小豆 4-354，4-398
山小杏条 4-398
山小叶杨 2-301
山杏 1-013，1-020，1-030，1-032，1-081，4-265，

4-266，4-267，4-268，4-269，4-271，4-272，4-273

山鸭子食　　7-620，7-649

山烟　2-584，4-101，5-568，6-086，6-450，6-454，6-549

山烟根子　　6-086

山烟花　4-101

山烟子　6-450

山岩黄芪　　1-012，4-388，4-389，4-390

山岩黄耆　　4-388

山杨　2-186，2-194，2-201，2-214，2-301，2-303，2-304，2-305，2-306

山药　1-175，1-177，1-179，1-181，1-182，1-184，1-195，1-198，1-213，1-228，1-238，1-248，1-255，1-257，1-274，1-297，1-301，1-305，1-309，1-313，1-315，1-317，1-323，1-324，1-326，1-330，1-331，1-335，1-338，1-343，1-367，1-376，1-378，1-379，1-384，1-387，1-393，1-396，1-404，1-414，1-417，1-419，1-421，1-430，1-433，1-435，1-436，1-439，1-441，1-446，1-448，1-452，1-458，1-459，1-472，1-481，1-488，1-492，1-501，1-507，1-511，1-514，1-515，1-523，1-531，1-536，1-538，1-539，1-557，1-571，1-575，1-576，1-577，1-581，1-585，1-589，1-590，1-594，1-595，1-597，1-601，1-602，1-615，1-619，1-637，1-641，1-645，2-007，2-013，2-015，2-034，2-035，2-064，2-085，2-095，2-097，2-101，2-117，2-125，2-131，2-156，2-160，2-186，2-206，2-211，2-238，2-244，2-253，2-263，2-269，2-298，2-338，2-353，2-365，2-406，2-499，2-502，2-548，2-610，2-629，2-632，3-048，3-066，3-086，3-089，3-105，3-112，3-127，3-171，3-216，3-241，3-282，3-294，3-320，3-376，3-377，3-380，3-471，3-499，3-503，3-552，3-590，3-592，3-596，3-602，3-615，3-637，3-666，3-670，4-032，4-043，4-066，4-093，4-094，4-100，4-132，4-170，4-183，4-205，4-261，4-330，4-335，4-344，4-411，4-417，4-425，4-439，4-456，4-514，4-529，4-533，5-372，5-449，6-109，6-250，6-352，6-364，6-459，6-550，7-115，8-103，8-227，8-316，8-321，8-322，8-551，8-667

山药蛋　8-321

山野粉团花　　7-196

山野豌豆　　1-080，4-523，4-524

山罂粟　1-063，1-065，3-516，3-517，3-518，3-519，3-520

山樱　4-014，4-277，4-280，4-281，4-282，4-288

山樱花　4-280，4-281，4-282

山樱桃　4-014，4-280，4-288

山油菜　3-394

山榆　2-409，2-415

山芋　1-078，8-133，8-321，8-645

山芋头　1-078，8-133，8-645

山鸢尾　1-011，8-342，8-343，8-344，8-345

山枣　4-209，5-101

山枣树　5-101

山枣子　4-209

山皂刺　4-310

山皂荚　4-310，4-311，4-312，4-313

山楂　1-009，1-020，1-032，1-041，1-060，1-061，1-063，1-078，1-096，1-412，1-413，1-439，4-203，4-229，4-230，4-231，4-232，4-233，4-234，4-235，4-236，4-237，4-238，4-239，4-243，4-256，6-055，6-321，6-386，7-379，7-384，8-063，8-227，8-527

山楂海棠　　1-063，4-243

山楂属　1-412，1-413，4-229

山楂树　4-256

山楂叶悬钩子　　4-203

山榛子　5-637

山芝麻　1-080，5-278，6-310，6-360，6-546，7-019，7-023

山芝麻蒿　　6-546

山帚条　4-642

山茱萸科　　5-300，5-304，5-306，5-309

山茱萸属　　5-300

山竹岩黄芪　　4-386，4-387

山竹岩黄耆　　4-386

山竹子　4-386

山坠子　8-231

山紫草　6-214

山紫菀　1-012，7-143，7-144，7-145，7-146，7-151，7-434

杉蔓石松　　2-014

杉松　1-020，2-184，2-185，2-186，2-196，2-204，2-214

杉松冷杉　　2-184

杉叶蔓石松　　2-014

杉叶藻　5-290，5-291

杉叶藻科　　5-290

杉叶藻属　　5-290

珊瑚菜　1-014，1-035，5-420，5-421，5-422，5-453

珊瑚菜属　　5-420

珊瑚菌　1-346，1-353

珊瑚菌科　　1-346

珊瑚藻　1-155

珊瑚藻科　　1-155

珊瑚藻属　　1-155

珊瑚枝科　　1-580

珊瑚枝属　　1-580

珊瑚状猴头菌　　1-009，1-377，1-378

苫房草　8-458，8-461

疝疼乳菇　　1-334

扇扇草　8-339

扇子草　8-334

商陆　1-013，2-558，2-559，2-560，2-561

商陆科 2-558
商陆属 2-558
上天柳 2-296
烧金草 7-586
烧酒壶根　　　6-384
芍药　1-009，1-011，1-019，1-031，1-035，1-051，
　　1-057，1-061，1-064，1-071，2-654，3-416，3-417，
　　3-418，3-419，3-420，3-421，3-422，3-423，3-424，
　　3-425，3-427，3-428，3-429，3-431，4-497，4-674，
　　5-393，6-033，6-407，8-173，8-297
芍药花 1-071，3-416，3-420，3-421，3-424，3-425，
　　3-428，3-429
芍药科 3-416，3-419，3-424
芍药属 3-416
杓儿草 7-224
杓兰　1-009，1-063，1-064，1-073，1-081，8-586，
　　8-587，8-588，8-589，8-590，8-591，8-592，8-593，
　　8-594，8-595，8-596，8-597，8-598
杓兰属 8-586
少花齿缘草　　6-207
少花黄瓜菜　7-634，7-635，7-636
少花米口袋　4-384
少花野菊　　7-389，7-392
邵氏龙胆　　6-040
舌唇兰属 8-648
舌状蜈蚣藻　1-159
蛇白蔹 5-106
蛇不过 2-524
蛇不钻 2-528
蛇床　1-011，1-020，1-035，4-344，4-501，4-621，
　　4-647，4-655，4-674，5-402，5-403，5-404，5-405，
　　5-406
蛇床属 5-402
蛇蛋果 4-086
蛇倒退 2-524
蛇地钱 1-640，1-641
蛇含　2-529，4-123，4-124
蛇含委陵菜　4-123，4-124
蛇莓　1-011，2-005，4-086，4-087，4-088，4-119，
　　4-120，6-480
蛇莓属 4-086
蛇莓委陵菜　4-119，4-120
蛇莓萎陵菜　4-119
蛇皮椴 4-256
蛇葡萄　1-011，1-012，3-186，3-436，5-106，5-107，
　　5-108，5-109，5-110，5-111，5-112，5-113，7-475
蛇葡萄属 5-106
蛇苔　1-010，1-640，1-641
蛇苔科 1-640
蛇苔属 1-640
蛇头菌 1-484，1-485

蛇头菌属　　　1-484
蛇须草 2-056
蛇足草 2-004
蛇足石杉　1-010，2-004，2-005
蛇足石松　　2-004
射干　1-012，1-031，1-062，1-064，2-274，3-357，
　　3-370，6-388，8-227，8-334，8-335，8-336，8-337，
　　8-338，8-339，8-496
射干属 8-334
射干鸢尾　　8-334，8-339
伸筋草 1-059，1-077，2-014，2-016
参幌子 3-416，6-202，8-217
参舅子 1-079，3-352
深红鬼笔　　1-487
深裂叶堇菜　5-189
深山白蓬草　3-306
深山堇菜　　5-202，5-203
深山菊蒿　　7-352
深山露珠草　5-265
深山木天蓼　3-440
深山唐松草　3-306，3-307
深山樱 4-277
神草　　1-447，5-334
神仙一把抓　2-029
肾叶白蓬草　3-308
肾叶报春　5-601
肾叶打碗花　1-014，6-158，6-159
肾叶高山蓼　2-486
肾叶鹿蹄草　1-010，5-498，5-499
肾叶山蓼　　2-486
肾叶唐松草　3-308
肾叶天剑　　6-158
肾叶橐吾　　7-434
升麻　1-009，1-010，1-011，1-019，1-031，1-057，
　　1-058，1-078，1-079，2-145，3-122，3-123，3-124，
　　3-125，3-126，3-127，3-190，3-191，3-192，3-193，
　　3-194，3-195，3-196，3-197，3-198，3-199，3-200，
　　3-201，3-642，4-046，4-047，4-048，4-344，4-489，
　　4-492，6-033，7-116，7-140，7-142，8-266，8-349
升麻草 4-046
升麻幌子　　3-201
升麻属 1-078，3-122，3-190，4-046
升马唐 8-470
生瓜菜 6-230
绳藻　1-014，1-130，1-131
绳藻科 1-131
绳藻属 1-131
省沽油 1-064，5-084，5-085，5-086，5-087
省沽油科　　5-085
省沽油属　　5-085
狮子草 3-622，6-101
湿地黄芪　　1-013，4-328，4-329，4-330

湿地黄耆　　　4-328
湿生狗舌草　　1-013，7-478，7-479，7-481，7-482
湿生千里光　　7-478
湿生鼠麴草　　6-150，7-230
薯　　1-009，1-020，1-060，1-081，1-086，7-317，
　7-318，7-319，7-320，7-321，7-322，7-323，7-324，
　7-325，7-327，7-328，7-329，7-330，7-331，7-332，
　8-034
薯草　　7-319，7-320，8-034
薯属　　7-317
十字草　2-170
十字花科　　　3-530，3-534，3-537，3-538，3-540，
　3-542，3-544，3-547，3-550，3-553，3-555，3-557，
　3-559，3-562，3-564，3-566，3-570，3-572，3-574，
　3-577，3-579，3-582
石艾　　7-339
石白茶　1-600，1-602
石棒绣线菊　　4-067
石棒子　4-063，4-067
石蒡子　4-065，4-067
石崩子　4-063，4-065，4-067
石蚕叶婆婆纳　6-581，6-582，6-583
石蚕叶绣线菊　4-073，4-074
石茶　　1-059，1-078，2-154，2-161，2-165，2-167
石菖蒲　4-380，8-492
石莼　　1-014，1-116，1-117，1-118，1-119
石莼科　1-116，1-117，1-118
石莼属　1-117
石耳　　1-009，1-064，1-070，1-433，1-584，1-585
石耳科　1-584
石耳属　1-584
石防风　5-451，5-453，5-454，5-455
石胡荽　1-031，7-385，7-386
石胡荽属　　　7-385
石花　　1-014，1-150，1-151，1-225，1-590，2-029
石花菜　1-014，1-150，1-151
石花菜科　　　1-150
石花菜属　　　1-150
石花子　2-029
石灰菜　7-542
石荠苧　6-345，6-346
石寄生　1-580
石留节花　　　2-611
石龙胆　6-045
石龙芮　1-012，1-020，3-295，3-296
石龙芮毛茛　　3-295
石梅衣　1-590
石木耳　1-584
石蕊科　1-574，1-576，1-577
石蕊属　1-576
石沙参　7-094，7-095，7-096
石杉　　1-010，2-004，2-005，2-006，2-007

石杉科　2-004，2-006，2-007
石杉属　2-004
石生齿缘草　　6-207，6-208
石生蓼　2-522
石生麦瓶草　　2-645
石生悬钩子　　1-009，4-191，4-192
石生蝇子草　　2-645，2-646
石氏山梅花　　4-006
石松　　1-009，1-010，1-020，1-032，1-057，1-059，
　1-061，1-077，1-614，2-004，2-007，2-010，2-011，
　2-012，2-013，2-014，2-015，2-016，2-017，2-018，
　2-019，2-020，2-021
石松科　2-010，2-012，2-014，2-016，2-019
石松毛　1-614
石松属　2-010，2-014
石塔花　3-603
石头菜　2-624，3-591，3-630
石头花　1-012，1-013，1-014，1-079，2-620，2-621，
　2-622，2-623，2-624，2-625，2-626，2-627
石头花属　　　2-620
石韦属　2-161
石尾　　2-152
石榆子　2-398
石枣儿　8-256
石指甲　3-628，3-629
石竹　　1-013，1-032，2-568，2-570，2-572，2-574，
　2-576，2-578，2-580，2-582，2-584，2-586，2-589，
　2-591，2-593，2-596，2-598，2-599，2-601，2-603，
　2-604，2-606，2-609，2-610，2-611，2-612，2-613，
　2-614，2-615，2-616，2-618，2-620，2-624，2-626，
　2-628，2-630，2-633，2-635，2-638，2-641，2-643，
　2-645，2-647，2-649，2-650，2-653
石竹科　2-568，2-570，2-572，2-574，2-576，2-578，
　2-580，2-582，2-584，2-586，2-589，2-591，2-593，
　2-596，2-598，2-599，2-601，2-603，2-604，2-606，
　2-609，2-611，2-616，2-620，2-624，2-626，2-628，
　2-630，2-633，2-635，2-638，2-641，2-643，2-645，
　2-647，2-649，2-650，2-653
石竹属　2-609
石竹子　2-611，2-616
石竹子花　　　2-611，2-616
食用蓟　7-524
豕草　7-261
屎包子　5-238
螫麻子　2-440，2-442，2-452，2-455，2-456
匙叶草　5-623，5-626，5-627，5-628，5-629
匙叶矶松　　　5-627
手草　2-029，3-676
手儿参　8-583，8-612
手参　　1-010，1-035，1-049，1-061，1-064，1-073，
　1-078，8-612，8-613，8-614，8-615，8-617，8-632
手参属　8-612

手掌参 8-612

守宫槐 4-496

绥草 1-011，1-064，8-657，8-658，8-659

绥草属 8-657

枢 1-059，2-275，2-402，3-621，5-332

舒筋草 2-010，2-012，2-016

鼠见愁 7-491

鼠李 1-077，5-088，5-089，5-090，5-091，5-092，5-093，5-094，5-095，5-096，5-097，5-098，5-099，5-100，5-101

鼠李科 5-088，5-090，5-093，5-095，5-096，5-097，5-099，5-101

鼠李属 5-088

鼠黏子 7-491

鼠麴草属 7-230

鼠尾巴 1-122

鼠尾草根 3-093

鼠尾草属 6-384

鼠尾藻 1-122

鼠掌草 4-577

鼠掌老鹳草 4-577，4-578，4-579

薯蓣 1-013，1-019，1-020，1-035，1-057，1-060，1-061，1-064，1-078，8-316，8-317，8-318，8-319，8-320，8-321，8-322，8-323

薯蓣科 8-316，8-321

薯蓣属 8-316

树茶 2-154

树发七 1-597

树挂 1-594，1-595

树冠子 1-413

树花 1-010，1-190，1-382，1-383，1-384，2-408，4-259，4-676，4-677，5-013，5-014，5-016，5-044，5-045，5-300，5-303，5-648，5-664，5-665，5-666，6-240

树花属 1-382

树鸡 1-079，1-394

树鸡蘑 1-079，1-394

树锦鸡儿 4-357，4-358，4-359

树龙芽 5-322

树莓 4-195，4-198，4-201，4-203

树盘 6-182

树舌扁灵芝 1-444

树舌灵芝 1-010，1-059，1-061，1-076，1-444，1-445，1-446

树头菜 5-322

刷帚头草 8-417

刷子头 8-417

栓菌属 1-403

栓皮春榆 2-415

栓皮黑榆 2-414

栓皮栎 2-393，2-394，2-395

双孢蘑菇 1-247，1-249

双齿葱 8-090

双刺茶藨子 4-019，4-020

双蝴蝶 6-059

双花黄堇菜 5-177

双花堇菜 5-176，5-177

双环白林地菇 1-249

双环菇 1-249

双环林地蘑菇 1-249

双环蘑菇 1-249

双歧繁缕 2-598

水案板 8-066

水白菜 8-028，8-047，8-326

水白蜡 5-664

水稗 8-431，8-471，8-473

水稗草 8-471，8-473

水稗子 8-431

水鳖 1-013，8-044，8-045，8-046，8-047，8-051

水鳖科 8-044，8-045，8-047，8-051

水鳖属 8-045

水菠菜 8-326

水柴胡 5-378

水菖蒲 8-492

水朝阳花 5-272

水车前 8-047

水车前属 8-047

水葱 1-013，8-380，8-558，8-559，8-561，8-562

水葱藨草 8-558

水大蓼 2-495

水灯芯 3-450，8-380

水冬瓜 2-330，2-332，8-132

水冬瓜赤杨 2-332

水冬果 2-330

水鹅肠菜 2-584

水飞蓟 7-580，7-581

水飞蓟属 7-580

水粉杯伞 1-221

水粉蕈 1-221

水浮莲 8-508

水公子 2-506

水蒿 1-081，7-359

水红花 1-079，2-495

水红子 2-495，2-503，2-506

水荭子 2-506

水胡椒 2-506，3-289

水胡萝卜 5-368

水葫芦 1-012，3-254，3-255，8-508

水葫芦苗 1-012，3-254，3-255

水黄连 3-314，3-316

水棘针 6-267，6-268，6-269

水棘针属 6-267

水接骨丹 5-272

水金凤 1-011，5-050，5-051，5-052，5-053，5-054

水晶兰属　　　5-486，5-492
水镜草 1-080，6-075
水蕨菜 1-079，2-102
水苦荬 1-013，6-584，6-585，6-586
水苦荬婆婆纳　6-584
水葵　　6-075
水蜡烛 8-542
水李子 4-283，4-285
水栗　3-384
水栗子 3-384
水蓼　　1-013，1-020，1-031，1-079，2-506，2-507
水柳　5-244
水龙草 8-065
水龙胆 6-022
水龙骨 2-154，2-159，2-161，2-165，2-167
水龙骨科　　　2-154，2-159，2-161，2-165，2-167
水麻柳 2-291
水麻芍 2-535
水马齿科　　　6-256
水马齿属　　　6-256
水马蓼 2-506
水麦冬 1-012，8-054，8-055，8-056，8-057
水麦冬科　　　8-054，8-057
水麦冬属　　　8-054
水蔓菁 6-566
水茫草 1-013，6-500，6-501
水茫草属　　　6-500
水毛花 1-013，8-563，8-564
水莓　4-084
水木草 1-618
水木贼 2-040
水蓬棵 2-495
水萍　　8-522，8-524
水萍草 8-522，8-524
水婆婆纳　　　6-586
水葡萄 4-026，4-027
水葡萄茶藨 4-026，4-027
水葡萄茶藨子 4-026，4-027
水荨麻 2-450
水荞麦 2-535
水芹　　1-013，1-080，5-398，5-442，5-443
水芹菜 1-080，5-442
水芹幌子　　　5-398
水芹属 5-442
水曲柳 1-020，1-064，2-186，2-196，2-204，2-209，
　　2-214，2-285，5-658，5-659，5-660
水色树 5-022
水莎草 8-567
水上漂 2-174，8-062，8-066
水湿柳叶菜　　5-276
水松　1-122
水苏　　1-013，6-423，6-427，6-428，6-429，6-430，

6-431，6-432，6-433，6-434
水苏草 6-427
水苏属 6-423
水苏子 6-427，6-430，6-432
水蓑草 6-580
水桃　　4-280，4-292
水条　　5-085
水铜钱 2-170
水问荆 2-040
水莴苣 6-586
水蜈蚣 1-013，4-546，8-392，8-572，8-573
水蜈蚣属　　　8-572
水苋菜 7-124
水栒子 4-226，4-227，4-228
水杨梅 3-436，4-101
水榆　　4-253，4-254，4-255
水榆花楸　　　4-253，4-254，4-255
水芋　　1-013，1-064，8-508，8-509，8-510
水芋属 8-508
水皂角 4-307，4-316
水泽兰 3-676
水中管 2-400
水珠草 5-260，5-261，5-262
水竹叶 8-396
水竹叶属　　　8-396
水烛　　1-013，1-020，1-032，1-045，1-081，8-542，
　　8-543，8-544
睡菜　　1-013，1-064，6-070，6-071，6-072，6-073，
　　6-075
睡菜科 6-070，6-073，6-075
睡菜属 6-070
睡莲　　1-013，1-064，1-067，3-374，3-378，3-384，
　　3-387，3-388，3-389，3-390，3-391
睡莲菜 3-387
睡莲科 3-374，3-378，3-384，3-387
睡莲属 3-387
顺河柳 2-296
丝瓣剪秋罗　　2-628，2-629
丝葱　　8-077
丝点地梅　　　5-573
丝花花葱　　　6-148
丝毛草 8-563
丝毛飞廉　　　1-032，1-081，7-506，7-507，7-508，
　　7-509
丝棉木 5-074
丝膜菌科　　　1-284，1-286
丝石竹 2-620，2-624，2-626
丝叶马蔺　　　8-376
丝叶小苦荬　　7-618
丝叶鸦葱　　　1-012，7-659
丝藻　　1-158，1-159，1-163
死不要脸　　　8-511

死人头发　8-256
四孢蘑菇　1-246，1-248
四季丁香　6-012
四块瓦　3-394
四棱茶　5-070
四棱秆蒿　6-392
四棱树　5-070
四叶菜　1-081，2-170，7-074，7-078
四叶重楼　8-215，8-216
四叶七　3-394
四叶沙参　7-074
四叶参　7-117
四月老　3-550
松钉蘑　1-300
松蒿　1-010，6-546，6-547，6-548，7-378，7-382
松蒿属　6-546
松节藻科　1-167
松科　1-386，2-010，2-012，2-014，2-016，2-019，2-184，2-185，2-187，2-191，2-195，2-198，2-201，2-204，2-208，2-213，2-220，2-224，2-230，2-235，2-239，2-242
松口蘑　1-010，1-064，1-079，1-212，1-213，1-214，1-215
松萝科　1-594，1-595，1-597
松萝属　1-594
松蘑　1-212
松茸　1-079，1-212，1-214
松乳菇　1-332，1-333，1-334
松伞蘑　1-300
松杉暗孔菌　1-401
松杉菌　1-332
松杉灵芝　1-009，1-035，1-047，1-060，1-064，1-070，1-097，1-450，1-451，1-452，1-453
松生拟层孔菌　1-434
松树伞　1-079，1-300
松塔牛肝菌　1-304，1-305
松塔牛肝菌科　1-304
松塔牛肝菌属　1-304
松下兰　5-492，5-493
松香草属　7-307
松蕈　1-212
松叶百合　8-199
松叶草　6-134
松叶毛茛　3-286
松叶乳汁大戟　4-634
松藻科　1-122
松藻属　1-122
松属　1-413，1-429，2-010，2-014，2-191，2-213，3-601
菘蓝属　3-562
楤木属　5-322
溲疏属　3-659

苏薄荷　6-339
苏联鸢尾　8-353
苏木山花葱　6-148
苏木帐子　6-357，6-381
苏叶蒿　3-394
宿根亚麻　4-604，4-605
粟麻　5-156
酸不溜　2-511，2-544
酸锄板　1-078，1-080，4-550
酸刺　5-170
酸丁　4-283
酸狗奶子　3-344
酸鸡溜　1-079，2-544
酸吉溜　2-544
酸姜　2-508，2-511
酸浆　1-061，1-079，1-092，2-486，2-511，2-544，3-648，4-544，5-590，5-593，6-462，6-463，6-466，6-470，6-471，6-472，6-518，6-519
酸浆草　2-486
酸浆属　6-462，6-466，6-518
酸溜溜　2-544，3-603，4-548
酸溜子草　2-511
酸六九　2-528
酸麻子　4-021
酸蚂蚱　2-620
酸蚂蚱花　2-620
酸迷迷草　4-544
酸米草　4-544
酸模　1-012，1-013，1-019，1-059，1-061，1-079，2-503，2-504，2-505，2-544，2-545，2-546，2-547，2-548，2-549，2-550，2-551，2-552，2-553，2-554，2-555
酸模属　2-544
酸模叶蓼　2-503，2-504，2-505
酸母　4-544
酸娘娘　5-590
酸胖　4-584，4-586
酸塔　3-603
酸桶芦　2-538
酸筒杆　2-538
酸窝窝　3-603
酸枣　1-013，2-259，2-408，2-434，3-066，3-380，5-018，5-101，5-102，5-103，8-173
酸枣子　5-101
蒜瓣子草　8-101
蒜苗草　8-101
随风草　6-563
随军茶　4-420
碎米荠　3-537，3-538，3-539，3-540，3-541，3-542，3-543
碎米荠属　3-537
碎叶苦荬菜　7-634

碎叶芹 5-449
碎叶山芹　　　5-449
穗花马先蒿　　1-013，6-539，6-541，6-542，6-543
穗花一叶兰　　8-629
穗花羽蝶兰　　8-612
穗状狐尾藻　　1-013，5-286，5-287
穗状假阴地蕨　2-050
缝瓣繁缕　　　2-596，2-597
缩箬　　8-477
锁驴草 8-421
锁阳　　1-012，1-046，1-097，5-294，5-295，5-419
锁阳科 5-294
锁阳属 5-294

T

塔松　3-603
塔头黄芩　　　6-413
台蘑　　1-314
台湾裂唇兰　　8-583
苔水花 2-447，2-448
苔藓植物　　　1-607，5-557，5-558，8
薹草属 8-574
太白茶 1-600，1-602
太白花 1-577
太白针 1-576，1-602
太平花 4-001，4-002，4-003，4-004
太平洋蓼　　　2-518，2-519
太阳花 4-552
太阳针 1-636
太子参 2-593，4-211，8-297
泰山何首乌　　6-109
泰山前胡　　　5-456
坛果拟水晶兰　5-486
檀　　1-011，1-014，1-064，2-404，2-462，3-364，
　　4-657，4-658，4-659，5-070，5-642，5-643，5-644，
　　5-645，8-085
檀香科 2-462
炭栗树 5-648
炭球菌 1-542，1-543
炭球菌属　　　1-542
汤罐头草　　　5-230
唐大黄 2-539
唐棣属 4-221
唐古特白刺　　4-584
唐松草 1-011，1-012，1-013，1-078，1-079，3-303，
　　3-304，3-305，3-306，3-307，3-308，3-309，3-310，
　　3-311，3-312，3-313，3-314，3-315，3-316，3-317，
　　3-318
唐松草属　　　3-303
棠梨　　1-300，1-339，4-250
糖茶藨子　　　4-017，4-018

糖定子 4-240
糖啶子 4-253
糖芥　　1-009，3-553，3-554，3-555，3-556，3-557，
　　3-558
糖芥属 3-553
糖李子 4-240
糖槭 5-040
趟子蘑 1-231，1-232
桃色女娄菜　　2-641，6-019
桃属　　2-284，3-434，3-448，3-457，4-262
桃叶蓼 2-498
桃叶卫矛　　　5-074
桃叶鸦葱　　　7-663，7-664
藤草　　6-435，6-632
藤长苗 6-160，6-161
藤荷包牡丹　　3-470
藤黄草 6-101
藤子　　1-080，2-426，3-367，5-065，5-077，6-179，
　　6-182，7-013
梯牧草 8-436，8-437
梯牧草属　　　8-436
提灯藓科　　　1-618
提灯藓属　　　1-618
蹄盖蕨科　　　2-094，2-095，2-096，2-098，2-100，
　　2-102
蹄盖蕨属　　　2-095，2-102
蹄叶橐吾　　　1-035，1-078，7-434，7-435，7-436
天韭 8-074
天蓝韭 8-092
天蓝苜蓿　　　4-442，4-443
天老星 8-495，8-498，8-504，8-511
天蓼　　2-495，3-440，3-444
天麻　　1-011，1-019，1-035，1-046，1-057，1-060，
　　1-061，1-063，1-081，3-096，6-028，6-446，7-276，
　　7-312，8-496，8-605，8-606，8-607，8-608，8-668
天麻属 8-605
天门冬属　　　8-104
天名精属　　　7-221
天目琼花　　　7-013
天目山蹄盖蕨 2-095
天南星 1-011，1-035，1-064，1-081，6-446，8-492，
　　8-495，8-496，8-497，8-498，8-500，8-501，8-502，
　　8-504，8-506，8-508，8-511，8-515，8-518
天南星科　　　8-492，8-495，8-498，8-504，8-508，
　　8-511，8-515，8-518
天南星属　　　1-081，8-495
天女花 1-063，1-068，1-079，3-056，3-057，3-058，
　　3-059，3-060，3-061
天女木兰　　　3-056
天泡草 6-470
天蓬草 1-597，2-601

天山报春　　　1-075，5-612，5-613，5-615
天山悬钩子　　4-191
天蒜　8-256
天仙子 1-012，1-020，1-035，1-057，6-450，6-451，
　　6-452，6-453，6-454，6-455，6-456
天仙子属　　　6-450
天星草 5-568
田草　4-378，7-570
田草苗 4-378
田葛缕子　　　5-396，5-397
田根　5-627
田苣　7-667
田苦荬菜　　　7-674
田麻　5-128，5-129
田麻属 5-128
田头菇 1-265
田头菇属　　　1-265
田旋花 1-012，6-173，6-174，6-175
田贲 5-396
田皂角 4-316
田皂角属　　　4-316
田紫草 6-218，6-219
田字草 2-170
甜草　4-378，8-456
甜草根 4-378，8-456
甜草根子　　　4-378
甜甘草 4-378
甜根　4-378，5-627，6-162，6-165，8-456
甜根草 8-456
甜根根 5-627
甜根子 4-378
甜铃铛 8-248
甜荞 2-478
甜甜 6-481
甜星星 6-481
甜玉竹 8-248
挑筐 3-404
条柄蜡蘑　　　1-206
条蒿 7-352
条裂虎耳草 4-029
条沙参 5-420
条纹口蘑　　　1-216
条叶百合　　　1-012，8-197，8-198
条叶车前　　　6-650，6-651
条叶龙胆　　　1-010，6-029，6-030
条叶旋覆花 7-234
筶柴胡 5-386
筶条 4-420
铁棒锤 5-294
铁灯芯 8-380
铁杆草 2-080，2-084
铁杆愁 4-610

铁杆刺龙芽　　5-322
铁杆蒿 7-185，7-348，7-350
铁秆菜 3-352
铁骨散 7-001
铁角蕨科　　　2-110，2-112，2-115
铁角蕨属　　　2-110
铁扫帚 3-001，4-401，4-433，4-434
铁扫帚苗　　　3-001
铁山药 8-316
铁杉灵芝　　　1-450
铁刷子 2-080，8-279
铁丝草 1-077，2-084，3-359
铁条　4-428，4-535
铁条草 4-535
铁筶条 4-426
铁头草 4-610
铁苋菜 1-012，1-020，1-031，4-610，4-611，4-612，
　　4-615
铁苋菜属　　　4-610
铁苋头 4-610
铁线草 2-084
铁线蕨科　　　2-084
铁线蕨属　　　2-084
铁线莲属　　　3-201
铁叶杨 2-301
莛子藨属　　　7-009
葶苈 1-020，1-032，1-078，2-434，3-315，3-544，
　　3-545，3-547，3-550，3-551，3-552，3-566，3-567，
　　3-568，3-571，4-635，7-347，7-600，8-141，8-349
葶苈属 3-550
葶苈子 2-434，3-315，3-544，3-545，3-547，3-566，
　　3-567，3-568，3-571，4-635，7-347，7-600，8-141
通经草 2-080，2-081
通气草 2-046
通泉草 6-509，6-510，6-511，6-512
通泉草属　　　6-509
同花母菊　　　7-408，7-409
铜草　6-292
铜绿乳牛肝菌 1-316
铜锣 2-522
铜锣根 2-522
铜钱草 5-568，6-303
铜丝草 1-077，2-080，2-084
童参　2-593
头巾草 6-417
头石竹 2-609，2-610
头穗莎草　　　8-567
头序甘草　　　4-375
头序蓼 2-491
头序歪头菜　　4-538，4-539
头状蓼 2-491
头状穗莎草　　8-567，8-568

透骨草 1-080，2-316，3-093，3-222，4-446，4-523，4-553，4-581，4-646，6-101，6-600，6-632，6-633，6-634，6-635，7-005

透骨草科 6-632

透骨草属 6-632

透茎冷水花 2-450，2-451

凸顶口蘑 1-216

凸脉薹草 8-574

秃果堇菜 5-204

秃老婆顶 1-647，7-550

秃马勃属 1-512

秃女子草 7-249

突节老鹳草 4-562，4-563

屠还阳参 7-605

土白及 8-650

土贝母 5-233，5-234，6-560，7-288，7-488，7-490，7-551，7-553

土薄荷 6-337

土大黄 2-539，2-542，2-549，2-552

土当归 1-080，5-325，5-326，5-327，5-350，5-358，5-366，5-426

土花 5-492

土黄连 1-079，3-245，3-303，3-317，3-472

土黄芩 3-135

土藿香 6-258

土荆芥 6-343，6-345，6-392

土精 5-334

土梨 4-250

土龙骨 8-316

土麻黄 2-046

土马鬃 1-636

土木草 2-046

土木香 7-247，7-248

土牛膝 3-042，5-076

土三七 3-630，6-226

土色牛肝菌 1-317

土生环锈伞 1-280，1-281

土细辛 1-080，3-115，5-193，6-101

土香薷 6-294

土星菌 1-500

土元胡 3-482

土庄花 4-065

土庄绣线菊 1-011，4-065，4-066

兔儿伞 1-012，1-020，7-417，7-419，7-464，7-465，7-466，7-467

兔儿伞属 7-464

兔儿尾苗 6-577，6-578，6-579

兔耳草 2-653，7-289

兔耳子草 7-259

兔毛蒿 7-337，7-405

兔油子草 8-101

兔子柴 5-070

兔子蹄 7-405

兔子拐棒 6-610

兔子拐棍 6-606，6-610，6-613，6-616，6-618，8-101

兔子拐杖 3-603，6-610

兔子腿 6-610，7-405

兔子油草根 8-101

菟葵 3-250，3-251，3-252，3-253

菟葵属 3-250

菟丝 6-179，6-181

菟丝子 1-012，1-020，1-035，3-377，4-205，4-350，4-682，5-404，6-179，6-180，6-181，6-182，6-183，6-184，6-607，7-366

菟丝子属 6-179

团球火绒草 1-012，7-256，7-257，7-258

团叶单侧花 5-496

团叶绣球 4-063

团叶绣线菊 4-063

豚草 7-261，7-262，7-263，7-264，7-265，7-266，7-267

豚草属 7-261

托盘 1-644，4-188，4-191，4-195，4-198，4-201，4-203，4-205

脱毛天剑 6-160

陀弗利亚圆柏 2-254

驼绒藜 2-668，2-669，2-670

驼绒藜属 2-668

驼舌草 5-620，5-621，5-622

驼舌草属 5-620

橐吾 1-009，1-010，1-012，1-013，1-035，1-063，1-078，1-081，7-151，7-422，7-423，7-424，7-425，7-426，7-427，7-428，7-429，7-430，7-431，7-432，7-433，7-434，7-435，7-436，7-438，7-439，7-441，7-442，7-443，7-444，7-445

橐吾属 7-151，7-422

W

挖耳草 7-224，7-228，7-229

洼瓣花 8-150，8-208，8-209

洼瓣花属 8-208

瓦花 3-603

瓦松 1-009，1-012，1-013，1-032，1-067，3-601，3-602，3-603，3-604，3-605，3-606，3-607，3-608，3-609，3-610，3-611，6-246

瓦松属 3-601

瓦塔 3-603

瓦韦属 2-154

歪棒子 2-379

歪脖菜 1-080，4-409，4-535，4-538，7-074

歪杠子 2-379

歪头 4-538

歪头菜 1-080，4-535，4-536，4-537，4-538，4-539
歪头草 4-535
歪柞 2-393
歪柞子 2-393
弯齿盾果草　6-229
弯管列当　1-012，6-618，6-619
弯果蒜芥　3-577
弯距狸藻　1-013，6-628，6-629
弯曲碎米荠　3-540，3-541
弯枝薄叶乌头 3-111
弯枝乌头　3-111，3-112，3-113
碗草 7-214
碗儿芹 1-080，5-463，5-467
碗蕨科 2-070，2-071
碗蕨属 2-070
万病草 3-408，3-411
万根草 8-456
万年蒿 7-348
万年青 2-029，5-517
万年松 2-004，2-019，2-029
万年藤 3-400
万年藓 1-010，1-626，1-627
万年藓科　1-626
万年藓属　1-626
万寿竹属　8-127
万岁 2-029
王八脆 1-079，3-659，3-663，4-053，4-058
王八骨头　1-081，4-260，4-426，6-665，6-668，
　6-673
王八柳 2-320
王八爬 6-179
王不留 2-653
王不留行　2-638，2-641，2-653，3-402，5-011，
　5-076，6-565，7-655
网纹灰包　1-506
网纹马勃　1-010，1-013，1-506，1-507，1-508，
　1-509
网褶菌科 1-296
网褶菌属 1-296
菵草 8-431，8-432，8-433
菵草属 8-431
菵米 8-431
威灵仙 1-012，1-080，2-017，3-152，3-186，3-204，
　3-207，3-211，4-553，4-581，4-655，5-076，5-320，
　6-406，6-589，6-590，6-591，6-593，8-276，8-573
葳蕤 4-593，8-231
葳严仙 3-352，3-353，3-354
薇菜 2-062，2-065
薇草 6-086
伪泥胡菜　7-570，7-571，7-572，7-573
苇子 1-081，8-410，8-412

尾瓣舌唇兰　8-653
尾穗苋 3-044，3-045
尾叶香茶菜　1-080，6-377，6-378，6-379，6-380
尾珍珠菜 5-590，5-593
委陵菜 1-013，1-020，1-031，3-524，4-084，4-085，
　4-104，4-115，4-119，4-120，4-121，4-122，4-123，
　4-124，4-125，4-126，4-127，4-128，4-129，4-130，
　4-131，4-132，4-133，4-134，4-135，4-136，4-140，
　4-141，4-142，4-143，4-144，4-145，4-146，4-147，
　4-148，4-149，4-150，4-151，4-152，4-153，4-154，
　4-155，4-156，4-157，4-158，4-159，4-211，5-656
委陵菜属　4-084，4-104
萎陵菜 4-119，4-131，4-137，4-144，4-147
萎蕤 8-231
卫矛 1-013，1-019，5-062，5-065，5-068，5-069，
　5-070，5-071，5-072，5-073，5-074，5-077
卫矛科 5-062，5-065，5-068，5-070，5-074，5-077
卫矛属 5-068
猬菌 1-374
蝟菊 1-012，7-545，7-548，7-549
蝟菊属 7-545
魏氏碗蕨 2-071
温旦革子 5-046
温普乌饭树 5-547
温泉瓶尔小草 2-059
文官果 5-046
文冠果 5-046，5-047
文冠果属 5-046
文冠树 5-046
文光果 5-046
蚊母草 1-011，6-580
蚊母婆婆纳 6-580
蚊蚊草 8-425
蚊子草 4-089，4-090，4-091，4-092，4-093，4-094，
　4-095，4-096，4-097，6-435，8-423
蚊子草属 4-089
稳心草 6-050
问荆 1-012，1-020，1-079，2-034，2-035，2-037，
　2-038，2-039，2-040，2-541，7-338
问荆木贼 2-037
莴苣属 7-625
卧儿菜 3-624
卧茎景天 3-628
卧孔菌属 1-429
渥丹 1-081，8-182，8-185
乌拉花 3-093，3-109，3-114
乌兰高腰 5-294
乌蓼 2-488
乌麦 8-438
乌苏里党参 7-121
乌苏里黄芩 6-411

乌苏里景天　　3-614
乌苏里李　4-299
乌苏里蜻蜓兰　8-664
乌苏里鼠李　5-093，5-094
乌苏里瓦韦　1-010，1-020，1-026，1-032，1-039，
　1-054，1-059，1-061，1-078，1-098，2-154，2-155，
　2-156，2-167
乌苏里绣线菊　4-073
乌苏里竹叶兰　8-664
乌头属　3-078
乌腺金丝桃　　3-454
乌心草　7-287
乌鸦子　5-319
乌眼子　5-642
屋根草　7-598，7-599，7-600，7-601，7-603，7-604
无斑叶猪牙花　8-136
无柄马勃　1-512
无翅猪毛菜　　3-032，3-033
无刺鳞水蜈蚣　1-013，8-572，8-573
无根草　6-179，6-182，6-184
无根藤　6-179，6-182
无梗五加　　1-020，1-064，1-098，5-319，5-320，
　5-321
无患子科　　5-044，5-046
无茎委陵菜　　4-125
无毛凤丫蕨　　2-090，2-091
无毛千屈菜　　5-249
无毛溲疏　3-661
无心菜　2-570，2-571，7-464
无心菜属　2-570
无银粉背蕨　　2-081
无柱兰　1-014，8-580，8-581，8-582
无柱兰属　8-580
吴茱萸属　4-657
蜈蚣草　3-530，5-244，6-101，6-224，7-319，7-322
蜈蚣柳　2-291
蜈蚣漂　2-174
蜈蚣萍　2-174
蜈蚣藻　1-158，1-159
蜈蚣藻属　1-158
五倍子树　　5-008
五齿耙　4-577
五毒草　6-563
五毒根　3-093，3-114
五福花　7-028，7-029，7-030，7-031
五福花科　7-028
五福花属　7-028
五谷树　5-650
五加科　5-314，5-319，5-322，5-325，5-328，5-331，
　5-334
五加皮　2-316，2-444，3-223，4-465，5-314，5-316，
　5-318，5-319，5-330，6-120，6-121，6-122，6-123，
　7-302，7-304
五加皮木　　5-319
五加参　5-314
五加属　5-314
五角枫　5-022
五角槭　5-022，5-026
五角叶粉背蕨　2-080
五脚树　5-026
五郎头　5-322
五棱鬼笔　1-496
五棱散尾鬼笔　1-496，1-497
五脉百里香　　6-435
五脉山黧豆　　4-414
五脉香豌豆　　4-414
五梅子　3-064
五匹风　4-123
五气朝阳草　　4-101
五蕊柳　2-312，2-313，2-314
五味子　1-010，1-020，1-024，1-035，1-055，1-057，
　1-058，1-059，1-060，1-079，1-099，2-274，3-064，
　3-065，3-066，3-067，3-068，3-069，4-192，4-344，
　4-345，4-380，4-681，5-337，5-338，5-404，6-181，
　6-386，7-058，7-059，7-150，7-436，7-500，8-103，
　8-141，8-322
五味子科　　3-064
五味子属　　3-064
五行菜　2-564
五叶地锦　　5-120，5-121，5-122，5-123
五叶黄精　　8-240，8-241，8-242，8-243
五叶爬山虎　　5-120
五月菊　7-159
五爪龙　4-123，4-158
五指风　6-247
捂梨蒿　7-378，7-382
舞鹤草　1-078，8-210，8-211，8-212，8-213，8-214
舞鹤草属　8-210
靰鞡花　3-087，3-093，3-114
雾滨藜　2-667
雾冰草　2-667
雾冰藜　2-667
雾冰藜属　2-667
雾灵景天　3-612
雾灵落叶松　2-198
雾灵山蹄盖蕨　2-096

X

西伯利亚艾菊　7-405
西伯利亚白刺　4-586
西伯利亚败酱　7-050，7-051

西伯利亚报春　5-612
西伯利亚赤杨　2-332
西伯利亚刺柏　1-009，1-063，2-237，2-252，2-253
西伯利亚杜松　2-252
西伯利亚番薯　6-185
西伯利亚福寿草　　3-133
西伯利亚红松　2-220
西伯利亚花锚　6-054
西伯利亚老鹳草　　4-577
西伯利亚蓼　1-012，2-508，2-509
西伯利亚山莴苣　　7-625
西伯利亚铁线莲　1-009，3-228，3-229
西伯利亚橐吾　7-438
西伯利亚小檗　1-012，3-344，3-345
西伯利亚杏　4-265
西伯利亚鱼黄草　　6-185
西伯利亚远志　1-013，1-035，5-004，5-005
西番谷　3-044
西风谷　3-044，3-046
西瓜花　5-144
西河柳　4-492，5-222，5-223，6-215
西秦艽　6-031
西藏点地梅　5-583，5-584
薪蒻　1-012，1-020，3-579，3-580，3-581，3-582，
　3-583
薪蒻属　3-579
薪蒻子　3-579，3-581
稀花蓼　2-533，2-534
溪洞碗蕨　2-071
溪黄草　6-374，6-375，6-376
溪木贼　2-040，2-041，2-042
溪畔银莲花　　3-135
溪荪　1-013，8-360，8-361，8-363，8-364，8-365
溪泽藓　1-622
豨莶　1-032，1-081，2-470，5-076，5-316，6-246，
　6-661，7-301，7-302，7-303，7-304，7-305，7-306，
　8-496
豨莶草　2-470，5-076，5-316，6-246，6-661，7-301，
　7-304，8-496
豨莶属　7-301
蟋蟀草　8-421
席机草　8-447
席子草　8-558
媳妇菜　3-368，7-052，7-055
媳妇尖　3-367，3-368
洗衣草　3-676
喜冬草　1-011，5-488，5-489，5-490，5-491
喜冬草属　5-488
喜马拉雅茶藨子　　4-017
细齿南星　8-504
细齿贞蕨　2-102

细灯心草　　8-385
细灯芯草　　8-385
细叠子草　6-198
细萼无柱兰　8-580
细秆萤蔺　8-565
细梗胡枝子　4-435
细梗石头花　2-624
细梗丝石竹　2-624
细果角茴香　3-514
细茎黄鹌菜　8-024，8-025
细茎银莲花　3-164，3-165，3-166，3-167
细茎鸢尾　8-353
细毛火烧兰　1-011，8-601
细毛鳞蕨　2-070
细毛碗蕨　2-070
细毛蚤缀　2-574
细木通　3-400
细弱红菇　　1-330
细参　3-408，3-411
细石蕊　1-009，1-576
细丝韭　8-077
细穗密花香薷　6-290
细穗香薷　6-290
细穗苎麻　2-438
细葶无柱兰　8-580
细苋　　3-050
细辛　1-011，1-031，1-032，1-050，1-051，1-058，
　1-059，1-060，1-061，1-063，1-064，1-079，1-080，
　2-274，3-095，3-115，3-116，3-258，3-259，3-260，
　3-359，3-394，3-408，3-409，3-410，3-411，3-412，
　3-413，4-312，5-193，5-365，5-434，6-101，6-232，
　6-385，7-076，7-150，7-235，7-239，7-244，7-500，
　8-297，8-610
细辛幌子　1-079，3-359
细辛属　1-079，3-258，3-408
细野麻　2-438，2-439
细叶白前　6-104
细叶白头翁　3-278，3-279
细叶百合　8-170
细叶柴胡　5-382
细叶车前　6-650
细叶葱　8-077
细叶地榆　4-215
细叶毒芹　5-400
细叶杜香　1-061，5-517
细叶费菜　3-630
细叶藁本　5-436，5-437，5-438，5-439，5-440
细叶孩儿参　2-589，2-590
细叶蒿　2-324，2-325，7-343
细叶蒿柳　2-325
细叶胡枝子　4-433

细叶黄鹌菜　8-021，8-022，8-023
细叶黄乌头　3-090
细叶角茴香　3-512
细叶景天　3-635
细叶韭 8-077，8-078
细叶蓝盆花　7-065
细叶马蔺　8-376
细叶马先蒿　6-529
细叶婆婆纳　1-013，6-566，6-567
细叶沙参　7-090
细叶山萝卜　7-065
细叶穗花　6-566
细叶铁线莲　3-217，4-110
细叶蚊子草　4-096，4-097
细叶乌头　1-009，3-106，3-107，3-108
细叶小檗　1-013，1-031，3-349，3-350，3-351
细叶小羽藓　1-630，1-631
细叶鸦葱　7-654
细叶益母草　1-031，1-032，1-080，6-323，6-325，
　　6-326
细叶鸢尾　8-376，8-377，8-378，8-379
细叶远志　4-680
细叶泽芹　5-474
细叶针刺草　7-274
细柱柳 2-326，2-327
虾根　2-522
虾钳草 7-271
虾参　2-522
虾藻　8-068
瞎头菜 3-646
狭苞斑种草　6-200，6-201
狭苞橐吾　1-010，1-013，1-081，7-151，7-442，
　　7-443，7-444，7-445
狭裂延胡索　3-482
狭裂珠果黄堇　3-499
狭裂准格尔乌头　　3-118
狭香蒲 8-546
狭叶艾 7-359
狭叶柴胡　5-382
狭叶当归　5-356，5-357
狭叶杜香　5-517
狭叶短毛独活　5-428
狭叶费菜　3-634
狭叶蒿 7-339
狭叶黑三棱　8-533
狭叶红景天　3-622，3-623
狭叶黄精　1-011，1-019，1-035，8-228，8-229，
　　8-230
狭叶黄芩　6-413，6-414
狭叶假繁缕　2-589
狭叶锦鸡儿　4-363，4-364

狭叶蔓乌头　3-097
狭叶瓶尔小草　1-010，1-063，2-059
狭叶荨麻　1-010，1-032，1-059，1-079，2-456，
　　2-457，2-458，2-459
狭叶沙参　7-097，7-098
狭叶砂引草　6-223
狭叶山罗花　6-517
狭叶舌唇兰　8-648
狭叶香蒲　8-542
狭叶鸦葱　7-657，7-659
狭叶野大豆　4-374
狭叶益母草　6-323
狭叶玉竹　8-228
狭叶展枝沙参　7-080
狭叶珍珠菜　5-596，5-597
霞草　2-620，2-626
夏黄芪 4-349，4-351
夏枯草 2-470，3-536，4-546，5-076，5-393，6-026，
　　6-027，6-246，6-264，6-306，6-369，6-371，6-372，
　　6-480，6-550，7-391，8-223
夏枯草属　6-369
夏枯头 6-369
夏至草 1-014，6-306，6-307，6-308，6-309
夏至草属　6-306
仙草　1-447，4-077，5-284，5-286，6-132，6-142，
　　6-343，7-231
仙鹤草 2-031，2-233，2-507，3-168，4-077，4-211，
　　4-405，5-190，5-201，6-226，6-550，6-551，6-585，
　　6-586，7-288，8-349
仙鹤咀 4-577
仙茅参 7-654
仙人对座草　6-584
仙桃草 6-572，6-580
纤弱黄芩　6-398，6-399
鲜卑侧柏　2-252
鲜卑五针松　2-220
鲜黄连 1-011，3-359，3-360，3-361
鲜黄连属　3-359
藓状景天　3-626，3-627
苋菜　1-012，1-020，1-031，1-079，1-329，3-046，
　　3-050，3-051，4-610，4-611，4-612，4-615，5-146，
　　7-124
苋科　2-564，3-042，3-044，3-046，3-050，3-051
苋属　2-564，3-044
线裂齿瓣延胡索　　3-485
线裂堇叶延胡索　3-493
线裂老鹳草　4-564，4-565，4-566
线柳　2-317
线麻　2-423
线叶百合　8-170
线叶柴胡　1-013，5-386，5-387

线叶菊 7-387，7-405，7-406，7-407
线叶菊属　　　7-405
线叶茅膏菜 3-466，3-467
线叶石韦　　2-167
线叶旋覆花　7-234，7-235，7-236，7-237
腺地榆 4-214
腺地榆 4-214
腺独行菜　　3-566，3-570
腺梗菜 7-214
腺梗豨莶　　1-032，1-081，7-301，7-302，7-303，
　　7-304，7-306
腺茎独行菜　3-566
腺鳞草 6-063
腺毛虎耳草　4-037，4-038
腺毛花葶　　6-152
腺毛黄芩　　6-400
腺毛唐松草　3-317
腺毛委陵菜　4-156，4-157
腺叶长白蔷薇 4-170
香柏　2-256，2-262
香杯伞 1-223
香草　　4-077，4-448，4-452，5-433，5-436，5-517，
　　6-258，7-307，7-308，7-309，8-122，8-440
香茶菜 1-080，2-047，6-374，6-377，6-378，6-379，
　　6-380，6-381，6-382，6-383
香茶菜属　　6-374
香柴胡 5-382，5-386
香大活 5-363
香甘菊 7-408
香藁本 5-433
香根芹 5-444，5-445，5-446
香根芹属　　5-444
香菇　1-010，1-183，1-184，1-185，1-186，1-187
香菇属 1-183
香蒿　4-526，7-341，7-343，7-378，7-382，8-514
香花草 3-559
香花芥 3-559，3-560，3-561
香花芥属　　3-559
香椒子 4-668
香芥　3-559
香荆芥 6-392
香景天 3-612
香菌　1-183
香蓼　1-013，2-500，2-501，2-502，2-503
香鳞毛蕨　　1-009，2-138，2-139
香铃草 5-144
香马料 4-448
香蘑属 1-231
香蒲　1-012，1-013，1-032，1-081，8-357，8-536，
　　8-537，8-538，8-539，8-540，8-541，8-542，8-543，
　　8-544，8-545，8-546，8-547

香蒲科 8-536，8-540，8-542，8-545，8-546
香蒲属 8-536
香蒲叶鸢尾　　8-357
香芹　　5-430，5-431，5-432
香青兰 1-013，6-278，6-279，6-281
香青属 7-219
香薷　　1-013，1-020，1-031，1-061，1-080，1-099，
　　2-470，3-380，6-285，6-288，6-289，6-290，6-291，
　　6-292，6-293，6-294，6-295，6-296，6-297，6-298
香薷属 6-288
香栓菌 1-408
香水花 8-122
香水水草　　6-413
香唐松草　　3-317，3-318
香桃　2-635
香杨　2-188，2-299，2-300，2-301
香叶柴胡　　5-382
香叶菊 7-392
香叶鳞毛蕨　2-138
香油罐 7-221
祥菜　8-083
响头菜 8-083
响叶杨 2-301
向日葵列当　6-618
向日葵属　　7-291
橡栎　2-377
橡树　2-391
橡子　2-377，2-381，5-008
橡子树 2-377，2-381，5-008
小白蒿 3-674，7-253，7-337，7-378，7-382
小白花地榆　1-013，1-019，4-216，4-217，4-218
小白酒草　　7-163
小斑叶兰　　1-009，8-609，8-610，8-611
小棒槌 4-209
小被单草　　2-606
小扁豆 4-678，4-679
小便草 3-454
小滨菊 7-387，7-388
小滨菊属　　7-387
小檗　1-012，1-013，1-031，3-344，3-345，3-346，
　　3-348，3-349，3-350，3-351，3-353，3-355，3-359，
　　4-211，6-003，6-005，8-297
小檗科 3-344，3-346，3-349，3-353，3-355，3-359
小檗属 3-344
小草　1-010，1-063，2-056，2-057，2-058，2-059，
　　2-447，3-287，4-680，5-571，6-129，6-196，6-621，
　　7-028，7-385，8-522
小车前 6-640，6-650
小雏兰 8-580
小刺叉 7-274
小丛红景天　　3-612，3-613

小灯心草　8-383
小灯芯草　8-383，8-384
小地梨 6-423
小点地梅　5-571，5-572
小丁黄 4-384
小顶羊肚菌　1-558
小豆瓣 3-630
小豆瓣菜　3-630
小豆秧 4-535
小多足蕨　2-159
小儿刺 4-310
小二仙草科　5-284，5-286
小樊花子　4-401
小放牛 8-558
小飞蓬 7-163
小凤尾草　2-110
小葛瓢 6-091
小蛤蜊瓢　6-104
小根地丁　3-506
小根蒜 8-083，8-085
小狗卵子　8-597
小姑菜 8-083
小谷精草　8-404
小鬼叉 1-081，7-271，7-274，7-277，7-279，7-285
小果白刺　4-586，4-587，4-588，4-589，4-590
小果红莓苔子　5-558，5-559
小孩拳头　6-142
小黑三棱　8-530，8-531
小红菊 1-013，7-395，7-396
小猴头菌　1-379
小虎舌兰　8-602
小花扁担杆　1-014，5-130，5-131
小花草玉梅　3-147，3-148
小花地丁　3-506
小花地瓜苗　6-327
小花地笋　6-327，6-328
小花杜鹃　5-525
小花鬼针草　7-274，7-275，7-276
小花黄芩　6-398
小花火烧兰　8-599，8-601
小花金银花　6-665
小花耧斗菜　1-009，3-167，3-168
小花木兰　3-056
小花墙草　2-445
小花蜻蜓兰　1-010，8-664，8-665
小花葱 6-148
小花鼠尾草　6-387
小花溲疏　3-665，3-666
小花糖芥　3-557
小花紫草　6-217
小画眉草　8-425，8-426

小黄花 1-081，7-240，8-155，8-156，8-157，8-159
小黄花菜　1-081，8-155，8-156，8-157，8-159
小黄芩 6-405
小黄紫堇　3-504，3-505
小灰菜 3-004，3-011
小鸡根 4-680
小鸡兰 8-645
小鸡腿 4-680
小鸡油菌　1-344，1-345
小蓟 2-408，2-546，3-010，3-380，3-436，6-150，
　6-345，6-388，6-550，7-510，7-512，7-667
小角子花　5-199
小接骨丹　5-109
小接筋草　2-007
小金发藓　1-010，1-634，1-635
小金发藓属　1-634
小堇菜 5-178
小锯齿草　6-132
小蕨鸡 2-083
小口袋花　8-586
小苦菜 7-620
小苦荬属　7-615
小拉瓜瓢　6-104
小辣椒 3-297
小老鸹眼　5-114，6-106
小老鹳筋　4-577
小涝豆秧　4-371
小犁头草　5-212
小藜 3-011，3-012
小连翘 3-448，3-454
小龙胆 6-045，6-047
小芦藜 8-122，8-231
小芦玲 8-122
小麻黄 2-276
小马勃 1-506
小马层子　4-339
小马尿溲　4-053
小芒草 8-479
小猫眼花　5-598
小美羊肚菌　1-563
小米草 6-496，6-497，6-498，6-499
小米草属　6-496
小米空木　4-075，4-076
小米空木属　4-075
小米口袋　4-384
小磨菜 8-083
小囊兰 8-586
小黏染子　6-209
小牛肝菌　1-010，1-308，1-309，1-310，1-311
小牛肝菌属　1-308
小蓬草 7-163，7-164，7-165，7-166

小皮袄 1-081，7-214
小皮伞属　　1-229
小瓢菜 3-673
小瓢花 3-673
小平菇 1-178
小苹果 5-547
小婆婆纳　　6-572，6-573
小窃衣 1-010，1-020，1-032，5-482，5-483
小秦艽 6-034
小青草 2-535
小青杨 2-307，2-308
小伞属 1-210
小山白薯　　6-559
小山锄板　　4-548
小山菊 7-401，7-402，7-403，7-404
小山蒜 8-083，8-256
小杉兰 2-007
小杉叶石松　　2-007
小升麻 3-642
小石韦 2-161
小松树 1-636
小苏子 6-343
小酸浆 6-470
小天老星　　8-511
小天仙子　　1-012，1-020，6-454，6-455，6-456
小通泉草　　6-509
小头草 7-586
小托盘 4-188
小瓦松 3-607，3-608
小无心菜　　2-570
小媳妇菜　　3-368
小媳妇尖　　3-367
小香蒲 1-032，8-545
小悬钩子　　4-191
小旋花 6-162，6-173
小羊肚菌　　1-563
小野珠兰　　4-075
小叶白蜡　　5-662
小叶白蜡树　　5-662
小叶草 3-303，3-306，3-308，4-464，6-589，7-319
小叶桴 1-013，5-662，5-663
小叶茶藨　　4-021
小叶地笋　　6-329，6-330
小叶丁香　　6-012
小叶杜鹃　　5-530
小叶椴 5-135，5-137
小叶贯众　　2-121
小叶红山萝卜　　5-478
小叶红柞　　2-381
小叶槲树　　2-381
小叶鸡尾草　　2-110

小叶金老梅　　4-104
小叶金露梅　　4-104，4-105，4-106
小叶金雀花　　4-360
小叶锦鸡儿　　1-013，4-360，4-361，4-362
小叶芦 3-114，8-231，8-415
小叶芦苇　　8-415
小叶毛茛　　3-287
小叶朴 2-400，2-401
小叶巧玲花　　6-012，6-013
小叶芹 1-080，5-346，5-442，5-449，5-453，5-482
小叶芹幌子　　5-453
小叶秦艽　　6-034
小叶忍冬　　6-657，6-658
小叶桑 2-436
小叶鼠李　　5-097，5-098
小叶悬钩子　　4-198
小叶旋覆花　　4-361，7-249
小叶雅鹊饭　　6-240
小叶杨 2-301，2-309，2-310，2-311
小叶紫椴　　5-138
小叶柞 2-381
小姨子花　　2-611
小银莲花　　3-164
小鱼仙草　　6-343
小羽藓属　　1-631
小玉竹 1-019，1-035，8-244，8-245，8-246，8-247
小远志 4-678
小沾染子　　6-205，6-211
小粘染子　　6-209
小掌叶毛茛　　3-287，3-288
小猪叶 2-488
小柱兰 8-629
篠悬叶瓜木　　5-296
楔叶茶藨　　4-019
楔叶菊 7-397，7-398，7-399
蝎子草 2-440，2-441，2-456
蝎子草属　　2-440
蝎子掌 3-591
邪蒿 5-430，7-341
斜盖粉褶菌　　1-290，1-291，1-292
斜盖菇 1-224
斜盖伞 1-224
斜盖伞属　　1-224
斜茎黄芪　　1-009，4-333，4-334，4-335
斜茎黄耆　　4-333
鞋底油 8-256
缬草　　1-013，1-019，1-035，6-150，7-052，7-053，
　　7-054，7-055，7-056，7-057，7-058，7-059
缬草属 7-052
薤白　　1-012，1-032，1-040，1-057，1-081，3-545，
　　3-568，8-083，8-084，8-085，8-086，8-097

蟹甲草属　　　7-417
蟹味菇 1-225
心叶报春　　　5-601
心叶露珠草　　5-258
心叶牛尾菜　　8-273
心叶沙参　　　7-083
芯芭　　　1-012，6-490，6-491，6-493，6-494，6-495
芯芭属 6-490
新疆五针松　　2-220，2-221，2-222，2-223
新罗松 2-213
新蹄盖蕨　　　1-079，2-102，2-103
新蹄盖蕨属　　2-102
焮麻 2-452
兴安白头翁　　1-010，1-031，3-283，3-284，3-285
兴安白芷　　　5-363
兴安百里香　　1-009，6-441
兴安薄荷　　　6-337，6-338
兴安柴胡　　　1-012，5-376，5-377
兴安虫实　　　3-017，3-018
兴安点地梅　　5-571
兴安独活　　　5-423，5-424，5-425
兴安杜鹃　　　1-009，1-020，1-032，1-033，1-057，
　　1-061，1-080，1-100，2-347，5-533，5-535，5-536，
　　5-537，5-538，5-539，5-540
兴安鹅不食　　2-574
兴安胡枝子　　4-426，4-427
兴安黄芪　　　4-346
兴安桧 2-254
兴安老鹳草　　4-568，4-569
兴安藜芦　　　1-019，1-035，8-303，8-304，8-305
兴安鹿蹄草　　5-509，5-510，5-511
兴安鹿药　　　1-010，8-260，8-261，8-262
兴安落叶松　　2-191
兴安毛连菜　　7-643
兴安牛防风　　5-423
兴安秦艽　　　6-034
兴安青兰　　　6-276
兴安蛇床　　　5-405，5-406
兴安升麻　　　1-009，1-019，1-031，1-057，1-058，
　　3-190，3-191，3-192，3-193
兴安石竹　　　2-614
兴安鼠李　　　5-090
兴安糖芥　　　3-556
兴安天门冬　　8-108，8-109
兴安缬草　　　7-055
兴安悬钩子　　4-193，4-194
兴安一枝蒿　　7-204
兴安一枝黄花　1-009，7-204，7-205，7-206，7-208
兴安圆柏　　　1-009，2-254，2-255
星毛委陵菜　　4-125，4-126
星星草 4-614，8-423，8-425

星状刺果藜　　2-667
杏属 4-265
杏条　　　1-080，4-398，4-420，4-642
杏叶菜 7-083
荇　　　1-013，1-064，1-072，1-080，6-073，6-075，
　　6-076，6-077，6-079
荇菜　　　1-013，1-064，1-072，1-080，6-073，6-075，
　　6-076，6-077，6-079
荇菜属 6-073
莕菜　　　6-073，6-075
秀丽百合　　　8-192
秀丽马先蒿　　6-528
袖珍斑叶兰　　8-609
绣球菌 1-362，1-363
绣球菌科 1-362
绣球菌属 1-362
绣球绣线菊　　4-071，4-072
绣球蕈 1-362
绣线菊　　　1-009，1-011，1-013，4-058，4-059，4-060，
　　4-061，4-062，4-063，4-064，4-065，4-066，4-067，
　　4-068，4-069，4-070，4-071，4-072，4-073，4-074
绣线菊属　　　4-058
绣线梅 4-058
锈铁棒 5-294
徐长卿　　　1-012，1-019，1-032，1-057，1-064，1-080，
　　3-370，6-097，6-101，6-102，6-103
续断菊 7-677
续骨木 7-001
萱草　　　1-010，1-060，1-081，8-152，8-155，8-160，
　　8-161，8-162，8-163，8-165
萱草属 8-152
萱藻　　　1-126，1-127
萱藻科 1-126
萱藻属 1-126
玄参　　　1-011，1-019，1-031，3-370，6-246，6-385，
　　6-490，6-494，6-496，6-498，6-500，6-502，6-503，
　　6-504，6-507，6-509，6-512，6-514，6-518，6-520，
　　6-522，6-524，6-525，6-528，6-529，6-531，6-534，
　　6-536，6-539，6-544，6-546，6-549，6-550，6-551，
　　6-552，6-554，6-555，6-556，6-557，6-558，6-559，
　　6-560，6-561，6-562，6-563，6-566，6-568，6-570，
　　6-572，6-574，6-577，6-580，6-581，6-584，6-586，
　　6-587，6-589，6-594，7-494，8-173，8-297，8-337，
　　8-607
玄参科 6-490，6-494，6-496，6-498，6-500，6-502，
　　6-503，6-504，6-507，6-509，6-512，6-514，6-518，
　　6-520，6-522，6-524，6-525，6-528，6-529，6-531，
　　6-534，6-536，6-539，6-544，6-546，6-549，6-552，
　　6-554，6-556，6-559，6-561，6-563，6-566，6-568，
　　6-570，6-572，6-574，6-577，6-580，6-581，6-584，
　　6-586，6-587，6-589，6-594

玄参属 6-554

悬钩子属　　4-188

旋覆花 1-009，1-020，1-035，3-315，4-361，4-427，
7-231，7-232，7-233，7-234，7-235，7-236，7-237，
7-238，7-239，7-240，7-241，7-243，7-244，7-245，
7-246，7-249

旋覆花属　　7-231

旋花　1-012，6-158，6-160，6-162，6-165，6-167，
6-170，6-171，6-172，6-173，6-174，6-175，6-176，
6-177，6-178，6-179，6-182，6-184，6-185，6-187，
6-192

旋花科 6-158，6-160，6-162，6-165，6-167，6-170，
6-173，6-176，6-179，6-182，6-184，6-185，6-187，
6-192

旋花属 6-170

旋蒴苣苔　　1-013，1-064，6-602，6-603，6-604，
6-605

旋蒴苣苔属　　6-602

雪白委陵菜　4-127，4-128

雪地茶　1-100，1-602，1-603

雪耳　1-468

雪莲花 3-128，3-131，3-133，7-554，7-555

雪柳　5-650，5-651

雪柳属 5-650

雪山点地梅　　5-575

血耳　1-470

血红铆钉菇　　1-013，1-064，1-079，1-300，1-301

血红山楂　　4-236

血红栓菌　1-403，1-404

血芨芨草　2-161

血见愁 3-008，3-167，3-169，3-172，4-610，4-614

血筋草 6-473

血经草 5-590

血参　　5-334，6-384

血参根 6-384

熏黄芩 6-405

薰牙子 6-450

枸子木 4-222，4-224，4-226

枸子属 4-222

Y

压花苗 6-162

压水草 8-062

鸦葱　1-012，1-013，1-014，1-081，7-652，7-653，
7-654，7-655，7-656，7-657，7-658，7-659，7-660，
7-661，7-662，7-663，7-664，7-665，7-666

鸦葱属 7-652

鸦食　5-065，5-074

鸭巴前胡　　5-366，5-367

鸭巴芹 5-366，5-463，5-467

鸭巴掌 3-292，3-295，5-463，5-467

鸭蛋黄花　7-474

鸭儿芹 1-011，5-412，5-413，5-414

鸭儿芹属　　5-412

鸭儿嘴 8-330

鸭脚板 3-289，3-297，5-412

鸭脚板草　　5-412

鸭脚草 4-580

鸭脚老鹳草　　4-580

鸭绿报春　　5-601

鸭绿江蔍草　8-554

鸭绿乌头　　3-109，3-110

鸭舌草 1-013，8-330，8-331，8-390

鸭舌头草　　8-330

鸭掌芹 5-463，5-467

鸭跖草 1-081，3-334，4-211，7-311，8-390，8-391，
8-392，8-393，8-394，8-396，8-399

鸭跖草科　　8-390，8-394，8-396，8-399

鸭跖草属　　8-390

鸭爪草 8-390

鸭爪子 1-078，3-292

鸭子巴掌菜　4-115

鸭子草 8-062，8-066

鸭子食 1-060，1-081，7-615，7-620，7-637，7-649，
7-674

鸭子嘴 2-508，2-596

鸭嘴菜 8-330

牙齿草 8-062，8-066，8-067

牙疙瘩 1-081，5-547

崖柏属 2-262

崖椒 4-668

崖桑 2-429

崖棕 8-576

雅致乳牛肝菌 1-314

亚侧耳 1-077，1-180，1-181

亚侧耳属 1-180

亚地柏 2-028

亚黑管菌 1-393

亚灰树花 1-384

亚麻科 4-600，4-604，4-606

亚麻属 4-600

亚美蛾眉蕨 2-100

亚美蹄盖蕨 2-100

亚绒白乳菇 1-336

亚绒盖乳菇 1-336

亚洲百里香 6-435

亚洲薹 1-009，7-329，7-330，7-331，7-332

亚砖红沿丝伞 1-270

咽喉草 3-512，3-514

烟袋草 7-224，7-227，7-228

烟袋锅草　　7-221，7-228

烟袋锅花　　　1-079，3-408，3-411
烟袋油子　　　2-084，2-102
烟袋油子草　　2-084
烟管蓟 1-012，1-081，7-532，7-533，7-534
烟管菌 1-392，1-393
烟管菌属　　　1-392
烟管头草　　　7-224，7-225，7-226
烟色多孔菌　　1-392
烟色韧革菌　　1-358
烟色血革　　　1-358
烟色烟管菌　　1-393
烟云杯伞　　　1-221
胭脂报春　　　5-609
胭脂花 5-609，5-610，5-611
延龄草 1-011，1-063，8-288，8-289，8-290，8-291
延龄草属　　　8-288
岩败酱 1-009，7-040，7-041，7-042
岩葱　8-093
岩风属 5-430
岩高兰科　　　5-562
岩高兰属　　　5-562
岩蒿　　7-346，7-347
岩黄芪属　　　4-386
岩茴香 5-440，5-441
岩蕨　　2-128，2-130，2-131
岩蕨科 2-128，2-130，2-131
岩蕨属 2-128，2-130
岩苦荬菜　　　7-634
岩青兰 6-284，6-285
岩桑　2-429
岩香菊 7-392
盐地碱蓬　　　3-037，3-038，3-039
盐肤木 1-011，1-032，1-064，5-008，5-009，5-010，
　　5-011，5-012
盐肤木属　　　5-008
盐肤树 5-008
盐肤子 5-008
盐蒿　　3-034，7-372，7-373
盐蒿子 3-034
盐角草 3-026
盐角草属　　　3-026
盐生车前　　　6-649
眼子菜 1-013，8-062，8-063，8-064，8-065，8-066，
　　8-067，8-068，8-070，8-071
眼子菜科　　　8-062，8-065，8-066，8-067，8-068，
　　8-070
眼子菜属　　　8-062
偃松 1-009，1-035，1-063，1-079，2-235，2-236，
　　2-237，2-238
焰耳 1-462，1-463
焰耳属 1-462

燕儿尾 7-615
燕根根 5-627
燕翎茶 5-070
燕麦草 8-438
燕麦属 8-438
燕尾　　1-081，2-628，7-649
燕尾仙翁　　　2-628
燕子花 1-013，8-370，8-371，8-372，8-373
秧草　8-380
羊草　8-451，8-452
羊吹泡 4-502
羊蛋欧李　　　4-283
羊蛋杏子　　　4-265
羊肚菜 1-556，1-559，1-560，1-561，1-563
羊肚菌 1-010，1-064，1-079，1-556，1-557，1-558，
　　1-559，1-560，1-561，1-562，1-563
羊肚菌科　　　1-556，1-558，1-559，1-560，1-561，
　　1-563
羊肚菌属　　　1-556
羊肚蘑 1-079，1-556，1-558，1-559，1-560，1-561，
　　1-563
羊耳白背　　　7-566
羊耳朵 7-556
羊耳蒜属　　　8-622
羊胡子草　　　8-550，8-551
羊胡子草属　　8-550
羊胡子根　　　8-101
羊藿叶 3-355
羊犄角 7-654，8-018
羊角菜 7-654，8-018
羊角草 6-600
羊角蒿 6-600
羊角柳 2-315
羊角芹属　　　5-346
羊角梢 6-120
羊角树 6-120
羊角透骨草　　6-600
羊拉罐 3-579
羊辣罐 3-564，3-566
羊辣罐子　　　3-564，3-566
羊卵蛋 4-502
羊卵泡 4-502
羊卵子 4-368
羊母奶子　　　5-166
羊奶　　1-081，4-502，6-082，6-086，6-104，6-120，
　　6-662，7-117，7-652，7-654，7-657，7-659，7-660，
　　7-663，8-018
羊奶菜 7-652，7-654，7-657，7-659，7-660，8-018
羊奶草 6-104
羊奶棵子　　　6-120
羊奶奶 4-502

羊奶参 7-117

羊奶条 6-082，6-120

羊奶子 1-081，6-082，6-086，6-120，6-662，7-652，7-654，7-657，7-659，7-660，7-663，8-018

羊尿泡 4-502

羊柠角 4-363

羊乳 1-011，1-064，1-081，1-101，5-201，7-117，7-118，7-119，7-120，7-654，8-018

羊锁不拉 5-294

羊蹄 1-079，2-293，2-547，2-549，2-552，7-338

羊蹄叶 1-079，2-547，2-549，2-552

羊铁叶 2-547，2-552

羊鲜草 4-650

羊藓草 4-650

羊眼半夏 8-511

羊药 5-525

阳春子 5-166

杨柳白腐菌 1-408，1-409

杨柳粗毛菌 1-409

杨柳科 2-296，2-299，2-301，2-307，2-309，2-312，2-315，2-317，2-320，2-322，2-324，2-326，2-328

杨梅菜 3-394

杨属 1-412，1-413，1-431，1-445，2-291，2-299，2-468

洋地梨儿 7-291

洋姑娘 6-470

洋虎耳草 3-359

洋槐 1-079，4-493

洋火头花 5-158

洋姜 7-291

洋铁丝根 8-316

洋铁酸模 2-552

洋胰子草 3-676

洋樱桃 4-014

仰卧委陵菜 4-150

养汉精 6-209

痒眼花 5-152

痒痒草 4-384

摇咀咀花 3-245

咬人树 5-017

药鸡豆 3-353，3-367，6-485

药鸡豆子 3-353，3-367

药芦 5-525

药虱子草 3-093

药王茶 4-104，4-107

药蚊子草 6-435

药蝇子草 8-295

药用层孔菌 1-436

药用落叶松层孔菌 1-436

药用拟层孔菌 1-010，1-436，1-437

药用拟孔菌 1-436

野艾 7-363，7-369

野艾蒿 7-363

野白菜 3-530，5-598

野白菊 7-152

野百合 1-014，1-064，4-368，4-369，4-370，8-197

野稗 8-471

野菠菜 2-544

野薄荷 1-080，6-270，6-337，6-339，6-434

野菜升麻 3-198

野草莓 1-081，4-098

野茶 2-508，6-082

野茶叶 6-082

野车轴草 4-512

野慈姑 1-013，8-033，8-034，8-035

野慈菇 8-033

野葱 8-079，8-087，8-096

野大豆 1-064，1-079，4-371，4-372，4-373，4-374

野大豆秧 4-371

野大料 4-375

野大烟 3-520，6-454

野当归 5-366

野地果 4-086，4-098

野地枣 4-098

野甸 2-535

野豆角花 4-346

野杜鹃花 5-533，5-541

野粉团花 7-193，7-196

野凤仙花 5-057，5-058，5-059

野葛 4-487

野狗宝 7-491

野狗杞 6-485

野枸杞 6-457，6-460

野古草 8-466

野古草属 8-466

野谷子 8-483

野海茄 6-476，6-477，6-478

野蒿 7-171，7-359

野黑豆 4-371

野红花 7-510

野胡萝卜 5-368，5-394，5-396，5-402，5-430，5-444，5-447

野胡萝卜子 5-402

野花椒 4-650

野花生 4-442

野槐 4-499

野黄豆 4-371

野黄花 7-034

野黄菊 7-389

野黄菊花 7-389

野茴香 3-512，5-402，5-417

野火萩 4-512

野火球 1-009，4-512，4-513，4-514
野鸡膀子　　2-135，2-138，2-140，2-141，4-144，7-052
野鸡冠子花　3-001
野蓟 7-510，7-535，7-536，7-537
野椒 4-668
野芥菜 3-544
野金丝桃　3-454
野荆芥 6-343，6-345
野韭 8-079，8-080
野菊 1-013，1-020，1-031，1-052，3-015，3-315，3-334，3-507，5-076，5-201，6-389，6-480，7-119，7-188，7-389，7-390，7-391，7-392，7-393，7-394，7-400
野菊花 1-052，3-015，3-315，3-334，3-507，5-076，5-201，6-389，6-480，7-119，7-188，7-389，7-390，7-391，7-392，7-400
野决明属　4-507
野苦麻 7-542
野葵 1-012，1-032，5-146，5-147，5-148，5-149
野辣椒秧　3-211
野癞瓜 5-230
野兰枝子　4-401
野梨 4-247
野凉粉草　6-270
野料豆 4-371
野鹿角菜　3-027
野绿豆 4-540
野麻 2-438，2-439，4-610，6-082
野麻草 4-610
野马兰 7-209
野麦子 8-438，8-449
野毛扁豆　4-322
野毛豆 4-371
野玫瑰 4-175
野棉花 2-083，3-135，3-204
野蘑菇 1-246
野苜蓿 4-444，4-445，4-448
野婆婆头　4-203
野葡萄 3-436，5-114，5-124，6-661，8-132
野葡萄秧　5-114
野普本 4-203
野千穗谷　3-046
野牵牛 6-173
野蔷薇 4-163，4-164，4-165，4-166，5-092
野茄子 6-481，6-485
野芹 3-295，3-297，5-350，5-398，5-412，5-442，5-474，7-034
野芹菜 3-295，3-297，5-398，5-412，5-442，5-474
野桑 2-432，2-436，3-289
野扫帚 3-019

野山药 6-109，6-352，8-316
野山楂 4-229
野芍药 3-416，3-419，3-424
野生菜 7-649
野黍 8-476
野黍属 8-476
野苏子 1-009，6-258，6-299，6-343，6-357，6-377，6-381，6-384，6-531，6-532，6-533，6-536
野苏子根　6-384
野蒜 8-083
野豌豆 1-080，4-523，4-524，4-525，4-526，4-527，4-528，4-529，4-530，4-531，4-532，4-533，4-534，4-535
野豌豆属　4-523
野莴苣 7-629，7-630，7-631
野西瓜苗　1-012，5-144，5-145
野西瓜秧　5-230
野席草 8-380
野苋 3-046，3-050，3-051
野苋菜 3-046，3-051
野香菜 5-405
野向日葵　7-287
野小豆 4-540
野杏 4-265，4-273
野亚麻 1-012，4-600，4-601，4-602，4-603
野燕麦 8-438，8-439
野杨梅 4-086
野杨树 7-001
野洋芋 6-365
野罂粟 1-012，3-520，3-521，3-523，3-524，3-525
野樱桃 4-288，5-166
野鸢尾 1-013，8-339，8-340，8-341
野皂荚 1-013，4-314，4-315
野皂角 4-314
野芝麻 1-012，6-310，6-311，6-312，6-313
野芝麻属　6-310
野猪粪 1-077，1-385
野猪食 1-385
野猪屎 1-385
野猪牙 8-133
叶底珠 4-642
叶合草 2-170
叶里含珠　4-610
叶尼塞蝇子草 2-650
叶下白 4-137
叶下珠 4-640，4-642
叶下珠属　4-640
叶状奇果菌 1-382
叶子菜 7-114
叶子草 7-114
贲蒿 5-394，5-396

夜合花 4-304

夜来香 5-278

腋花莛子藨　　7-009，7-010

一把伞 7-464

一把香 5-158

一把抓 2-029，8-223

一包针 7-274，7-277

一口血 5-202

一轮贝母　　8-143

一矛一盾　　2-056

一年蓬 7-171，7-172，7-173，7-174，7-175

一齐松 2-191

一人挺 4-342

一叶草 2-154

一叶兰 8-629

一叶萩 1-080，4-642，4-643，4-644，4-645

一支箭 2-056，2-059

一支枪 2-056，8-580，8-582

一枝蒿 3-116，3-532，7-204，7-319，7-376

一枝黄花属　　7-204

一枝香 6-566

伊吹堇菜　　5-180

胰子盒 5-065，5-074

异常拉拉藤　　6-129

异鳞薹草 8-578

异形当归 5-356

异型莎草 8-571

异叶败酱 7-045

异叶假繁缕 2-593

异叶金腰 3-651

异叶青兰 6-286

异叶天南星 8-495

异叶眼子菜 8-067

异叶益母草　　6-319

益母草 1-011，1-012，1-020，1-031，1-032，1-057，
　　1-061，1-080，2-428，2-659，3-029，3-031，3-168，
　　3-532，4-173，4-588，4-673，5-054，5-072，5-591，
　　5-595，6-314，6-315，6-316，6-317，6-319，6-320，
　　6-321，6-322，6-323，6-325，6-326，6-386，6-585，
　　6-586，7-349，7-512，8-607

益母草属　　6-314

益母蒿 1-080，6-314，6-317，6-319，6-323

意气松 2-191

缢苞麻花头　　7-578，7-579

翼柄翅果菊　　7-646，7-647，7-648

翼柄山莴苣　　7-646

翼萼蔓 6-059，6-060，6-061

翼萼蔓龙胆　　6-059

翼萼蔓属　　6-059

翼果白蓬草　　3-303

翼果唐松草　　3-303

翼朴　　2-404

藟草　　8-442，8-443

藟草属 8-442

阴地蕨科　　2-050

阴地蕨属　　2-050

阴地银莲花　　3-158，3-159

阴山胡枝子　　4-430，4-431

阴行草 1-013，1-032，1-064，3-450，6-563，6-564，
　　6-565

阴行草属　　6-563

阴阳草 8-612

阴阳豆 4-322

茵陈蒿 1-020，1-032，4-655，7-378，7-382，7-383，
　　7-384，8-007，8-523

茵陈狼牙　　4-080

荫地冷水花　　2-451

荫生鼠尾草　　6-390，6-391

淫羊藿 1-011，1-035，1-056，1-057，1-061，1-077，
　　3-355，3-356，3-357，3-358，4-355，6-119

淫羊藿属　　3-355

银背风毛菊　　7-566，7-567

银柴胡 2-572，2-573，2-650，6-088

银耳　　1-010，1-035，1-464，1-465，1-468，1-469，
　　1-470，1-471，1-472，1-473

银耳科 1-468，1-470，1-472

银耳属 1-464，1-468

银粉背蕨　　1-013，2-080，2-081，2-082，2-083

银灰旋花　　6-170，6-171，6-172

银老梅 4-111

银莲花 1-010，1-012，1-013，1-019，1-037，1-057，
　　1-061，1-079，3-135，3-136，3-137，3-138，3-139，
　　3-140，3-141，3-142，3-143，3-144，3-145，3-146，
　　3-149，3-150，3-151，3-152，3-153，3-154，3-155，
　　3-156，3-157，3-158，3-159，3-160，3-161，3-162，
　　3-163，3-164，3-165，3-166，3-167，6-073，6-074

银莲花属　　3-135

银柳 5-162

银柳胡颓子　　5-162

银露梅 1-009，4-111，4-113，4-114

银条菜 3-572

银线草 1-011，1-079，3-394，3-395，3-396，3-397

引线包 7-279

隐孔菌 1-420，1-421

隐孔菌属 1-420

隐丝藻科　　1-158，1-159

隐子草属 8-419

印度白茅 8-456

印度荇菜 6-073

罂粟科 3-470，3-472，3-476，3-477，3-480，3-482，
　　3-486，3-488，3-490，3-495，3-497，3-500，3-502，
　　3-504，3-506，3-509，3-512，3-514，3-516，3-520，

3-525

罂粟属 3-516

樱草　　1-010，5-598，5-599，5-600

樱草报春　　5-598

樱额　　4-295

樱额梨 4-295

樱花　　4-280，4-281，4-282

樱属　　4-277

鹰膀子 2-135

鹰爪子 8-033

迎红杜鹃　　1-011，1-020，1-023，1-032，1-061，
　　1-080，5-541，5-542，5-543，5-545，5-546

迎山红 5-533，6-388

迎山黄 3-072

萤蔺　　8-565，8-566

营实墙蘼　　4-163

蝇子草 2-638，2-643，2-645，2-646，2-647，2-648，
　　2-649，2-650，8-295

蝇子草属　　2-638

映山红 1-080，5-533，5-541

硬阿魏 1-012，5-417，5-418，5-419

硬蒺藜 4-591

硬毛棘豆　　4-466，4-467

硬苗柴胡　　5-390

硬皮地星　　1-010，1-522，1-523

硬皮地星科　　1-522

硬皮地星属　　1-522

硬皮马勃科　　1-527

硬皮马勃属　　1-527

硬叶女娄菜 2-638

硬质早熟禾　　8-445，8-446

硬紫草 6-214

蛹虫草　　1-010，1-534，1-535，1-536

优若藜 2-668

油草　　8-101，8-479

油点草属　　8-286

油蒿 7-405

油枸枸 3-006

油松　　1-013，1-035，1-212，1-214，2-230，2-231，
　　2-232，2-233，2-234，2-239

油松蛋子　　2-230，2-239

油条　　4-319

疣草　　8-396，8-397，8-398

莸属 6-242

蚰蜓草 7-319，7-322

友谊草 6-227

有斑百合　　8-184

有柄石韦　　1-014，1-020，1-032，1-057，2-161，
　　2-162，2-163

有柄树舌灵芝 1-446

幼肺三七　　3-258

幼母菊 7-415

鼬瓣花 6-299，6-300，6-301，6-302

鼬瓣花属　　6-299

鱼翅菜 6-148

鱼刺菜 7-461

鱼黄草属　　6-185

鱼鳞松 2-204

鱼鳞头 2-204

鱼鳞云杉　　1-020，1-026，1-035，2-186，2-188，
　　2-194，2-196，2-204，2-205，2-206，2-207，2-209，
　　2-214，2-243

榆　　1-012，1-013，1-019，1-032，1-044，1-057，
　　1-061，1-064，1-077，1-079，1-174，1-175，1-180，
　　1-228，1-366，1-367，1-390，1-400，1-423，1-427，
　　1-457，1-459，2-030，2-045，2-046，2-137，2-186，
　　2-214，2-272，2-273，2-276，2-287，2-310，2-354，
　　2-359，2-360，2-361，2-369，2-373，2-398，2-400，
　　2-402，2-403，2-404，2-405，2-406，2-407，2-408，
　　2-409，2-410，2-411，2-412，2-413，2-414，2-415，
　　2-416，2-417，2-430，2-452，2-467，2-468，2-474，
　　2-506，2-509，2-546，2-573，2-627，2-639，2-647，
　　2-650，2-658，2-666，2-667，2-668，3-007，3-018，
　　3-020，3-025，3-030，3-032，3-036，3-037，3-168，
　　3-183，3-193，3-248，3-254，3-256，3-270，3-308，
　　3-375，3-379，3-385，3-388，3-428，3-449，4-051，
　　4-079，4-080，4-115，4-134，4-140，4-145，4-155，
　　4-156，4-206，4-207，4-208，4-209，4-210，4-211，
　　4-213，4-214，4-215，4-216，4-217，4-218，4-253，
　　4-254，4-255，4-262，4-263，4-264，4-266，4-277，
　　4-283，4-326，4-339，4-349，4-360，4-376，4-378，
　　4-384，4-420，4-444，4-446，4-457，4-466，4-475，
　　4-497，4-498，4-499，4-503，4-507，4-525，4-552，
　　4-591，4-602，4-629，4-634，4-639，4-647，4-661，
　　4-666，5-010，5-113，5-114，5-156，5-159，5-190，
　　5-201，5-212，5-222，5-230，5-276，5-316，5-386，
　　5-406，5-418，5-443，5-479，5-511，5-585，5-610，
　　5-623，5-629，5-656，6-019，6-032，6-034，6-082，
　　6-087，6-089，6-105，6-113，6-122，6-144，6-160，
　　6-170，6-173，6-183，6-185，6-221，6-224，6-265，
　　6-278，6-326，6-331，6-392，6-401，6-405，6-430，
　　6-441，6-445，6-450，6-455，6-491，6-504，6-505，
　　6-530，6-563，6-565，6-566，6-590，6-601，6-611，
　　6-618，6-649，7-043，7-067，7-097，7-186，7-189，
　　7-212，7-249，7-337，7-352，7-365，7-373，7-381，
　　7-382，7-406，7-410，7-486，7-489，7-507，7-546，
　　7-558，7-574，7-594，7-641，7-653，7-662，8-007，
　　8-031，8-039，8-055，8-057，8-065，8-067，8-070，
　　8-080，8-082，8-091，8-093，8-096，8-102，8-109，
　　8-114，8-171，8-212，8-226，8-257，8-339，8-378，
　　8-382，8-383，8-385，8-419，8-447，8-449，8-451，
　　8-453，8-456，8-460，8-466，8-470，8-481，8-527，

8-537，8-545，8-579，8-607，8-657

榆侧耳 1-228

榆耳　1-366，1-367

榆耳属 1-366

榆干侧耳　1-228

榆干离褶菌　1-228

榆黄蘑 1-077，1-174

榆科　2-398，2-400，2-402，2-404，2-405，2-407，2-409，2-411，2-414，2-415

榆蘑　1-174，1-175

榆钱儿 2-407

榆钱树 2-407

榆生离褶伞　1-079，1-228

榆树　1-079，1-367，2-361，2-403，2-406，2-407，2-408，2-412，2-416，3-385，3-388，4-420，4-552，4-602，5-443，6-455，8-171，8-382，8-527，8-537

榆叶白鹃梅　4-051

榆叶梅　4-262，4-263，4-264

榆属　1-077，1-174，1-228，2-402，2-405，2-467，2-468，4-206

羽藓科 1-631

羽叶长柄山蚂蟥　4-485

羽叶鬼针草　7-282，7-283，7-284

羽叶黄瓜菜　7-641

羽叶千里光　7-461

羽叶山绿豆　4-485

羽叶山蚂蝗　4-485

羽衣草 7-319，7-322

雨久花 1-013，8-326，8-327，8-328，8-329，8-330

雨久花科　8-326，8-327，8-330

雨久花属　8-326

雨伞菜 3-394，7-464，8-217

雨伞树 5-300

禹州漏芦　7-489

玉柏　1-010，1-064，2-019，2-020

玉柏石松　2-019

玉蝉花 1-009，8-366，8-367，8-368，8-369

玉皇架 6-120

玉皇蘑 1-174

玉铃花 5-636

玉铃野茉莉　5-636

玉米黑粉菌　1-480，1-481

玉髯　1-377

玉蜀黍黑粉菌　1-481

玉遂　2-019

玉蕈属 1-225

玉簪属 8-166

玉竹　1-019，1-035，1-057，1-061，1-081，3-532，5-422，6-385，6-551，8-058，8-227，8-228，8-231，8-232，8-233，8-234，8-235，8-236，8-237，8-238，8-239，8-241，8-244，8-245，8-246，8-247，8-248，

8-249，8-395

育叶藻科　1-163

育枝泮苔　1-116

郁金香属　8-292

郁李　1-011，1-020，4-283，4-284，4-285，4-286，4-287，4-288

峪黄 2-542

鸢尾科 8-334，8-339，8-342，8-346，8-353，8-355，8-357，8-360，8-366，8-370，8-374，8-376

鸢尾属 8-339

元宝草 1-078，3-448，8-210，8-213

元宝柳 2-291

元宝槭 5-026，5-027，5-028，5-029

元宝树 5-026

元棍条 5-156

元蘑　1-180

元芩 6-405

元参　6-554，6-559，6-561

元枣子 3-434

芫花　4-379，5-152，6-189

原沼兰 8-629

圆苞紫菀　7-156，7-157，7-158

圆齿蹄盖蕨　2-094

圆梗泽兰 7-136

圆果水麦冬　8-057

圆裂堇叶延胡索　3-493

圆叶菜 7-434

圆叶豆瓣草　2-447

圆叶碱毛茛 3-254

圆叶鹿蹄草　1-063，5-509

圆叶毛茛 5-193

圆叶茅膏菜　1-064，3-462，3-463，3-464，3-465

圆叶牵牛　1-020，1-032，1-036，1-078，1-080，6-187，6-188，6-189，6-190，6-191，6-193

圆叶鼠李 5-097

圆叶鸭跖草 8-394

圆枣子 3-434

圆枝卷柏　2-024

圆紫菜 1-014，1-147

远东茶藨 4-010

远东婆罗门参　8-018

远志　1-012，1-013，1-020，1-035，1-064，2-259，3-380，4-678，4-680，4-681，4-682，5-001，5-004，5-005，6-445，7-071，7-116，7-526，8-173，8-494

远志草 5-001

远志科 4-678，4-680，5-001，5-004

远志属 4-678

月见草　1-020，1-026，1-058，1-061，1-080，5-278，5-279，5-280，5-281

月见草属　5-278

月夜菌 1-179，1-181

岳桦　1-104，1-365，1-369，2-006，2-007，2-010，2-204，2-336，2-350，2-351，2-352，2-353，2-487，2-510，2-650，3-232，3-300，3-601，3-614，3-620，4-031，4-386，4-391，5-177，5-410，5-441，5-552，5-603，6-364，6-499，7-018，8-092，8-208

越桔　5-547，5-556，5-558

越橘　1-009，1-061，1-064，1-081，5-547，5-548，5-549，5-550，5-551，5-552，5-553，5-554，5-555，5-556，5-558

越橘属 5-547

云茶　1-574

云苓　1-429

云南蹄盖蕨　2-095

云杉属 1-413，2-201

云雾草 1-594，1-597

云芝　1-009，1-061，1-079，1-101，1-407，1-410，1-411，1-412，1-413，1-414，1-415

云芝属 1-410

云芝栓孔菌　1-413

芸香科 4-650，4-657，4-660，4-663，4-668

Z

杂车轴草　4-521

杂灰菜 3-008

杂配藜 1-020，1-079，3-008，3-009，3-010

杂三叶 4-521

杂色云芝　1-413

杂种车轴草　4-521，4-522

蜜菜　1-013，6-314，6-317，6-318

藏花忍冬　6-673

早花地丁 5-208

早锦带花　7-023，7-024，7-025

早开堇菜　5-208，5-209，5-211

早熟禾属　8-445

枣刺　5-101

枣属 2-476，5-101

蚤缀　2-570，2-572，2-574，2-575

藻类植物　1-109，8

皂荚属 4-310

皂角　3-095，4-307，4-310，4-312，4-313，4-314，4-316，4-377，8-203

皂角板子　4-310

皂角莲 8-203

皂力板子　4-310

皂腻口蘑　1-215

皂味口蘑　1-215

泽兰　3-458，3-676，6-331，7-136，7-140，7-141，7-142，8-006，8-132

泽兰属 7-136

泽漆　1-013，4-616，4-617

泽漆大戟　4-616

泽芹　1-013，5-474，5-475，5-476，5-477

泽芹属 5-474

泽藓　1-622，1-623

泽藓属 1-622

泽泻　1-013，1-032，1-057，1-387，1-430，2-153，2-274，2-490，2-560，3-678，4-674，5-149，5-511，6-027，6-459，6-550，7-379，7-384，8-028，8-029，8-030，8-031，8-032，8-033，8-103，8-523

泽泻科 8-028，8-031，8-033

泽泻属 8-028

贼小豆 4-540，4-541

扎草 8-068

扎蓬棵 1-079，3-027，3-030

札麻 8-077

札麻麻花　8-077

乍蓬棵 3-027

窄叶车前　6-646

窄叶蓝盆花　1-009，7-065，7-066，7-067，7-068

窄叶旋覆花　7-234

窄叶鸭舌草　8-330

粘染子 6-205，6-209

粘粘草 6-142

斩龙草 6-589，7-140，7-461，7-462，7-520

斩龙剑 6-566，6-589，7-325

展枝白蓬草　3-311

展枝倒提壶　6-205

展枝沙参　1-010，1-019，1-035，1-081，7-078，7-079，7-080

展枝唐松草　1-078，3-311，3-312，3-313

獐大耳 7-047

獐耳草 6-101

獐耳细辛　1-011，1-063，3-258，3-259，3-260

獐耳细辛属　3-258

獐毛 8-415，8-416

獐毛属 8-415

獐牙菜 1-011，1-032，6-061，6-062，6-063，6-064，6-065，6-066，6-067，7-453

獐牙菜属　6-061

獐子耳朵　7-047

獐子松 2-224

樟科 3-072，3-073

樟子松 2-194，2-224，2-225，2-226，2-227，2-228，2-229，8-673

掌裂凹舌兰　8-583

掌裂兰 8-637

掌裂蛇葡萄　5-111，5-112，5-113

掌参　1-078，8-612

掌叶白头翁　1-012，3-272，3-273，3-275，3-276，3-277

掌叶蛇葡萄　5-111

中间鹤虱　　　6-211
中麻黄 1-012，2-272
中宁枸杞　　　6-460
中亚滨藜　　　2-665，2-666
中亚粉藜　　　2-665
种阜草 2-586，2-587，2-588
种阜草属　　　2-586
轴藜　　2-660，2-661
轴藜属 2-660
帚条　4-420，4-642
帚状鸦葱　　　7-665，7-666
皱柄羊肚菌　　1-559
皱盖罗鳞伞　　1-284，1-285
皱果苋 3-050
皱孔菌科　　　1-370
皱梅衣 1-591
皱皮环柄菇　　1-284
皱皮环锈伞　　1-284
皱皮孔菌　　　1-390，1-391
皱叶酸模　　　1-013，1-019，1-059，1-061，1-079，
　　2-549，2-550，2-551
皱叶委陵菜　　4-135，4-136
皱叶杨 2-299
皱褶栓菌　　　1-406
皱状鸦葱　　　7-665
朱兰　　1-011，8-655，8-656
朱兰属 8-655
珠果黄堇　　　1-013，3-497，3-498，3-499
珠果紫堇　　　3-497
珠藓科 1-622
珠芽艾麻　　　1-079，2-442，2-443，2-444
珠芽八宝　　　3-589，3-590
珠芽虎耳草　　4-033
珠芽金腰子　　3-654
珠芽景天　　　3-589
珠芽蓼 1-012，1-064，2-514，2-515，5-295
珠芽秋海棠　　5-226
珠芽螫麻　　　2-442
猪鞭草 8-657
猪草　　7-491，8-068，8-330，8-476
猪刺蓬草　　　3-027
猪耳草 8-330，8-399
猪耳朵草　　　6-636，6-643
猪茯苓 1-385
猪膏草 7-301
猪梗豆 8-033
猪拱嘴 1-078，1-546
猪豁达菜　　　3-027
猪苓　　1-010，1-032，1-038，1-061，1-064，1-077，
　　1-385，1-386，1-387，1-430，3-678，7-500
猪苓多孔菌　　1-385

猪毛菜 1-012，1-079，1-113，1-163，3-027，3-028，
　　3-029，3-032，3-033，3-536
猪毛菜属　　　3-027
猪毛草 8-548
猪毛蒿 3-027，7-378，7-379，7-380，7-382
猪毛缨 3-027
猪母菜 1-118
猪屎豆 4-368
猪屎豆属　　　4-368
猪尾巴菜　　　8-038
猪尾巴狗　　　3-027
猪苋　　3-050
猪牙菜 1-079，2-488
猪牙草 2-488
猪牙花 1-078，1-081，8-133，8-134，8-135，8-136，
　　8-137，8-138
猪牙花属　　　8-133
猪殃殃 6-126，6-128，6-129，6-130，6-131，6-132，
　　6-133
猪鬃草 2-037
猪鬃毛 2-080
竹草眼子菜　　8-065
竹竿草 8-605
竹节菜 2-620，8-390
竹节草 2-488
竹节香附　　　3-149
竹灵消 6-094，6-095，6-096
竹参　　1-491
竹荪属 1-491
竹叶茶 5-390
竹叶柴胡　　　5-390
竹叶兰 8-660，8-664
竹叶眼子菜　　8-065
竹叶子 8-399，8-400，8-401
竹叶子属　　　8-399
苎麻属 2-438
柱毛独行菜　　3-570，3-571
柱腺独行菜　　3-570
抓地虎 2-050
抓根草 8-467，8-468，8-470
砖红黑韧伞　　1-270
砖红韧伞　　　1-270
转子莲 1-063，3-208，3-209，3-210
追风草 6-566
追风蒿 4-080
追风箭 7-045
锥腺大戟　　　4-630
锥子草 8-428
髭脉槭 5-038，5-039
子根蒜 8-083
子黄　　1-423，1-610，1-614，1-623，2-542，3-454，

5-404，6-038，6-097，7-075，7-083，7-094，8-546

子午莲 3-387

籽椴 5-137

籽麻（指雌株）　2-423

梓　1-032，1-081，5，6-596，6-597，6-598，6-599，8-671

梓属 6-596

梓树 6-596，6-597

紫八宝 1-009，3-597，3-598

紫斑风铃草 1-010，7-105，7-106，7-107，7-108

紫斑杓兰 8-586

紫苞东北南星 8-502

紫苞飞蓬　7-179

紫苞风毛菊　7-554

紫苞蓬 7-179

紫苞雪莲　7-554，7-555

紫苞鸢尾　8-353，8-354

紫背浮萍 8-522

紫菜属 1-147

紫草　1-011，1-019，1-058，1-061，1-064，4-603，5-364，5-365，6-055，6-196，6-198，6-200，6-202，6-205，6-207，6-209，6-211，6-214，6-215，6-216，6-217，6-218，6-219，6-220，6-224，6-227，6-229，6-230，6-233，6-392，6-660

紫草根子　6-214

紫草科 6-196，6-198，6-200，6-202，6-205，6-207，6-209，6-211，6-214，6-217，6-218，6-220，6-224，6-227，6-229，6-230，6-233

紫草属 6-214

紫翅油松　2-230

紫丹　6-214，6-220

紫丹草　6-220

紫点杓兰　1-009，8-586，8-587，8-588，8-589

紫丁香 1-232，1-233，6-014，6-015，6-016，6-017

紫丁香蘑　1-232，1-233

紫椴　1-059，1-064，1-081，2-196，2-209，2-214，5-137，5-138，5-139

紫飞蓬 7-179

紫杆芹 5-348

紫革耳 1-182

紫根　6-214

紫花白前　6-099

紫花百合　8-199

紫花杯冠藤　1-012，6-099，6-100

紫花变豆菜　5-467

紫花草 3-506

紫花当药　6-061

紫花地丁　1-013，1-020，1-031，3-506，3-629，4-369，4-405，5-076，5-197，5-199，5-200，5-201，5-393，6-389，6-637，6-638，6-661，7-039，7-206，7-304，7-391，7-639

紫花高乌头　3-082，3-083

紫花合掌消　6-090

紫花锦鸡儿　4-354

紫花韭 8-081

紫花列当　6-610

紫花楼斗菜　3-171

紫花苜蓿　4-440

紫花牛皮消　6-099

紫花芹 5-350，5-467

紫花山萮苣　7-632

紫花铁线莲　3-216

紫花野菊　7-400

紫花鸢尾　8-366

紫堇属 3-476

紫晶蘑 1-232

紫景天 3-597

紫苜蓿 4-440，4-441

紫萍　1-013，1-031，8-522，8-523，8-525

紫萍属 8-522

紫萁科 2-062，2-065

紫萁属 2-062

紫杉　2-266，2-268

紫穗槐 4-319，4-320，4-321

紫穗槐属　4-319

紫穗麦冬　8-207

紫筒草 1-012，6-224，6-225，6-226

紫筒草属　6-224

紫菀　1-010，1-012，1-035，1-081，5-241，7-129，7-143，7-144，7-145，7-146，7-147，7-148，7-149，7-150，7-151，7-152，7-153，7-154，7-155，7-156，7-157，7-158，7-185，7-434，8-227

紫菀属 7-143

紫葳科 6-596，6-600

紫霞楼斗菜　3-176

紫珠　6-238，6-239

紫珠属 6-238

棕鳞耳蕨　2-144

棕心草 8-427

总花白鹃梅　4-049

总状花藜　3-003

粽子菜 3-534

走马芹 1-080，5-350，5-358，5-363，5-398，5-460

走马芹筒子　5-363

祖子花 6-112

钻天柳 2-296，2-297，2-298，5-222

钻天柳属　2-296

醉草　6-070

醉心花 6-444

柞柴胡 5-388

柞栎 2-381，2-388

柞树　1-079，2-381，2-383，2-384，2-385，2-393，3-471，4-209，7-498，7-502

索 引 / 拉丁名索引

A

Abelia biflora Turcz.　6-654

Abelia R. Br.　6-654

Abies holophylia Maxim. 2-184

Abies Mill.　2-184

Abies nephrolepis（Trautv.）Maxim.　2-187

Abutilon Mill.　5-140

Abutilon theophrasti Medic.　5-140

Acalypha australis L.　4-610

Acalypha L.　4-610

Acer barbinerve Maxim. 5-038

Acer L. 5-022

Acer negundo L. 5-040

Acer pictum subsp. *mono*（Maxim.）Ohashi　5-022

Acer tataricum subsp. *ginnala*（Maxim.）Wesmael　5-034

Acer tegmentosum Maxim.　5-030

Acer truncatum Bge.　5-026

Aceraceae　5-022

Achillea acuminata（Ledeb.）Sch. -Bip. 7-317

Achillea alpina L.　7-319

Achillea asiatica Serg.　7-329

Achillea L.　7-317

Achillea millefolium L.　7-325

Achillea ptarmicoides Maxim.　7-322

Achnatherum Beauv.　8-447

Achnatherum splendens（Trin.）Nevski　8-447

Achyranthes bidentata Blume　3-042

Achyranthes L.　3-042

Aconitum alboviolaceum Kom.　3-078

Aconitum barbatum Pers. var. *puberulum* Ledeb.　3-090

Aconitum coreanum（Levl.）Rapaics　3-093

Aconitum excelsum Reichb.　3-082

Aconitum fischeri Reichb. var. *arcuatum*（Maxim.）Regel 3-111

Aconitum jaluense Kom. 3-109

Aconitum kirinense Nakai　3-087

Aconitum kusnezoffii Reichb.　3-114

Aconitum kusnezoffii Reichb. var. *gibbferum*（Rchb.）Regel 3-117

Aconitum L.　3-078

Aconitum macrorhynchum Turcz. 3-106

Aconitum monanthum Nakai　3-120

Aconitum sczukinii Turcz.　3-099

Aconitum soongaricum var. *angustius* W. T. Wang　3-118

Aconitum tschangbaischanense S. H. Li et Y. H. Huang　3-102

Aconitum umbrosum（Korsh.）Kom.　3-084

Aconitum volubile Pall. ex Koelle 3-097

Acorus calamus L.　8-492

Acorus L.　8-492

Acroptilon Cass. 7-495

Acroptilon repens（L.）DC.　7-495

Actaca L.　3-122

Actaea asiatica Hara　3-122

Actaea erythrocarpa Fisch.　3-125

Actinidia arguta（Sieb. et Zucc）Planch. ex Miq.　3-434

Actinidia kolomikta（Maxim. et Rupr.）Maxim.　3-440

Actinidia Lindl. 3-434

Actinidia polygama（Sieb. et Zucc.）Maxim.　3-444

Actinidiaceae　3-434

Actinostemma Griff.　5-230

Actinostemma tenerum Griff.　5-230

Adenocaulon himalaicum Edgew. 7-214

Adenocaulon Hook.　7-214

Adenophora divaricata Franch. et Sav.　7-078

Adenophora divaricata Franch. et Sav. f. *angustifolia* Bar.　7-080

Adenophora Fisch.　7-074

Adenophora gmelinii（Spreng.）Fisch.　7-097

Adenophora palustris Kom.　7-088

Adenophora pereskiifolia（Fisch. ex Roem. et Schult.）G. Don　7-081

Adenophora polyantha Nakai　7-094

Adenophora remotiflora（Sieb. et Zucc.）Miq.　7-085

Adenophora stenanthina（Ledeb.）Kitagawa　7-092

Adenophora stenophylla Hemsl.　7-090

Adenophora tetraphylla（Thunb.）Fisch. 7-074

Adenophora trachelioides Maxim.　7-083

Adenophora tricuspidata（Fisch. ex Roem. et Schult.）A. DC.　7-099

Adiantaceae　2-084

Adiantum L.　2-084

Adiantum pedatum L.　2-084

Adlumia asiatica Ohwi   3-470

Adlumia Rafin.   3-470

Adonis amurensis Regel et Radde 3-128

Adonis L.   3-128

Adonis ramosa Franch.   3-131

Adonis sibirica Patr. ex Ledeb.   3-133

Adoxa L.   7-028

Adoxa moschatellina L.   7-028

Adoxaceae   7-028

Aecschynomene indica L.4-316

Aecschynomene L.   4-316

Aegopodium alpestre Ledeb.   5-346

Aegopodium L.   5-346

Aeluropus sinensis（Debeaux）Tzvel.   8-415

Aeluropus Trin. 8-415

Agaricaceae   1-246

Agaricus arvensis Schaeff. ex Fr. 1-246

Agaricus bisporus（J. E. Lange）Imbach 1-247

Agaricus campestris L.: Fr.   1-248

Agaricus L.   1-246

Agaricus placomyces Peck   1-249

Agastache Clayt. et Gronov   6-258

Agastache rugosa（Fisch. et C. A. Mey.）O. Kuntze
    6-258

Agrimonia L.   4-077

Agrimonia pilosa Ledeb. 4-077

Agriophyllum Bieb.   2-658

Agriophyllum squarrosum（L.）Moq.   2-658

Agrocybe Fayod 1-265

Agrocybe praecox（Pers. : Fr.）Fayod   1-265

Agropyron cristatum（L.）Gaertn.   8-449

Agropyron Gaertn.   8-449

Agrostemma githago L.   2-604

Agrostemma L.   2-604

Ailanthus altissima（Mill.）Swingle   4-672

Ailanthus Desf. 4-672

Ajuga L.   6-262

Ajuga lupulina Maxim.   6-262

Ajuga multiflora Bge.   6-264

Alangiaceae   5-296

Alangium Lam. 5-296

Alangium platanifolium（Sieb.et Zucc.）Harms.5-296

Alariaceae   1-138

Albizia Durazz. 4-304

Albizia julibrissin Durazz.   4-304

Aleuritopteris argentea（Gmel.）Fee   2-080

Aleuritopteris argentea（Gmel.）Fee var. *obscum*
    （Christ）Ching   2-081

Aleuritopteris Fee   2-080

Alisma gramineum Lej.   8-031

Alisma L.   8-028

Alisma orientale（Samuel.）Juz. 8-028

Alismataceae   8-028

Allantodia crenata（Sommerf.）Ching   2-094

Allantodia R. Br.2-094

Allium bidentatum Fisch. ex Prokh.   8-090

Allium cyaneum Regel   8-092

Allium L.   8-074

Allium macrostemon Bge.   8-083

Allium macrostemon Bge. var. *uratense*（Franch.）
    Airy-Shaw.   8-085

Allium mongolicum Regel   8-099

Allium neriniflorum（Herb.）Baker   8-096

Allium polyrhizum Turcz. ex Regel   8-081

Allium ramosum L.   8-079

Allium senescens L.   8-093

Allium tenuissimum L.   8-077

Allium thunbergii G. Don8-087

Allium victorialis L.   8-074

Alnus hirsuta Turcz.   2-332

Alnus japonica（Thunb.）Steud. 2-330

Alnus mandshurica（Callier）Hand. - Mazz.
    2-336

Alnus Mill.   2-330

Alopecurus aequalis Sobol.   8-429

Alopecurus L.   8-429

Amanita caesarea（Scop.）Pers. 1-194

Amanita ceciliae（Berk. & Br.）Bas   1-196

Amanita muscaria（L.）Lam.   1-197

Amanita pantherina（DC.）Krombh.   1-199

Amanita pantherina（DC.）Krombh. var. *formosa*
    （Pers.）Gonn. & Rabenh.   1-199

Amanita Pers.   1-194

Amanita verna（Bull.）Lam.   1-201

Amanitaceae   1-194

Amaranthaceae 3-042

Amaranthus blitum L.   3-051

Amaranthus caudatus L. 3-044

Amaranthus L.   3-044

Amaranthus retroflexus L.   3-046

Amaranthus viridis L.   3-050

Amblynotus Johnst   6-196

Amblynotus rupestris（Pall.）Popov   6-196

Ambrosia artemisiifolia L.   7-261

Ambrosia L.   7-261

Ambrosia trifida L.   7-265

Amelanchier asiatica（Sieb. et Zucc.）Endl. ex
    Walp.4-221

Amelanchier Medic.   4-221

Amethystea caerulea L.   6-267

Amethystea L.　6-267

Amitostigma gracile（Bl.）Schltr.　8-580

Amitostigma Schltr.　8-580

Amorpha fruticosa L.　4-319

Amorpha L.　4-319

Ampelopsis aconitifolia Bge. var. *glabra* Diels et Gilg.
　5-111

Ampelopsis glandulosa var. *brevipedunculata*
　（Maxim.）Momiy.　5-106

Ampelopsis humulifolia Bge.　5-109

Ampelopsis japonica（Thunb.）Makino　5-114

Ampelopsis Michx.　5-106

Amphicarpaea edgeworthii Benth.　4-322

Amphicarpaea Elliot　4-322

Amygdalus L.　4-262

Amygdalus triloba（Lindl.）Ricker　4-262

Anabasis brevifolia C. A. Mey.　2-662

Anabasis L.　2-662

Anacardiaceae　5-006

Anaphalis DC.　7-219

Anaphalis hancockii Maxim.　7-219

Androsace filiformis Retz.　5-573

Androsace gmelinii（Gaertn.）Roem. et Schult.5-571

Androsace incana Lam.　5-581

Androsace L.　5-568

Androsace lehmanniana Spreng.　5-579

Androsace mariae Kanitz5-583

Androsace maxima L.　5-577

Androsace septentrionalis L.　5-575

Androsace umbellata（Lour.）Merr.　5-568

Anemarrhena asphodeloides Bge. 8-101

Anemarrhena Bge.　8-101

Anemone amurensis（Korsh.）Kom.3-155

Anemone baicalensis Turcz.　3-162

Anemone baicalensis var. *rossii*（S.Moore）
　Kitag.3-164

Anemone cathayensis Kitag.　3-142

Anemone dichotoma L.　3-135

Anemone L.　3-135

Anemone raddeana Regel　3-149

Anemone reflexa Stephan ex Willd.　3-160

Anemone rivularis var. *flore-minore* Maxim.
　3-147

Anemone silvesiris L.　3-139

Anemone stolonifera Maxim.　3-153

Anemone umbrosa C. A. Mey.　3-158

Angelica amurensis Schischk.　5-358

Angelica anomala Ave-Lall.　5-356

Angelica cartilagino-marginata（Makino）
　Nakai5-354

Angelica dahurica（Fisch. ex Hoffm.）Benth. et Hook.f.
　ex Franch. et Sav.　5-363

Angelica decursiva（Miq.）Franch. et Sav. f.
　albiflora（Maxim.）Nakai　5-366

Angelica gigas Nakai　5-350

Angelica L.　5-348

Angelica polymorpha Maxim.　5-348

Anthoxanthum glabrum（Trin.）Veldkamp
　8-440

Anthoxanthum L.　8-440

Anthriscus（Pers.）Hoffrn.　5-368

Anthriscus sylvestris（L.）Hoffrn.　5-368

Apocynaceae　6-082

Apocynum L.　6-082

Apocynum venetum L.　6-082

Aquilegia japonica Nakai et Hara 3-178

Aquilegia L.　3-167

Aquilegia oxysepala Trautv. et Mey.　3-172

Aquilegia oxysepala Trautv. et Mey. f. *pallidiflora*
　（Nakai）Kitag.　3-174

Aquilegia parviflora Ledeb.　3-167

Aquilegia viridiflora Pall.3-169

Aquilegia viridiflora Pall. f. *atropupurea*（Willd.）
　Kitag.　3-171

Aquilegia yabeana Kitag.3-176

Arabis L.　3-530

Arabis pendula L.　3-530

Araceae 8-492

Aralia continentalis Kitag.　5-325

Aralia elata（Miq.）Seem.　5-322

Aralia L.　5-322

Araliaceae　5-314

Arctium L.　7-491

Arctium lappa L.7-491

Arctous alpinus（L.）Niedenzu　5-514

Arctous Niedenzu　5-514

Arenaria capillaris Poir.　2-574

Arenaria juncea M. Bieb.2-572

Arenaria L.　2-570

Arenaria serpyllifolia L.　2-570

Arisaema amurense Maxim.　8-498

Arisaema amurense Maxim. f. *purpureum*（Engler）
　Kitag.　8-502

Arisaema amurense Maxim. f. *serrata*（Nakai）
　Kitag.　8-503

Arisaema amurense Maxim. f. *violaceum*（Engler）
　Kitag.　8-502

Arisaema heterophyllum Blume　8-495

Arisaema Mart. 8-495

Arisaema serratum（Thunb.）Schott　8-504

Aristolochia contorta Bge. 3-404

Aristolochia L. 3-400

Aristolochia manshuriensis Kom. 3-400

Aristolochiaceae 3-400

Armeniaca mandshurica （Maxim.） Skv. 4-273

Armeniaca Mill. 4-265

Armeniaca sibirica （L.） Lam. 4-265

Armillaria （Fr. : Fr.） Staude 1-237

Armillaria gallica Maxim. & Romagn. 1-239

Armillaria mellea （Vahl） P. Kumm. 1-237

Armillaria ostoyae （Romagn.） Herink 1-241

Armillariella （Karst.） Karst. 1-235

Armillariella tabescens （Scop.: Fr.） Sing. 1-235

Artemisia annua L. 7-343

Artemisia argyi Levl. et Vant. 7-366

Artemisia brachyloba Franch. 7-346

Artemisia capillaries Thunb. 7-382

Artemisia carvifolia Buch.-Ham. 7-341

Artemisia desertorum Spreng. 7-381

Artemisia eriopoda Bge. 7-376

Artemisia frigida Willd. 7-337

Artemisia halodendron Turcz. ex Bess 7-372

Artemisia japonica Thunb. 7-374

Artemisia keiskeana Miq. 7-356

Artemisia L. 7-333

Artemisia lagocephala （Fisch. ex Bess.） DC. 7-339

Artemisia lancea Van 7-363

Artemisia mongolica （Fisch.ex Bess.） Nakai 7-365

Artemisia sacrorum Ledeb. 7-348

Artemisia scoparia Waldst. et Kit. 7-378

Artemisia selengensis Turcz. 7-359

Artemisia sieversiana Ehrhart et Willd. 7-333

Artemisia stolonifera （Maxim.） Kom. 7-369

Artemisia tanacetifolia L. 7-352

Artemisia vestita Wall. ex Bess. 7-350

Artemisia viridissima （Komar.） Pamp 7-355

Arthraxon hispidus （Thunb.） Makino 8-454

Arthraxon P. Beauv. 8-454

Aruncus Adans. 4-046

Aruncus sylvester Kostel. 4-046

Arundinella hirta （Thunb.） Tanaka 8-466

Arundinella Raddi. 8-466

Asarum heterotropoides Fr. var. *manshuricum* （Maxim.） Kitag. 3-408

Asarum L. 3-408

Asarum sieboldii Miq. 3-411

Asclepiadaceae 6-086

Asparagus brachyphyllus Turcz. 8-114

Asparagus dauricus Fisch. ex Link 8-108

Asparagus gobicus Ivan. ex Grubov 8-116

Asparagus oligoclonos Maxim. 8-111

Asparagus trichophyllus Bge. 8-110

Aspargagus L. 8-104

Aspargagus schoberioides Kunth. 8-104

Aspleniaceae 2-110

Asplenium L. 2-110

Asplenium pekinense Hance 2-110

Aster alpinus L. 7-143

Aster L. 7-143

Aster maackii Regel 7-156

Aster tataricus L. 7-147

Aster trinervius subsp. *ageratoides* （Turcz.） Grierson 7-152

Astilbe Buch.-Ham 3-642

Astilbe chinensis （Maxim.） Franch. et Sav. 3-642

Astilbe grandis Stapf ex Wils. 3-646

Astilboides （Hemsl.） Engl. 3-648

Astilboides tabularis （Hemsl.） Engler 3-648

Astraeaceae 1-522

Astraeus hygrometricus （Pers.） Morgan 1-522

Astraeus Morgan 1-522

Astragalus capillipes Fisch. ex Bge. 4-331

Astragalus chinensis L. f.4-336

Astragalus complanatus Bge. 4-349

Astragalus dahuricus （Pall.） DC. 4-346

Astragalus galactites Pall. 4-351

Astragalus L. 4-326

Astragalus laxmannii Jacq. 4-333

Astragalus melilotoides Pall. 4-339

Astragalus membranacens （Fisch.） Bge. var. *mongholicus* （Bge.） P. K. Hsiao 4-345

Astragalus membranacens （Fisch.） Bge. 4-342

Astragalus scaberrimus Bge. 4-326

Astragalus uliginosus L. 4-328

Asyneuma Griseb. et Schenk. 7-101

Asyneuma japonicum （Miq.） Briq. 7-101

Athyriaceae 2-094

Athyrium brevifrons Nakai ex Kitag. 2-096

Athyrium nipponicum （Mett.） Hance 2-095

Athyrium Roth. 2-095

Athyrium yokoscense （Franch. et Sav.） Christ 2-098

Atractylodes DC. 7-497

Atractylodes japonica Koidz. ex Kitam. 7-497

Atractylodes koreana （Nakai） Kitam. 7-504

Atractylodes lancea （Thunb.） DC. 7-501

Atraphaxis L.　2-474

Atraphaxis mandshurica Kitag.　2-474

Atriplex centralasiatica Iljin　2-665

Atxiplex L.　2-665

Auricularia auricula（L. ex Hook.）Underwood
　1-456

Auricularia Bull. ex Meraf.　1-456

Auricularia polytricha（Mont.）Sacc.　1-459

Auriculariaceae　1-456

Avena fatua L.　8-438

Avena L.　8-438

Axyris amaranthoides L. 2-660

Axyris L.　2-660

Azolla Lam.　2-178

Azolla pinnata subsp. *asiatica* R. M. K. Saunders & K.
　Fowler　2-178

Azollaceae　2-178

B

Balsaminaceae　5-051

Bangiaceae　1-147

Barnardia japonica（Thunberg）Schultes & J. H.
　Schultes　8-256

Barnardia Lindl. 8-256

Bartramiaceae　1-622

Bassia All.　2-667

Bassia dasyphylla（Fisch. et Mey.）O. Kuntze
　2-667

Batulaceae　2-330

Beckmannia Host.　8-431

Beckmannia syzigachne（Steud.）Fern.　8-431

Begonia grandis Dry subsp. *sinensis*（A. DC.）
　Irmsch.　5-226

Begonia L.　5-226

Begoniaceae　5-226

Belamcanda Adans.　8-334

Belamcanda chinensis（L.）DC. 8-334

Berberidaceae　3-344

Berberis amurensis Rupr. 3-346

Berberis L.　3-344

Berberis poiretii Schneid.　3-349

Berberis sibirica Pall.　3-344

Betula albosinensis Burk.　2-339

Betula chinensis Maxim. 2-354

Betula dahurica Pall.　2-348

Betula ermanii Cham.　2-350

Betula L.　2-339

Betula platyphylla Suk.　2-341

Bidens bipinnata L.　7-277

Bidens biternata（Lour.）Merr. et Sherff 7-271

Bidens cernua L.　7-268

Bidens frondosa L.　7-285

Bidens L.　7-268

Bidens maximowicziana Oett.　7-282

Bidens parviflora Willd. 7-274

Bidens tripartita L.　7-279

Bignoniaceae　6-596

Bjerkandera adusta（Willd. : Fr.）Karst. 1-392

Bjerkandera fumosa（Pers. : Fr.）Karst.　1-393

Bjerkandera Karst.　1-392

Boea Comm. ex Lam.　6-602

Boea hygrometrica（Bge.）R. Br.　6-602

Boehmeria Jacq. 2-438

Boehmeria spicata（Thunb.）Thunb.　2-438

Bolbitiaceae　1-265

Bolbostemma Franquet 5-233

Bolbostemma paniculatum（Maxim.）Franquet
　5-233

Boletaceae　1-308

Boletinus cavipes（Klotzsch）Kal.　1-308

Boletinus Kalchbr　1-308

Boletinus paluster（Peck）Peck 1-310

Boletus Dill. ex Fr.　1-312

Boletus edulis Bull.: Fr.　1-312

Boraginaceae　6-196

Boschniakia C. A. Mey. ex Bongard　6-606

Boschniakia rossica（Cham. et Schlecht.）Fedtsch.
　et Flerov　6-606

Bothriospermum Bge.　6-198

Bothriospermum chinense Bge.　6-198

Bothriospermum kusnezowii Bge. 6-200

Botrychiaceae　2-050

Bovista Pers.　1-518

Bovista plumbea Pers.　1-518

Bovistella Morg. 1-516

Bovistella sinensis Lloyd 1-516

Brachybotrys Maxim. ex Oliv　6-202

Brachybotrys paridiformis Maxim.　6-202

Broussonetia L'Hert. ex Vent.　2-420

Broussonetia papyifera（L.）L'Hert.ex Vent.
　2-420

Bulgaria Fr.　1-546

Bulgaria inquinans（Pers.）Fr.　1-546

Bulgariaceae　1-546

Bupleurum angustissimum（Franch.）Kitagawa
　5-386

Bupleurum chinense DC. 5-390

Bupleurum euphorbioides Nakai 5-372

Bupleurum komarovianum Lincz. 5-388

Bupleurum L.　5-372

Bupleurum longiradiatum Turcz. 5-378

Bupleurum scorzonerifolium Willd. 5-382

Bupleurum sibiricum Vest 5-376

Bupleurum smithii Wolff 5-374

Butomaceae 8-038

Butomus L. 8-038

Butomus umbellatus L. 8-038

C

Calamagrostis Adans. 8-434

Calamagrostis epigeios (L.) Roth 8-434

Calla L. 8-508

Calla palustris L. 8-508

Callicarpa dichotoma (Lour.) K. Koch 6-240

Callicarpa japonica Thunb. 6-238

Callicarpa L. 6-238

Calligonum L. 2-476

Calligonum mongolicum Turcz. 2-476

Callistephus Cass. 7-159

Callistephus chinensis (L.) Ness 7-159

Callitrichaceae 6-256

Callitriche L. 6-256

Callitriche palustris L. 6-256

Caltha L. 3-182

Caltha natans Pall. 3-182

Caltha palustris L. 3-184

Caltha palustris var. *membranacea* Turcz. 3-187

Calvatia caelata (Bull.) Morgan 1-515

Calvatia Fr. 1-512

Calvatia gigantea (Batsch : Fr.) Lolyd 1-512

Calystegia hederacea Wall. 6-162

Calystegia japonica Choisy 6-165

Calystegia pellita (Ledeb.) G. Don 6-160

Calystegia R. Br. 6-158

Calystegia sepium (L.) R. Br. 6-167

Calystegia soldanella (L.) R. Br. Prodr. 6-158

Campanula glomerata L. 7-109

Campanula L. 7-105

Campanula punctata Lam. var. *rubriflora* Makino 7-108

Campanula punctata Lam. 7-105

Campanulaceae 7-074

Camptosorus Link 2-112

Camptosorus sibiricus Rupr. 2-112

Campylotropis Bge. 4-353

Campylotropis macrocarpa (Bge.) Rehd. 4-353

Cannabis L. 2-423

Cannabis sativa L. 2-423

Cantharellaceae 1-342

Cantharellus Adans ex Fr. 1-342

Cantharellus cibarius Fr. 1-342

Cantharellus minor Peck 1-344

Caprifoliaceae 6-654

Capsella bursa-pastoris (L.) Medic. 3-534

Capsella Medic. 3-534

Caragana arborescens (Amm.) Lam. 4-357

Caragana Fabr. 4-354

Caragana korshinskii Kom. 4-365

Caragana microphylla Lam. 4-360

Caragana rosea Turcz. ex Maxim. 4-354

Caragana stenophylla Pojark 4-363

Cardamine flexuosa With. 3-540

Cardamine L. 3-537

Cardamine leucantha (Tausch) O.E.Schulz 3-538

Cardamine macrophylla Willd. 3-542

Cardamine pratensis L. 3-537

Carduus crispus L. 7-506

Carduus L. 7-506

Carex breviculmis R. Br. 8-575

Carex duriuscula C. A. Mey. 8-579

Carex heterolepis Bge. 8-578

Carex L. 8-574

Carex lanceolata Boott 8-574

Carex siderosticta Hance 8-576

Carpesium cernuum L. 7-224

Carpesium divaricatum Sieb. et Zucc. 7-228

Carpesium L. 7-221

Carpesium macrocephalum Franch. et Sav. 7-221

Carpesium trista Maxim. 7-227

Carpinus cordata Bl. 2-359

Carpinus L. 2-357

Carpinus turczaninowii Hance 2-357

Carum buriaticum Turcz. 5-396

Carum carvi L. 5-394

Carum L. 5-394

Caryophyllaceae 2-568

Caryopteris Bge. 6-242

Caryopteris mongholica Bge. 6-242

Castanea Mill. 2-374

Castanea mollissima Bl. 2-374

Catalpa ovata G. Don 6-596

Catalpa Scop. 6-596

Caulophyllum Michx. 3-352

Caulophyllum robustum Maxim. 3-352

Celastraceae 5-062

Celastrus flagellaris Rupr. 5-062

Celastrus L. 5-062

Celastrus orbiculatus Thunb.　　5-065

Celtis bungeana Bl.　　2-400

Celtis koraiersis Nakai　　2-398

Celtis L.　　2-398

Centaurium Hill.6-018

Centaurium pulchellum var. *altaicum*（Griseb.）
　　Kitag. et Hara 6-018

Centipeda Lour. 7-385

Centipeda minima（L.）A. Br. et Aach.　　7-385

Cerastium arvense L.　　2-582

Cerastium cerastoides（L.）Britt.　　　2-580

Cerastium fontanum Baumg. subsp. *vulgare*
　　（Hartman）Greuter & Burdet 2-578

Cerastium L.　　2-576

Cerastium pauciflorum Stev. ex Ser. var. *oxalidiflorum*
　　（Makino）Ohwi　　2-576

Cerasus humilis（Bge.）Bar. & Lion　　4-283

Cerasus japonica（Thunb.）Lois.　　　4-285

Cerasus japonica（Thunb.）Lois. var. *nakaii*（Levl.）
　　Yu et Li　　4-286

Cerasus maximowiczii（Rupr.）Kom.　　4-277

Cerasus Mill.　　4-277

Cerasus serrulata（Lindl.）G. Don ex London
　　4-280

Cerasus tomentosa（Thunb.）Wall.　　　4-288

Cetraria Ach.　　1-588

Cetraria inlandica（L.）Ach.　　　1-588

Cetrariaceae　　1-588

Chamaepericlymenum canadens（L.）Asch. et
　　Graebn.　　5-304

Chamaepericlymenum Graebn.　　5-304

Chamaerhodos Bge.　　4-080

Chamaerhodos canescens Krause 4-082

Chamaerhodos erecta（L.）Bge. 4-080

Chelidonium L. 3-472

Chelidonium majus L.　　3-472

Chenopodiaceae 2-658

Chenopodium acuminatum Willd. 3-006

Chenopodium album L.　　3-013

Chenopodium aristatum L.　　3-001

Chenopodium ficifolium Sm.　　3-011

Chenopodium foetidum Schrad. 3-003

Chenopodium glaucum L.　　3-004

Chenopodium hybridum L.　　3-008

Chenopodium L. 3-001

Chimaphila japonica Miq.　　5-488

Chimaphila Pursh.　　5-488

Chimaphila umbellata（L.）W. Barton　　5-490

Chionanthus L. 5-648

Chionanthus retusus Lindl. et Paxt.　　　5-648

Chloranthaceae　3-394

Chloranthus japonicus Sieb.　　3-394

Chloranthus Sw. 3-394

Chloris Sw.　　8-417

Chloris virgata Sw.　　8-417

Chondria crassicaulis Harvey　　1-167

Chondria Mart. 1-167

Chorda filum（L.）Lamx.　　1-131

Chorda Stackouse　　1-131

Chordaceae　　1-131

Chosenia arbutifolia（Pall.）A. Skv.　　2-296

Chosenia Nakai 2-296

Chroogomphis Fr.　　1-300

Chroogomphis rutilus（Schaeff.）O.K.Mill.
　　1-300

Chrysanthemum chanetii H. Lév. 7-395

Chrysanthemum indicum Thunb 7-389

Chrysanthemum L.　　7-389

Chrysanthemum lavandulifolium（Fisch. ex Trautv.）
　　Makino var. *seticuspe*（Maxim.）Shin 7-394

Chrysanthemum lavandulifolium（Fisch. ex Trautv.）
　　Makino　　7-392

Chrysanthemum naktongense Nakai　　7-397

Chrysanthemum oreastrum Hance7-401

Chrysanthemum zawadskii Herbich　　7-400

Chrysosplenium japonicum（Maxim.）Makino
　　3-654

Chrysosplenium pilosum Maxim. 3-657

Chrysosplenium serreanum Hand.-Mazz.　3-655

Chrysosplenium sinicum Maxim. 3-651

Chrysosplenium Tourn. ex L.　　3-651

Cichorium intybus L.　　7-595

Cichorium L.　　7-595

Cicuta L.　　5-398

Cicuta virosa L.　　5-398

Cicuta virosa L. f. *angustifolia*（Kitaibel）Schube.
　　5-400

Cimicifuga dahurica（Turcz.）Maxim.　　3-190

Cimicifuga heracleifolia Kom.　　3-194

Cimicifuga L.　　3-190

Cimicifuga simplex Wormsk.　　3-198

Circaea alpina L.　　5-263

Circaea alpina L. var. *caulescens* Kom　　5-265

Circaea canadensis subsp. *quadrisulcata*（Maxim.）
　　Boufford f. *viridicalyx*（Hara）Kitag. 5-262

Circaea canadensis subsp. *quadrisulcata*（Maxim.）
　　Boufford　　5-260

Circaea cordata Royle　　5-258

Circaea L.　　5-258

Cirsium chinense Gardn. et Champ.　　　7-530

Cirsium esculentum（Sievers）C. A. Mey. 7-524

Cirsium leo Nakai et Kitag. 7-539

Cirsium maackii Maxim. 7-535

Cirsium Mill. 7-510

Cirsium pendulum Fisch. ex DC. 7-532

Cirsium schantranse Trautv. et Mey. 7-527

Cirsium segetum Bge. 7-510

Cirsium setosum（Willd.）Bieb. 7-514

Cirsium setosum（Willd.）Bieb. f. *albiflora*（Kitag.）Kitag. 7-515

Cirsium vlassovianum Fisch. ex DC. 7-520

Cistanche Hoffmg. et Link 6-623

Cistanche sinensis G. Beck 6-623

Cladina P.Browne 1-574

Cladina rangiferina（L.）Nyl. 1-574

Cladonia gracilis（L.）Willd. 1-576

Cladonia Hill. 1-576

Cladonia stellaris（Opiz）Brodo. 1-577

Cladoniaceae 1-574

Clavariaceae 1-346

Clavariadelphus Donk 1-346

Clavariadelphus pistillaris（L.）Donk 1-346

Clavicipitaceae 1-534

Cleistogenes Keng 8-419

Cleistogenes polyphylla Keng 8-419

Clematis aethusifolia Turcz. 3-217

Clematis brevicaudata DC. 3-224

Clematis fruticosa Turcz. 3-236

Clematis fusca Turcz. 3-215

Clematis fusca Turcz. var. *violacea* Maxim. 3-216

Clematis heracleifolia DC. 3-201

Clematis heracleifolia DC. var. *daviaiana*（Decne. ex Verlot）O. Kuntze 3-203

Clematis hexapetala Pall. 3-204

Clematis intricata Bge. 3-222

Clematis koreana Kom. 3-226

Clematis L. 3-201

Clematis macropetala Ledeb. 3-234

Clematis nobilis Nakai 3-232

Clematis patens Morr. et Decne 3-208

Clematis serratifolia Rehd. 3-219

Clematis sibirica var. *ochotensis*（Pall.）S. H. Li et Y. Hui Huang 3-230

Clematis sibirica（L.）Mill. 3-228

Clematis terniflora DC. var. *mandshurica*（Rupr.）Ohwi 3-211

Clerodendrum L. 6-244

Clerodendrum trichotomum Thunb. 6-244

Climaciaceae 1-626

Climacium dendroides（Hedw.）Web. et Mohr. 1-626

Climacium Web. et Mohr. 1-626

Clinopodium L. 6-270

Clinopodium urticifolium（Hance）C. Y. Wu et Hsuan ex H. W. Li 6-270

Clintonia Raf. 8-118

Clintonia udensis Trautv. et Mey. 8-118

Clitocybe clavipes（Pers.）P. Kumm. 1-220

Clitocybe（Fr.）Staude 1-217

Clitocybe geotropa（Bull.）Quél. 1-222

Clitocybe infundibuliformis（Schaeff. : Fr.）Quél. 1-217

Clitocybe nebularis（Batsch. : Fr.）Kummer 1-221

Clitocybe odora var. *alba* Large 1-219

Clitocybe odora（Bull.）P. Kumm. 1-223

Clitopilus（Fr. ex Rabenh.）P. Kumm. 1-224

Clitopilus prunulus（Scop.）P. Kumm. 1-224

Cnidium Cuss. 5-402

Cnidium dahuricum（Jacq.）Turcz. 5-405

Cnidium monnieri（L.）Cuss. 5-402

Cocculus DC. 3-364

Cocculus orbiculatus（L.）DC 3-364

Codiaceae 1-122

Codium fragile（Sur.）Hariot 1-122

Codium Stackh 1-122

Codonopsis lanceolata（Sieb. et Zucc.）Trautv. 7-117

Codonopsis pilosula（Franch.）Nannf. 7-114

Codonopsis ussuriensis（Rupr. et Maxim.）Hemsl. 7-121

Codonopsis Wall. 7-114

Coeloglossum Hartm. 8-583

Coeloglossum viride（L.）Hartm 8-583

Coelopleurum Ledeb. 5-407

Coelopleurum nakaianum（Kitag.）Kitag. 5-410

Coelopleurum saxatile（Turcz.）Drude 5-407

Comarum L. 4-084

Comarum palustre L. 4-084

Commelina bengalensis L. 8-394

Commelina communis L. 8-390

Commelina L. 8-390

Commelinaceae 8-390

Compositae 7-136

Coniogramme affinis Hieron. 2-088

Coniogramme Fee 2-088

Coniogramme intermedia Hieron. var. *glabra* Ching

2-090

Conocephalaceae　1-640

Conocephalum conicum（L.）Dumortier 1-640

Conocephalum Webet　1-640

Convallaria L.　8-122

Convallaria majalis L.　8-122

Convolvulaceae 6-158

Convolvulus ammannii Desr.　6-170

Convolvulus arvensis L.　6-173

Convolvulus L.　6-170

Convolvulus tragacanthoides Turcz.　6-176

Conyza Less.　7-163

Coprinaceae　1-254

Coprinus atramentarius（Bull.）Fr.　1-254

Coprinus comatus（O. F. Müll.）Pers.　1-256

Coprinus lagopus Fr.　1-260

Coprinus micaceus（Bull.）Fr.　1-258

Coprinus Pers. ex Gray　1-254

Coprinus plicatilis（Curtis）Fr.　1-261

Corallina L.　1-155

Corallina officinalis L.　1-155

Corallinaceae　1-155

Corchoropsis crenata Sieb. et Zucc　5-128

Corchoropsis Sieb. et Zucc.　5-128

Cordyceps Fr.　1-534

Cordyceps militaris（L.）Fr.　1-534

Cordyceps nutans Pat.　1-537

Cordyceps sobolifera（Hill ex Watson）Berk. & Broome　1-539

Coriolus consors（Berk.）Imaz. 1-412

Coriolus hirsutus（Wulfen）Pat. 1-410

Coriolus Quél.　1-410

Coriolus versicolor（L. : Fr.）Quél.　1-413

Corispermum chinganicum Iljin　3-017

Corispermum L. 3-017

Cornaceae　5-300

Cornopteris crenulatoserrulata（Makino）Nakai 2-102

Cornopteris Nakai　2-102

Cornus controversa Hemsl.　5-300

Cornus L.　5-300

Cortinariaceae　1-284

Corydalis bungeana Turcz　3-506

Corydalis buschii Nakai 3-476

Corydalis DC.　3-476

Corydalis fumariifolia Maxim.　3-490

Corydalis fumariifolia Maxim. f. *lineariloba*（Sieb. et Zucc.）Kitag. 3-493

Corydalis fumariifolia Maxim. f. *multifida* Y. H. Chou 3-493

Corydalis fumariifolia Maxim. f. *pectinata*（Kom.）Y. C. Chu.　3-493

Corydalis fumariifolia Maxim. f. *rotundiloba* Maxim. 3-493

Corydalis gigantea Trautv. et Mey.　3-477

Corydalis linjiangensis Z. Y. Su ex Liden 3-495

Corydalis macrantha（Regel）M. Pop.　3-480

Corydalis ochotensis Turcz.　3-502

Corydalis raddeana Regel　3-504

Corydalis repens Mandl et Muehld 3-486

Corydalis sibirica（L. f.）Pers.　3-500

Corydalis speciosa Maxim.　3-497

Corydalis speciosa Maxim. var. *speciosa*（Maxim.）Kom. 3-499

Corydalis turtschaninovii Bess.　3-482

Corydalis turtschaninovii Bess. f. *lineariloba*（Maxim.）Kitag.　3-485

Corydalis turtschaninovii Bess. f. *pectinata*（Kom.）Y. H. Chou　3-485

Corydalis watanabei Kitag.　3-488

Corylus heterophylla Fisch. ex Trautv.　2-362

Corylus L.　2-362

Corylus mandshurica Maxim. et Rupr.　2-366

Corylus mandshurica Maxim. et Rupr. f. *brevituba*（Kom.）Kitag.　2-367

Cotinus coggygria var. *pubescens* Engl.　5-006

Cotinus（Tourn.）Mill. 5-006

Cotoneaster B. Ehrhart　4-222

Cotoneaster integerrimus Medic.　4-222

Cotoneaster melanocarpus Lodd. 4-224

Cotoneaster multiflorus Bge.　4-226

Crassulaceae　3-586

Crataegus dahurica Koehne ex Schneid.　4-238

Crataegus L.　4-229

Crataegus maximowiczii Schneid. 4-233

Crataegus pinnatifida Bge.　4-229

Crataegus sanguinea Pall.　4-236

Crepis crocea（Lamk.）Babc. 7-605

Crepis L.　7-598

Crepis tectorum L.　7-598

Crotalaria L.　4-368

Crotalaria sessiliflora L. 4-368

Cruciferae　3-530

Cryptoporus（Peck）Shear　1-420

Cryptoporus volvatus（Peck）Shear　1-420

Cryptotaenia DC.　5-412

Cryptotaenia japonica Hasskarl 5-412

Cucubalus baccifer L.　2-606

Cucubalus L.　2-606

Cucubitaceae　5-230

Cupressaceae 2-248

Cuscuta chinensis Lam. 6-179

Cuscuta europaea L. 6-184

Cuscuta japonica Choisy 6-182

Cuscuta L. 6-179

Cyathus Hallener : Pers. 1-531

Cyathus striatus (Huds.) Willd. 1-531

Cymbaria dahurica L. 6-490

Cymbaria L. 6-490

Cymbaria mongolica Maxim. 6-494

Cynanchum amplexicaule (Sieb. et Zucc.) Hemsl 6-089

Cynanchum amplexicaule (Sieb. et Zucc.) Hemsl var. *castaneum* Makino 6-090

Cynanchum ascyrifolium (Franch. et Sav.) Matsum. 6-091

Cynanchum atratum Bge. 6-086

Cynanchum bungei Decne 6-109

Cynanchum chinense R. Br. 6-112

Cynanchum hancockianum (Maxim.) Iljinski 6-097

Cynanchum inamoenum (Maxim.) Loes 6-094

Cynanchum L. 6-086

Cynanchum paniculatum (Bge.) Kitagawa 6-101

Cynanchum purpureum (Pall.) K. Schum. 6-099

Cynanchum thesioides (Freyn) K. Schum. 6-104

Cynanchum versicolor Bge. 6-114

Cynanchum wilfordii (Maxim.) Hemsl. 6-106

Cynoglossum divaricatum Steph. ex Lehm. 6-205

Cynoglossum L. 6-205

Cynomoriaceae 5-294

Cynomorium L. 5-294

Cynomorium songaricum Rupr. 5-294

Cyperaceae 8-548

Cyperus difformis L. 8-571

Cyperus fuscus L. 8-570

Cyperus glomeratus L. 8-567

Cyperus L. 8-567

Cyperus orthostachyus Franch. et Sav. 8-569

Cypripedium calceolus L. 8-597

Cypripedium guttatum Sw. 8-586

Cypripedium L. 8-586

Cypripedium macranthum Sw. 8-590

Cypripedium macranthum Sw. f. *albiflora* (Makino) Ohwi 8-593

Cypripedium ×*ventricosum* Sw. 8-596

Cyrtomium falcatum (L. f.) Presl 2-134

Cyrtomium Presl 2-134

D

Dacrymyces Nees 1-476

Dacrymyces palmatus (Schus.) Bres. 1-476

Dacrymycetaceae 1-476

Daedalea dickinsii Yasuda 1-398

Daedalea Pers. : Fr. 1-398

Daedaleopsis J. Schröt 1-399

Daedaleopsis tricolor (Bull. : Fr.) Bond. et Sing. 1-399

Daldinia Ces. & De Not. 1-542

Daldinia concentrica (Bolt. : Fr.) Ces. & dr Not. 1-542

Daphna L. 5-152

Daphne genkwa Sieb. et Zucc. 5-152

Daphne pseudo-mezereum A. Gray 5-154

Datura innoxia Mill. 6-448

Datura L. 6-444

Datura stramonium L. 6-444

Davallia Sm. 2-152

Davallia trichomanoides Blume 2-152

Davalliaceae 2-152

Delphinium grandiflorum L. 3-245

Delphinium korshinskyanum Nevski 3-242

Delphinium L. 3-238

Delphinium maackianum Regel 3-238

Dennstaedtia Bernh. 2-070

Dennstaedtia pilosella (Hook.) Ching 2-070

Dennstaedtia wilfordii (Moore) Christ 2-071

Dennstaedtiaceae 2-070

Descurainia sophia (L.) Webb. ex Prantl 3-544

Descurainia Webb. et Berthel 3-544

Deutzia glabrata Kom. 3-661

Deutzia glabrata Kom. var. *amurensis* Rgl. 3-663

Deutzia grandiflora Bge. 3-659

Deutzia parviflora Bge. 3-665

Deutzia Thunb 3-659

Dianthus barbatus L. var. *asiaticus* Nakai 2-609

Dianthus chinensis L. 2-611

Dianthus chinensis L. var. *morii* (Nakai) Y. C. Chu 2-613

Dianthus chinensis L. var. *subulifolius* (Kitag.) Y. C. Chu 2-614

Dianthus chinensis L. var. *versicolor* (Fisch. ex Link) Y. C. Ma 2-614

Dianthus L. 2-609

Dianthus superbus L. 2-616

Dianthus superbus L. var. *speciosus* Reichb.
2-619

Diarrhena Beauv.　　8-427

Diarrhena manshurica Maxim.　8-427

Diarthron linifolium Turcz.　5-156

Diarthron Turcz. 5-156

Dictamnus dasycarpus Turcz.　4-650

Dictamnus L.　4-650

Dictyophora Desv　1-491

Dictyophora duplicata（Bosc.）Fischer　1-491

Digitaria ciliaris（Retz.）Koel.　8-470

Digitaria ciliaris（Retz.）Koel. var. *chrysoblephara*
（Figari & De Notaris）R. R. Stewart　8-470

Digitaria Hall.　8-467

Digitaria ischaemum（Schreb.）Schreb　8-467

Digitaria sanguinalis（L.）Scop. 8-468

Dioscorea nipponica Makino　8-316

Dioscorea polystachya Turcz.　8-321

Dioscoreaceae　8-316

Diphasiastrum alpinum（L.）Holub　2-010

Diphasiastrum complanatum（L.）Holub 2-012

Diphasiastrum Holub　2-010

Dipsacaceae　7-062

Dipsacus japonicus Miq. 7-062

Dipsacus L.　7-062

Discorea L.　8-316

Disporum Salisb.　8-127

Disporum sessile D. Don 8-130

Disporum viridescens（Maxim.）Nakai　8-127

Doellingeria Nees　7-167

Doellingeria scaber（Thunb.）Nees　7-167

Dontostemon Andrz. ex Ledeb.　3-547

Dontostemon dentatus（Bge.）Ledeb.　3-547

Draba L.　3-550

Draba nemorosa L.　3-550

Draba nemorosa L. var. *leiocarpa* Lindbl　3-551

Dracocephalum argunense Fisch. ex Link 6-274

Dracocephalum heterophyllum Benth.　6-286

Dracocephalum L.　6-274

Dracocephalum moldavica L.　6-278

Dracocephalum nutans L.　6-276

Dracocephalum rupestre Hance　6-284

Dracocephalum ruyschiana L.　6-282

Drosera anglica Huds.　3-466

Drosera L.　3-462

Drosera rotundifolia L.　3-462

Droseraceae　3-462

Dryopteridaceae 2-134

Dryopteris Adanson　2-135

Dryopteris chinensis（Bak.）Koidz.　2-140

Dryopteris crassirhizoma Nakai　2-135

Dryopteris expansa（C. Presl）Fraser-Jenk. & Jermy
2-141

Dryopteris goeringiana（Kuntze）Koidz. 2-142

Duchesnea indica（Andr.）Focke　4-086

Duchesnea J. E. Smith　4-086

E

Echinochloa Beauv.　　8-471

Echinochloa caudata Roshev.　8-473

Echinochloa crusgalli（L.）Beauv.　　8-471

Echinops davuricus Trevir.　　7-489

Echinops gmelini Turcz.　7-486

Echinops L.　7-486

Eclipta L.　7-287

Eclipta prostrata（L.）L.　　7-287

Elaeagnaceae　5-162

Elaeagnus angustifolia L.　　5-162

Elaeagnus L.　5-162

Elaeagnus multiflora Thunb.　5-168

Elaeagnus umbellata Thunb.　5-166

Eleocharis R. Br.　　8-548

Eleocharis yokoscensis（Franch. et Savat.）Tang et
Wang 8-548

Eleusine Gaertn. 8-421

Eleusine indica（L.）Gaertn.　　8-421

Eleutherococcus Maxim. 5-314

Eleutherococcus senticosus（Rupr. et Maxim.）
Maxim.　5-314

Eleutherococcus sessiliflorus（Rupr. et Maxim.）S. Y.
Hu　5-319

Elsholtzia ciliata（Thunb.）Hyland.　　6-294

Elsholtzia densa Benth.　6-290

Elsholtzia splendens Nakai ex F. Maekawa
6-292

Elsholtzia stauntoni Benth.　　6-288

Elsholtzia Willd 6-288

Empetraceae　5-562

Empetrum L.　5-562

Empetrum nigrum L. var. *japonicum* K. Koch
5-562

Endocladiaceae 1-158

Enteromorpha（Kink）Ag.　　1-116

Enteromorpha prolifera（Muell.）J. Ag.　1-116

Ephedra equisetina Bge.　2-277

Ephedra intermedia Schrenk ex Mey.　　2-272

Ephedra monosperma Gmel. ex Mey.　　2-276

Ephedra sinica Stapf　2-273

Ephedra Tourn ex L.　2-272

Ephedraceae　2-272

Epilbium hirsutum L.　5-272

Epilobium angustifolium L.　5-266

Epilobium L.　5-266

Epilobium palustre L.　5-276

Epimedium koreanum Nakai　3-355

Epimedium L.　3-355

Epipactis helleborine.（L.）Crantz.　8-599

Epipactis papillosa Franch. et Sav.　8-601

Epipactis Zinn　8-599

Epipogium aphyllum（F. W. Schmidt）Sw.
　8-602

Equisetaceae　2-034

Equisetum arvense L.　2-037

Equisetum hyemale L.　2-043

Equisetum L.　2-034

Equisetum palustre L.　2-040

Equisetum pratense Ehrhart　2-034

Equisetum ramosissimum Desf.　2-046

Equisetum sylvaticum L. 2-035

Eragrostis minor Host　8-425

Eragrostis pilosa（L.）Beauv.　8-423

Eragrostis Wolf 8-423

Eranthis Salisb.　3-250

Eranthis stellata Maxim. 3-250

Ericaceae　5-514

Erigeron acer L. 7-182

Erigeron acris subsp. *politus*（Fr.）H. Lindb.
　7-179

Erigeron annus（L.）Pers.　7-171

Erigeron canadensis（L.）Cronq.　7-163

Erigeron komarovii Botsch.　7-176

Erigeron L.　7-171

Eriocaulaceae　8-404

Eriocaulon decemflorum Maxim. 8-404

Eriocaulon L.　8-404

Eriocaulon robustius（Maxim.）Makino 8-405

Eriochloa Kunth.　8-476

Eriochloa villosa（Thunb.）Kunth.　8-476

Eriocycla albescrns（Franch.）Wolff　5-415

Eriocycla Lindl. 5-415

Eriophorum L.　8-550

Eriophorum vaginatum L.　8-550

Eritrichium pauciflorum（Ledeb.）DC.　6-207

Eritrichium Schrad　6-207

Erodium cicutarium（L.）L'Her. ex Ait.　4-554

Erodium L'Her. 4-552

Erodium stephanianum Willd.　4-552

Erysimum amurense Kitag.　3-553

Erysimum flavum（Georgi）Bobrov.　3-555

Erysimum flavum（Georgi）Bobrov. var.*shinganicum*

（Y.L.Zhang）K. C. Kuan　3-556

Erysimum L.　3-553

Erysimummacilentum Bge.　3-557

Erythronim L.　8-133

Erythronium japonicum Decne　8-133

Erythronium japonicum Decne f. *album* Fang et Qin
　8-138

Erythronium japonicum Decne f. *immaculatum* Q. S.
　Sun　8-136

Euonymus alatus（Thunb.）Sieb.　5-070

Euonymus alatus（Thunb.）Sieb. var. *pubescens*
　Maxim.　5-073

Euonymus kiautschovicus Loes.　5-068

Euonymus L.　5-068

Euonymus maackii Rupr. 5-074

Eupatorium japonicum Thunb.　7-136

Eupatorium L.　7-136

Eupatorium lindleyanum DC.　7-140

Euphorbia esula L.　4-634

Euphorbia fischeriana Steud.　4-618

Euphorbia fischeriana Steud. f. *pilosa*（Regel）
　Kitag.　4-623

Euphorbia helioscopia L.4-616

Euphorbia humifusa Willd. ex Schlecht.　4-614

Euphorbia L.　4-613

Euphorbia lucorum Rupr.　4-626

Euphorbia lunulata Bge. 4-637

Euphorbia maculata L.　4-613

Euphorbia mandshurica Maxim.　4-632

Euphorbia pekinensis Rupr.　4-628

Euphorbia sieboldiana Morr.　4-630

Euphorbiaceae　4-610

Euphrasia L.　6-496

Euphrasia pectinata subsp. *simplex*（Freyn）Hong.
　6-498

Euphrasia pectinata Ten. 6-496

Euryale ferox Salisb. ex K. D. Koenig & Sims
　3-374

Euryale Salisb. ex DC.　3-374

Evodia daniellii（Benn.）Hemsl.4-657

Evodia J. R. et G. Forst.　4-657

Exidiaceae　1-462

Exochorda Lindl.　4-049

Exochorda racemosa（Lindl.）Rehd.　4-049

Exochorda serratifolia S. Moore　4-051

F

Fagaceae　2-374

Fagopyrum esculentum Moench　2-478

Fagopyrum Gaertn.　2-478

Fagopyrum tataricum（L.）Gaertn.　2-480

Fallopia Adans. 2-482

Fallopia convolvulus（L.）A. Love　2-482

Fallopia dentato-alata（F. Schm）Holub 2-484

Favolus alveolaris（Bosc）Quél.1-426

Favolus Fr. em Ames.　1-426

Favolus squamosus（Huds.: Fr.）Ames.　1-427

Ferula bungeana Kitagawa　5-417

Ferula L.　5-417

Filifolium Kitam.　7-405

Filifolium sibiricum（L.）Kitam. 7-405

Filipendula angustiloba（Turcz.）Maxim.　4-096

Filipendula intermedia（Glehn）Juzep.　4-094

Filipendula Mill.　4-089

Filipendula palmate（Pall.）Maxim.　4-089

Filipendula purpurea Maxim.　4-092

Flammulina Karst.　1-209

Flammulina velutipes（Curt. : Fr.）Sing.　1-209

Flueggea suffruticosa（Pall.）Baill.　4-642

Flueggea Willd. 4-642

Fomes fomentarius（L.）Fr.　1-431

Fomes（Fr.）Fr.　1-431

Fomitopsis Karst.　1-434

Fomitopsis officinalis（Vill. : Fr.）Bond. 1-436

Fomitopsis pinicola（Sw.: Fr.）Karst.　1-434

Fontanesia Labill　5-650

Fontanesia phillyreoides subsp. *fortunei*（Carrière）Yalt. 5-650

Forsythia mandschurica Uyeki　5-652

Forsythia Vahl 5-652

Fragaria L.　4-098

Fragaria orientalis Lozinsk.　4-098

Fraxinus bungeana DC. 5-662

Fraxinus chinensis Roxb.5-661

Fraxinus chinensis subsp. *rhynchophylla*（Hance）E.Murray　5-654

Fraxinus L.　5-654

Fraxinus mandschurica Rupr.　5-658

Fritillaria L.　8-139

Fritillaria maximowiczii Freyn　8-143

Fritillaria ussuriensis Maxim.　8-139

Fritillaria ussuriensis Maxim. f. *lutosa* Ding et Fang 8-142

Funanria Hedw. 1-614

Funanria hygrometrica Hedw.　1-614

Funanriaceae　1-614

G

Gagea nakaiana Kitagawa　8-146

Gagea Salisb.　8-146

Gagea triflora（Ledeb.）Roem. et Schult. 8-150

Galeopsis bifida Boenn　6-299

Galeopsis L.　6-299

Galinsoga quadriradiata Ruiz. et Pav.　7-289

Galinsogo Ruiz. et Pav. 7-289

Galium aparine L.　6-132

Galium boreale L.　6-126

Galium davuricum Turcz. var. *manshuricum*（Kitagawa）Hara　6-130

Galium kamtschaticum Steller ex Roem.et Schult 6-128

Galium L.　6-126

Galium paradoxum Maxim.　6-129

Galium verum L.　6-134

Galium verum L. var. *lacteum* Maxim.　6-137

Ganoderma applanatum（Pers.）Pat.　1-444

Ganoderma applanatum（Pers.）Pat. var. *gibbosum*（Bl. ex Ness）Teng　1-446

Ganoderma Karst.　1-444

Ganoderma lucidum（Curtis）P.Karst.　1-447

Ganoderma tsugae Murr. 1-450

Ganodermataceae　1-444

Gastrodia elata Bl.　8-605

Gastrodia elata Bl. var. *paliens* Kitag.　8-607

Gastrodia R. Br. 8-605

Geastraceae　1-500

Geastrum fimbriatum Fr. 1-503

Geastrum Pers.　1-500

Geastrum triplex Jungh. 1-500

Gelidiaceae　1-150

Gelidium amansii（Lamx.）Lamx.　1-150

Gelidium Lamx. 1-150

Gentiana algida Pall.　6-037

Gentiana dahurica Fisch.6-034

Gentiana jamesii Hemsl. 6-042

Gentiana L.　6-020

Gentiana macrophylla Pall.　6-031

Gentiana manshurica Kitag.　6-029

Gentiana pseudo-aquatica Kusnez.　6-047

Gentiana scabra Bge.　6-025

Gentiana squarrosa Ledeb.　6-045

Gentiana thunbergii（G. Don）Griseb.　6-049

Gentiana triflora Pall.　6-020

Gentiana uchiyamai Nakai　6-022

Gentiana zollingeri Fawc.　6-040

Gentianaceae　6-018

Gentianella acuta（Michx.）Hulten　6-050

Gentianella Moench　6-050

Gentianopsis babarta（Froel）Ma　　6-052

Gentianopsis Ma　　6-052

Geraniaceae　4-552

Geranim dahuricum DC. 4-572

Geranium erianthum DC.　　4-560

Geranium koreanum Kom.　　4-570

Geranium krameri Franch. et Sav.4-562

Geranium L.　　4-556

Geranium maximowiczii Regel et Maack　4-568

Geranium platyanthum Duthie　　4-556

Geranium pratense L.　　4-574

Geranium sibiricum L.　　4-577

Geranium soboliferum Kom.　　4-564

Geranium wilfordii Maxim.　　4-580

Geranium wlassowianum Fisch. ex Link.　4-567

Gesneriaceae　6-602

Geum aleppicum Jacp.　　4-101

Geum aleppicum Jacp. f. *plenum* Yang et P. H. Wang　　4-102

Geum L.　　4-101

Girardinia diversifolia subsp. *suborbiculata*（C. J. Chen）C. J. Chen et Friis　　2-440

Girardinia Gaud.　　2-440

Glaux L.　　5-585

Glaux maritima L.　　5-585

Glechoma L.　　6-303

Glechoma longituba（Nakai）Rupr.　　6-303

Gleditsia japonica Miq. 4-310

Gleditsia L.　　4-310

Gleditsia microphylla Gordon ex Y. T. Lee 4-314

Glehnia Fr. Schmidt ex Miq.　　5-420

Glehnia littoralis Fr. Schmidt ex Miq.　　5-420

Gleophyllum Karst.　　1-424

Gloeophyllum saepiarium（Wulf.）Karst.1-424

Gloeophyllum trabeum（Pers.: Fr.）Murr.1-425

Gloeostereum incarnatum S. Ito et Imai　　1-366

Gloeostereum S. Ito & S. Imai　　1-366

Gloiopetis C. Ag.　　1-158

Glycine L.　　4-371

Glycine soja Sieb. et Zucc.　　4-371

Glycine soja Sieb. et Zucc. f. *lanceolata*（Skv.）P. Y. Fu et Y. A. Chen　4-374

Glycyrrhiza L.　　4-375

Glycyrrhiza pallidiflora Maxim.　　4-375

Glycyrrhiza uralensis Fisch.　　4-378

Gnaphalium L.　　7-230

Gnaphalium tranzschelii Kirp.　　7-230

Gomphidiaceae 1-300

Goniolimon Boiss.　　5-620

Goniolimon speciosum（L.）Boiss.　　5-620

Goodyera R. Br. 8-609

Goodyera repens（L.）R. Br.　　8-609

Gramineae　8-408

Grateloupia filicina（Wulf.）C. Ag.　　1-158

Grateloupia livida（Harv.）Yamada　1-159

Grewia biloba G. Don var. *parviflora*（Bge.）Hand. -Mazz.　　5-130

Grewia L.　　5-130

Grifola frondosa（Dicks.）Gray 1-382

Grifola gigantea（Pers.）Pilát.　　1-384

Grifola Gray　　1-382

Grifola umbellatus（Pers. : Fr.）Pilat.　　1-385

Gueldenstaedtia Fisch.　　4-384

Gueldenstaedtia verna（Georgi）Boriss. 4-384

Gymnadenia conopsea（L.）R. Br.　　8-612

Gymnadenia R. Br.　　8-612

Gymnogongrus flabelliformis Harv.　　1-163

Gymnogongrus Mart.　　1-163

Gymnopilus Karst.　　1-286

Gymnopilus spectabilis（Weinm.）A. H. 1-286

Gypsophila davurica Turcz. ex Fenzl　　2-626

Gypsophila L.　　2-620

Gypsophila oldhamiana Miq.　　2-620

Gypsophila pacifica Kom.　　2-624

Gyrophana lacrymans（Wulf. : Fr.）Pat.　1-370

Gyrophana Pat.　1-370

H

Halenia Borkh　6-054

Halenia corniculata（L.）Cornaz　　6-054

Halerpestes cymbalaria（Pursh）Green　3-254

Halerpestes Green　　3-254

Halerpestes ruthenica（Jacq.）Ovcz.　　3-256

Haloragidaceae 5-284

Haplocladium（C. Muell.）C. Muell.　　1-631

Haplocladium microphyllum（Hedw.）Broth. 1-631

Haplophyllum A. Juss.　　4-660

Haplophyllum dauricum（L.）G. Don　　4-660

Hedysarum alpinum L.　　4-388

Hedysarum brachypterum Bge.　　4-394

Hedysarum fruticosum Pall.　　4-386

Hedysarum L.　　4-386

Hedysarum vicioides Turcz.　　4-391

Helianthus L.　　7-291

Helianthus tuberosus L.　7-291

Hemerocallis L. 8-152

Hemerocallis lilio-asphodelus L.　8-152

Hemerocallis middendorfii Trautv. et Mey. 8-160

Hemerocallis minor Mill.8-155

Hemionitidaceae 2-088

Hemiptelea davidii（Hance）Planch.　2-402

Hemiptelea Planch.　2-402

Hemistepta Bge. 7-542

Hemistepta lyrata Bge.　7-542

Hepatica Mill.　3-258

Hepatica nobilis var. *asiatica* Schreb　3-258

Heracleum dissectum Ledebl　5-423

Heracleum L.　5-423

Heracleum moellendorffii Hance　5-426

Heracleum moellendorffii Hance var. *subbipinnatum*（Franch.）Kitag.　5-428

Hericiaceae　1-374

Hericium coralloides（Scop.: Fr.）Pers. ex Gray 1-377

Hericium erinaceum（Bull. : Fr.）Pers.　1-374

Hericium laciniatum（Leers）Banker　1-379

Hericium Pers. ex Fr.　1-374

Herminium alaschanicum Maxim.　8-620

Herminium Guett.　8-618

Herminium monorchis（L.）R. Br.　8-618

Hesperis L.　3-559

Hesperis trichosepala Turcz.　3-559

Heteropappus altaicus Willd.　7-185

Heteropappus hispidus Thunb.　7-188

Heteropappus Less.　7-185

Hexagona Poll. : Fr.　1-422

Hexagonia apiaria（Pers.）Fr.　1-422

Hibiscus L.　5-144

Hibiscus trionum L.　5-144

Hieracium coreanum Nakai　7-607

Hieracium L.　7-607

Hieracium umbellatum L.　7-611

Hippophae L.　5-170

Hippophae rhamnoides subsp. *sinensis* Rous 5-170

Hippuridaceae　5-290

Hippuris L.　5-290

Hippuris vulgaris L.　5-290

Hohenbuehelia Schulzer　1-180

Hohenbuehelia serotina（Pers.: Fr.）Sing. 1-180

Hosta ensata F. Maekawa　8-166

Hosta ensata F. Maekawa var.*normalis*（F. Maekawa）Q. S. Sun　8-167

Hosta Tratt.　8-166

Humulus L.　2-426

Humulus scandens（Lour.）Merr.　2-426

Huperzia Bernb. 2-004

Huperzia miyoshiana（Makino）Ching　2-006

Huperzia selago（L.）Bernh. ex Schrank et Mart. 2-007

Huperzia serrata（Thunb. ex Murray）Trev. 2-004

Huperziaceae　2-004

Hydrilla Rich.　8-044

Hydrilla verticillata（L. f.）Royle　8-044

Hydrocharis dubia（Bl.）Backer 8-045

Hydrocharis L.　8-045

Hydrocharitaceae

Hylodesmum H. Ohashi & R. R. Mill.　4-482

Hylodesmum oldhamii（Oliv.）H. Ohashi & R. R. Mill. 4-485

Hylodesmum podocarpum subsp. *fallax*（Schindl.）H. Ohashi & R. R. Mill.　4-482

Hylomecon japonica（Thunb.）Prantl et Kundig 3-508

Hylomecon Maxim.　3-508

Hylotelephium H. Ohba　3-586

Hylotelephium pallesceus（Freyn）H. Ohba 3-594

Hylotelephium spectabile（Bor.）H. Ohba 3-591

Hylotelephium tatarinowii（Maxim.）H. Ohba 3-599

Hylotelephium triphyllum（Haw.）Holub 3-597

Hylotelephium verticillatum（L.）H. Ohba 3-586

Hylotelephium vivparum（Maxim.）H. Ohba 3-589

Hyoscyamus bohemicus F. W. Schmidt　6-454

Hyoscyamus L.　6-450

Hyoscyamus niger L.　6-450

Hypecoum erectum L.　3-512

Hypecoum L.　3-512

Hypecoum leptocarpum Hook. f. et Thoms. 3-514

Hypericaceae　3-448

Hypericum ascyron L.　3-448

Hypericum attenuatum Choisy　3-454

Hypericum L.　3-448

Hypochaeris ciliata（Thunb.）Makino　7-589

Hypochaeris L.　7-589

Hypsizygus marmoreus（Peck）H. E. Bigelow 1-225

Hypsizygus Singer　1-225

I

Imerata cylindrica（L.）Beauv.　8-456

Imerata Cyr.　8-456

Impatiens furcillata Hemsl.　5-055

Impatiens L.　5-051

Impatiens noli-tangere L.5-051

Impatiens textori Miq.　5-057

Incarvillea Juss. 6-600

Incarvillea sinensis Lam. 6-600

Indigofera bungeana Walp.　4-401

Indigofera kirilowii Maxim. ex Palibin　4-398

Indigofera L.　4-398

Inula britannica L.　7-238

Inula helenium L.　7-247

Inula japonica Thunb.　7-240

Inula japonica Thunb. var. *ramosa*（Kom.）C. Y. Li　7-244

Inula L. 7-231

Inula linariaefolia Turcz. 7-234

Inula salicina L. 7-231

Inula salsoloides（Turcz.）Ostrnf.　7-249

Ipomoea L.　6-187

Ipomoea nil（L.）Roth　6-192

Ipomoea purpurea（L.）Roth　6-187

Iridaceae　8-334

Iris dichotoma Pall.　8-339

Iris ensata Thunb.　8-366

Iris L.　8-339

Iris lactea Pall.　8-352

Iris lactea Pall. var. *chinensis*（Fisch.）Koidz　8-346

Iris laevigata Fisch.　8-370

Iris ruthenica Ker-Gawl. 8-353

Iris sanguinea Donn ex Horn.　8-360

Iris sanguinea Donn ex Horn. f. *albiflora* Makino　8-365

Iris setosa Pall. ex Link. 8-342

Iris tenuifolia Pall.　8-376

Iris tigridia Bge. 8-374

Iris typhifolia Kitagawa　8-357

Iris uniflora Pall. ex Link.　8-355

Isatis L. 3-562

Isatis oblongata DC.　3-562

Ischnoderma Karst.　1-390

Ischnoderma resinosum（Schaeff. : Fr.）Karst.　1-390

Isodon（Schrad. ex Benth.）Spach　6-374

Isodon excisus（Maxim.）Kudo 6-377

Isodon japonicus var. *glaucocalyx*（Maxim.）H. W. Li　6-381

Isodon serra（Maxim.）Kudo　6-374

Isopyrum L.　3-261

Isopyrum manshuricum Kom.　3-261

Ixeridium（A. Gray）Tzvel.　7-615

Ixeridium chinense（Thunb.）Tzvel.　7-615

Ixeridium chinense（Thunb.）Tzvel. var. *graminiforlia*（Ledeb.）H. C. Fu　7-618

Ixeridium sonchifolia Hance　7-620

Ixeris Cass.　7-624

Ixeris repens A. Gray　7-624

J

Juglandaceae　2-284

Juglans L.　2-284

Juglans mandshurica Maxim.　2-284

Juncaceae　8-380

Juncaginaceae　8-054

Juncus bufonius L.　8-383

Juncus castaneus Smith. 8-387

Juncus compressus Jacq. 8-385

Juncus effusus L.　8-380

Juncus L.　8-380

Juniperus L.　2-248

Juniperus rigida Sieb. et Zucc.　2-248

Juniperus sabina var. *davurica*（Pall.）Farjon　2-254

Juniperus sibirica Burgsd.　2-252

K

Kali collinum（Pall.）Akhani & Roalson. 3-027

Kali komarovii（Iljin）Akhani & Roalson.　3-032

Kali Mill.　3-027

Kali tragus Scop.　3-030

Kalimeris Cass. 7-193

Kalimeris incisa（Fisch.）DC.　7-199

Kalimeris integrifolia Turcz. ex DC.　7-193

Kalimeris lautureana（Debex.l）Kitam.　7-196

Kalimeris mongolica（Franch.）Kitam.　7-202

Kalopanax Miq. 5-328

Kalopanax septemlobus（Thunb.）Koidz.　5-328

Kochia All.　3-019

Kochia prostrata（L.）Schrad.　3-024

Kochia scoparia（L.）Schrad.　3-019

Kochia scoparia（L.）Schrad. var. *sieversiana*（Pall.）Ulbr. ex Aschers. et Graebn.　3-022

Koelreuteria Laxm.　5-044

Koelreuteria paniculata Laxm.　5-044

Krascheninnikovia ceratoides（L.）Gueldenst.　2-668

Krascheninnikovia Gueldenst.　2-668

Kuehneromyces mutabilis（Schaeff.）Singer & A. H.

Sm. 1-271

Kuehneromyces Singer & A. H. Sm. 1-271

Kummerowia Schindl. 4-404

Kummerowia stipulacea (Maxim.) Makino
4-404

Kyllinga brevifolia var. *leiolepis* (Franch. et Savat.)
Hara 8-572

Kyllinga Rottb. 8-572

L

Labiatae 6-258

Laccaria Berk. et Br. 1-206

Laccaria laccata (Scop.) Cooke 1-207

Laccaria proxima (Boud.) Pat. 1-206

Lactarius deliciosus (L.: Fr.) Gray 1-332

Lactarius pallidus Pers. 1-337

Lactarius Pers. 1-332

Lactarius piperatus (L.) Pers. 1-335

Lactarius subvellereus Peck 1-336

Lactarius torminosus (Schaeff.) Pers. 1-334

Lactarius vellereus (Fr.) Fr. 1-338

Lactarius volemus Fr. 1-339

Lactuca L. 7-625

Lactuca seriola Torner 7-629

Lactuca sibirica (L.) Benth. ex Maxim. 7-625

Lactuca tatarica (L.) C. A. Mey. 7-632

Laetiporus Murrill 1-394

Laetiporus sulphureus (Bull. ex Fr.) Murrill
1-394

Lagopsis Bge. ex Benth 6-306

Lagopsis supina (Steph.) Ik. - Gal. ex Knorr.
6-306

Laminaria japonica Aresch. 1-134

Laminaria Lamx. 1-134

Laminariaceae 1-134

Lamium barbatum Sieb. et Zucc. 6-310

Lamium barbatum Sieb. et Zucc. var. *barbatum* (Sieb.
et Zucc.) Franch. et Sav. 6-312

Lamium L. 6-310

Laportea bulbifera (Sieb. et Zucc.) Wedd.
2-442

Laportea Gaudich. 2-442

Lappula Gilib 6-209

Lappula myosotis V. Wolf 6-209

Lappula redowskii (Hornem.) Greene 6-211

Larix gmelinii (Rupr.) Kuzen. 2-191

Larix gmelinii var. *principis-rupprechtii* (Mayr)
Pilg. 2-198

Larix Mill. 2-191

Larix olgensis Henry 2-195

Larix olgensis Henry f. *viridis* (Wils.) Nakai
2-197

Lathyms humilis (Ser.) Spreng. 4-413

Lathyrus davidii Hance 4-409

Lathyrus komarovii Ohwi 4-416

Lathyrus L. 4-407

Lathyrus maritimus (L.) Bigelow 4-412

Lathyrus pratensis L. 4-407

Lathyrus quinquenervius (Miq.) Litv. 4-414

Lathyrus vaniotii Levl. 4-418

Lauraceae 3-072

Ledum L. 5-517

Ledum palustre L. 5-517

Ledum palustre L. var. *kilatatum* Wahlinb. 5-519

Leguminosae 4-304

Leibnitzia anandria (L.) Turcz. 7-586

Leibnitzia Cass. 7-586

Lemna L. 8-524

Lemna minor L. 8-524

Lemnaceae 8-522

Lentibulariaceae 6-628

Lentinellus ursinus (Fr.) Kühner 1-187

Lentinus edodes (Berk.) Sing. 1-183

Lentinus Fr. 1-183

Lentinus lepideus (Fr. : Fr.) Fr. 1-186

Lenzites betulina (L.) Fr. 1-416

Lenzites Fr. 1-416

Leontopodium conglobatum (Turcz.) Hand. -Mazz.
7-256

Leontopodium leontopodioides (Willd.) Beauv.
7-253

Leontopodium longifolium Ling 7-259

Leontopodium R. Br. 7-253

Leonurus japonicus Houtt. 6-319

Leonurus japonicus Houtt. var. *albiflorus* (Migo) S. Y.
Hu. 6-322

Leonurus L. 6-314

Leonurus macranthus Maxim. 6-314

Leonurus pseudomacranthus Kitagawa 6-317

Leonurus sibirica L. 6-323

Lepidium apetalum Willd. 3-566

Lepidium densiflorum Schrad. 3-564

Lepidium L. 3-564

Lepidium ruderale Linnaeus 3-570

Lepisorus (J. Smith) Ching 2-154

Lepisorus ussuriensis (Regel et Maack) Ching
2-154

Lepista (Fr.) W. G. Smith 1-231

Lepista irina (Fr.) Bigelow 1-231

Lepista nuda (Bull. : Fr.) Cooke 1-232

Leptolepidium Hsing et S. K. Wu 2-083

Leptolepidium kuhnii（Milde）Hsing et S. K. Wu. 2-083

Leptopus chinensis（Bge.）Pojark. 4-638

Leptopus Decne. 4-638

Leptopyrum fumarioides（L.）Reichb. 3-263

Leptopyrum Reichb. 3-263

Lespedeza bicolor Turcz. 4-420

Lespedeza cyrtobotrya Miq. 4-424

Lespedeza daurica（Laxm.）Schindl. 4-426

Lespedeza floribunda Bge. 4-428

Lespedeza inschanica（Maxim.）Schindl. 4-430

Lespedeza juncea（L. f.）Pers. 4-433

Lespedeza Michx. 4-420

Lespedeza tomentosa（Thunb.）Sieb. ex Maxim. 4-432

Lespedeza virgata（Thunb.）DC. 4-435

Leucanthemella linearis（Matsum.）Tzvel. 7-387

Leucanthemella Tzvel. 7-387

Leucopaxillus Bours 1-234

Leucopaxillus candidus（Bres.）Sing. 1-234

Leymus chinensis（Trin.）Tzvel. 8-451

Leymus Hochst. 8-451

Leymus secalinus（Georgi）Tzvel. 8-453

Libanotis seseloides（Fisch. et Mey.）Turcz. 5-430

Libanotis Zinn. 5-430

Ligularia Cass. 7-422

Ligularia fischeri（Ledeb.）Turcz. 7-434

Ligularia fischeri（Ledeb.）Turcz. f. *diabolica* Kitam. 7-436

Ligularia intermedia Nakai 7-442

Ligularia jaluensis Kom. 7-431

Ligularia jamesii（Hemsl.）Kom. 7-424

Ligularia mongolica（Turcz.）DC. 7-428

Ligularia schmidtii（Maxim.）Makino 7-422

Ligularia sibirica（L.）Cass. 7-438

Ligusticum jeholense（Nakai et Kitagawa）Nakai et Kitagawa 5-433

Ligusticum L. 5-433

Ligusticum tachiroei（Franch. et Sav.）Hiroe et Constance 5-440

Ligusticum tenuissimum（Nakai）Kitagawa 5-436

Ligustrum L. 5-664

Ligustrum obtusifolium Sieb. & Zucc. subsp. *suave*（Kitag.）Kitag. 5-664

Liliaceae 8-074

Lilium amabile Palib. 8-192

Lilium callosum Sieb. et Zucc. 8-197

Lilium cernuum Kom. 8-199

Lilium concolor Salisb. 8-182

Lilium concolor Salisb. var. *megalanthum* Wang et Tang 8-188

Lilium concolor Salisb. var. *pulchellum*（Fisch.）Regel 8-184

Lilium dauricum Ker-Gawl. 8-178

Lilium distichum Nakai 8-203

Lilium L. 8-170

Lilium leichtlinii Hook. f. var. *maximowiczii*（Regel）Baker 8-194

Lilium pumilum DC. 8-170

Lilium tigrinum Ker Gawler 8-189

Limonium aureum（L.）Hill. 5-623

Limonium bicolor（Bge.）Kuntze 5-629

Limonium flexuosum（L.）Kuntze 5-632

Limonium Mill. 5-623

Limonium sinense（Girard）Kuntze 5-627

Limosella aquatica L. 6-500

Limosella L. 6-500

Linaceae 4-600

Linaria buriatica Turcz. ex Benth. 6-502

Linaria japonica Miq. 6-503

Linaria Mill. 6-502

Linaria vulgaris subsp. *chinensis*（Debeaux）D. Y. Hong 6-504

Lindera obtusiloba Bl. 3-072

Lindera Thunb. 3-072

Lindernia All. 6-507

Lindernia procumbens（Krock.）Philcox 6-507

Linum amurense Alef. 4-606

Linum L. 4-600

Linum perenne L. 4-604

Linum stelleroides Planch. 4-600

Liparis campylostalix Rchb. f. 8-622

Liparis L. C. Rich. 8-622

Liparis sasakii Hayata 8-624

Liriope Lour. 8-207

Liriope spicata（Thunb.）Lour. 8-207

Listera puberula Maxim. 8-626

Listera R. Br. 8-626

Lithospermum arvense L. 6-218

Lithospermum erythrorhizon Sieb. et Zucc. 6-214

Lithospermum L. 6-214

Lithospermum officinale L. 6-217

Lloydia Salisb. 8-208

Lloydia serotina（L.）Rchb. 8-208

Lobaria isidiosa（Müll. Arg）Vain.　1-570

Lobaria Schrcb　1-570

Lobariaceae　1-570

Lobelia L.　7-124

Lobelia sessilifolia Lamb.　7-124

Lomatogonium A. Br.　6-057

Lomatogonium carinthiacum（Wulf.）Reichb.　6-057

Lonicera caerulea L. var. *edulis* Turcz. ex Herd.　6-662

Lonicera chrysantha Turcz.　6-668

Lonicera ferdinandii Franch.　6-671

Lonicera japonica Thunb.　6-659

Lonicera L.　6-657

Lonicera maackii（Rupr.）Maxim.　6-665

Lonicera microphylla Willd. ex Roem. et Schult.　6-657

Lonicera tatarinowii Maxim.　6-673

Loranthaceae　2-466

Loranthus Jacq.　2-466

Loranthus tanakae Franch. et Sav.　2-466

Lunathyrium Koidz.　2-100

Lunathyrium pycnosorum（Christ）Koidz.　2-100

Lychnis cognata Maxim.　2-630

Lychnis fulgens Fisch.　2-633

Lychnis L.　2-628

Lychnis wilfordii（Regel）Maxim.　2-628

Lycium barbarum L.　6-460

Lycium chincnse Mill.　6-457

Lycium L.　6-457

Lycoperdaceae　1-506

Lycoperdon fuscum Huds.　1-508

Lycoperdon mammaeforme Pers.　1-509

Lycoperdon perlatum Pers.　1-506

Lycoperdon P. Micheli　1-506

Lycoperdon pyriforme Schaeff. : Pers.　1-510

Lycopodiaceae　2-010

Lycopodium annotinum L.　2-014

Lycopodium clavatum L.　2-016

Lycopodium L.　2-014

Lycopodium obscurum L.　2-019

Lycopodium obscurum L. f. *strictum*（Milde）Nakai et Hara　2-020

Lycopus cavaleriei H. Lév.　6-329

Lycopus L.　6-327

Lycopus lucidus Turcz. ex Benth.　6-331

Lycopus parviflorus Maxim.　6-327

Lyophyllum aggregatum（Schaeff. ex Secr.）Kühn.　1-226

Lyophyllum Karst.　1-226

Lyophyllum semitale（Fr.）Kohner　1-227

Lyophyllum ulmarium（Bull.）Kühner　1-228

Lysimachia barystachys Bge.　5-590

Lysimachia clethroides Duby　5-593

Lysimachia davurica Ledeb.　5-587

Lysimachia L.　5-587

Lysimachia pentapetala Bge.　5-596

Lysurus Fr.　1-496

Lysurus mokusin（L. : Pers.）Fr.　1-496

Lythraceae　5-244

Lythrum L.　5-244

Lythrum salicaria L.　5-244

Lythrum salicaria L. var. *glabrum* Ledeb.　5-249

M

Maackia amurensis Rupr. et Maxim.　4-436

Maackia Rupr. et Maxim.　4-436

Magnolia L.　3-056

Magnolia sieboldii K. Koch　3-056

Magnoliaceae　3-056

Maianthemum bifolium（L.）F. W. Schm. 8-210

Maianthemum dilatatum（Wood）Nels. et Mach.　8-213

Maianthemum Web.　8-210

Malachium Fries 2-584

Malaxis monophyllos（L.）Sw.　8-629

Malaxis Soland ex Sw.　8-629

Malus baccata（L.）Borkh.　4-240

Malus komarovii（Sarg.）Rehd.　4-243

Malus Mill.　4-240

Malus sieboldii（Regel）Rehd.　4-244

Malva L.　5-146

Malva verticillata L.　5-146

Malvaceae　5-140

Marasmius dryophilus（Bull. : Fr.）Karst.　1-229

Marasmius Fr.　1-229

Marchaniaceae　1-644

Marchantia L.　1-644

Marchantia polymorpha L.　1-644

Marsilea L.　2-170

Marsilea quadrifolia L.　2-170

Marsileaceae　2-170

Matricaria L.　7-408

Matricaria matricarioides（Less.）Porter ex Britton　7-408

Matteuccia orientalis（Hook.）Trev.　2-120

Matteuccia struthiopteris（L.）Todaro　2-121

Matteuccia Todaro　2-120

Maxus stachydifolius（Turcz.）Maxim. 6-512

Mazus Lour. 6-509

Mazus pumilus（Burm. f.）Steenis 6-509

Medicago falcata L. 4-444

Medicago L. 4-440

Medicago lupulina L. 4-442

Medicago ruthenica（L.）Trautv. 4-446

Medicago sativa L. 4-440

Meehania Britt. ex Small. et Vaill 6-334

Meehania urticifolia（Miq.）Makino 6-334

Melampyrum L. 6-514

Melampyrum roseum Maxim. 6-514

Melampyrum roseum Maxim. var. *setaceum* Maxim.
　ex Palib. 6-517

Melica L. 8-444

Melica scabrosa Trin 8-444

Melilotus Adans.4-448

Melilotus alba Medic. 4-452

Melilotus officinalis（L.）Lam. 4-448

Menispermaceae 3-364

Menispermum dauricum DC. 3-367

Menispermum L.3-367

Mentha canadensis L. 6-339

Mentha dahurica Fisch. ex Benth.6-337

Mentha L. 6-337

Menyanthaceae 6-070

Menyanthes trifoliata L. 6-070

Menyanthes（Tourn.）L. 6-070

Merremia Dennst 6-185

Merremia sibirica（L.）Hall. f. 6-185

Meruliaceae 1-370

Messerschmidia L. 6-220

Messerschmidia sibirica L. 6-220

Messerschmidia sibirica L. var.*angustior*（DC.）
　Nakai6-223

Metaplexis japonica（Thunb.）Makino 6-116

Metaplexis R. Br. 6-116

Mimulus L. 6-518

Mimulus tenellus Bge. 6-518

Miscanthu Anderss. 8-458

Miscanthus sacchariflorus（Maxim.）Hackel
　8-458

Miscanthus sinensis Anderss. 8-461

Mniaceae 1-618

Mnium cuspidatum Hedw. 1-618

Mnium T. Kop. 1-618

Moehringia L. 2-586

Moehringia lateriflora（L.）Fenzl 2-586

Monochoria korsakowii Regel et Maack 8-326

Monochoria Presl. 8-326

Monochoria vaginalis（Burm. f.）Presl 8-330

Monotropa hypopitys L. 5-492

Monotropa hypopitys L. var. *hirsuta* Roth 5-493

Monotropa L. 5-492

Monotropastrum Andres 5-486

Monotropastrum humile（D. Don）H. Hara
　5-486

Morchella angusticeps Peck 1-558

Morchella conica Fr. 1-560

Morchella crassipes（Vent.）Pers. 1-559

Morchella deliciosa Fr. 1-563

Morchella Dill ex Pers. 1-556

Morchella esculenta（L.）Pers. 1-556

Morchella vulgaris（Pers.）Gray 1-561

Morchellaceae 1-556

Morlaceae 2-420

Morus alba L. 2-432

Morus australis Poir. 2-436

Morus L. 2-429

Morus mongolica（Bur.）Schneid. 2-429

Mosla Buch-Ham. ex Maxim. 6-343

Mosla grosseserrata Maxim. 6-343

Mosla scabra（Thumb.）C. Y. Wu et H. W. Li
　6-345

Mukdenia Koidz. 3-667

Mukdenia rossii（Oliv.）Koidz. 3-667

Murdannia keisak（Hassk.）Hand.-Mazz.8-396

Murdannia Royle. 8-396

Mutinus caninus（Huds.）Fr. 1-484

Mutinus Fr. 1-484

Mycena（Pers.）Roussel 1-210

Mycena pura（Pers.）P. Kumm. 1-210

Myosoton aquaticum（L.）Moench 2-584

Myriophyllum L.5-284

Myriophyllum spicatum L. 5-286

Myriophyllum verticillatum L. 5-284

N

Naematoloma fasciculare（Huds.）P. Karst.
　1-268

Naematoloma Karst. 1-268

Naematoloma sublateritium（Fr.）Karst. 1-270

Nelumbo Adens. 3-378

Nelumbo nucifera Gaertn. 3-378

Neopallasia pectinata（Pall.）Poljak. 7-410

Neopallasia Poljak. 7-410

Neottianthe cucullata（L.）Schltr. 8-632

Neottianthe cucullata（L.）Schltr. f. *maculata*（Nakai
　et Kitag.）Nakai et Kitag. 8-634

Neottianthe Schltr. 8-632

Nepeta L.　　6-347

Nepeta prattii Levl.　　6-347

Nicandra Adans 6-462

Nicandra physaloides（L.）Gaertn.　　6-462

Nidulariaceae　1-531

Nitraria L.　　4-584

Nitraria sibirica Pall.　　4-586

Nitraria tangutorum Bobr.　　4-584

Nostoc communae Vaucher　　1-110

Nostoc flagelliforme（Berk. ex Curtis）Born. ex Flah
　　1-113

Nostoc Vauch.　1-110

Nostocaceae　1-110

Nuphar pumila（Timm）DC.　　3-384

Nuphar Smith.　3-384

Nymphaea L.　3-387

Nymphaea tetragona Georgi　　3-387

Nymphaeaceae　3-374

Nymphoides indica（L.）O. Kuntze　　6-073

Nymphoides peltata（Gmel.）O. Kuntze　6-075

Nymphoides Seguier　　6-073

O

Odontites Ludwig　　6-520

Odontites vulgaris Moench　　6-520

Oenanthe javanica（Blume）DC.　　5-442

Oenanthe L.　　5-442

Oenothera biennis L.　　5-278

Oenothera L.　　5-278

Oleaceae　5-648

Olgaea Iljin　7-545

Olgaea leucophylla（Turcz.）Iljin　　7-545

Olgaea lomonosowii（Trautv.）Iljin　　7-548

Onagraceae　5-258

Onoclea L.　　2-124

Onoclea sensibilis L.　　2-124

Onocleaceae　2-120

Ophioglossaceae 2-056

Ophioglossum L.　　2-056

Ophioglossum thermale Kom.　　2-059

Ophioglossum vulgatum L.　　2-056

Oplismenus Beauv.　　8-477

Oplismenus undulatifolius（Arduino）Beauv.
　　8-477

Oplopanax elatus Nakai 5-331

Oplopanax Miq. 5-331

Orchidaceae　8-580

Orchis chusua D. Don　　8-635

Orchis L.　　8-635

Orchis lactifolia L.　　8-637

Orchis roborovskii Maxim.　　8-644

Oreorchis Lindl. 8-645

Oreorchis patens（Lindl.）Lindl.8-645

Oresitrophe Bge.　　3-671

Oresitrophe rupifraga Bge.　　3-671

Orobanchaceae　6-606

Orobanche anoena C. A. Mey.　6-620

Orobanche cernua Loefling　　6-618

Orobanche coerulescens Steph.　6-610

Orobanche L.　6-610

Orobanche pycnostachya Hance　6-613

Orobanche pycnostachya var. *amurensis* G.Beck.
　　6-616

Orostachys cartilagineus A. Bor. 3-609

Orostachys（DC.）Fisch.　　3-601

Orostachys fimbriata（Turcz.）A. Berger 3-603

Orostachys malacophyllus（Pall.）Fisch. 3-601

Orostachys minutus（Kom.）Berger　　3-607

Orostachys spinosus（L.）C. A. Mey　　3-605

Orthilia obtusata（Turcz.）Hara 5-496

Orthilia Rafin.　5-494

Orthilia secunda（L.）House　　5-494

Osmorhiza aristata（Thunb.）Makino et Yabe
　　5-444

Osmorhiza Raf. 5-444

Osmunda cinnamomea L.　　2-062

Osmunda claytoniana L. 2-065

Osmunda L.　　2-062

Osmundaceae　2-062

Ostericum grosseserratum（Maxim.）Kitag.
　　5-449

Ostericum Hoffrn.　　5-447

Ostericum maximowiczii（Fr. Schmidt ex Maxim.）
　　Kitagawa　5-447

Ostryopsis davidiana Decne.　　2-369

Ostryopsis Decne.　　2-369

Ottelia alismoides（L.）Pers.　　8-047

Ottelia Pers.　　8-047

Oudemansiella mucida（Schrad.）Höhn. 1-204

Oudemansiella platyphylla（Pers.）M. M. Moser
　　1-205

Oudemansiella Speg.　　1-204

Oxalidaceae　4-544

Oxalis acetosella L.　　4-548

Oxalis corniculata L.　　4-544

Oxalis corniculata L. var. *stricta*（L.）Huang et L. R.
　　Xu　4-546

Oxalis L.　　4-544

Oxalis obtriangulata Maxim.　　4-550

Oxyria digyna（L.）Hill.　　2-486

Oxyria Hill. 2-486

Oxytropis aciphylla Ledeb. 4-471

Oxytropis anertii Nakai ex Kitag. 4-454

Oxytropis anertii Nakai ex Kitag.f. *albiflora*（Z. J. Zong ex X. R. He）X. Y. Zhu & H.Ohashi 4-455

Oxytropis bicolor Bge. 4-476

Oxytropis coerulea（Pall.）DC. 4-468

Oxytropis DC. 4-454

Oxytropis grandiflora（Pall.）DC. 4-480

Oxytropis hirta Bge. 4-466

Oxytropis latibracteata Jurtzev 4-478

Oxytropis leptophylla（Pall.）DC. 4-475

Oxytropis myriophylla（Pall.）DC. 4-457

Oxytropis ochrantha Turcz. 4-470

Oxytropis oxyphylla（Pall.）DC. 4-464

Oxytropis racemosa Turcz. 4-462

P

Padus avium Mill. 4-295

Padus maackii（Rupr.）Kom. 4-292

Padus Mill. 4-292

Paeonia japonica（Makino）Miyabe et Takeda 3-419

Paeonia L. 3-416

Paeonia lactiflora Pall. 3-424

Paeonia obovata Maxim. 3-416

Paeoniaceae 3-416

Panax ginseng C. A. Mey. 5-334

Panax L. 5-334

Panus Fr. 1-182

Panus torulosus（Pers.）Fr. 1-182

Panzeria Moench 6-350

Panzerina lanata（L.）Sojak 6-350

Papaver amurense（N. Busch）N. Busch ex Tolmatchev 3-525

Papaver L. 3-516

Papaver nudicaule L. 3-520

Papaver radicatum Rottb. var. *pseudo-radicatum*（Kitag.）Kitag. 3-516

Papaveraceae 3-470

Paraixeris chelidonifolia（Makino）Nakai 7-634

Paraixeris denticulata（Houtt.）Nakai 7-637

Paraixeris denticulata（Houtt.）Nakai f. *pinnatipartita*（Makino）Kitag. 7-641

Paraixeris Nakai 7-634

Parasenecio auriculatus（DC.）H. Koyama 7-417

Parasenecio hastatus（L.）H. Koyama 7-419

Parasenecio W. W. Smith et J. Small 7-417

Parietaria L. 2-445

Parietaria micrantha Ledeb. 2-445

Paris L. 8-215

Paris quadrifolia L. 8-215

Paris verticillata M.-Bieb. 8-217

Paris verticillata M.-Bieb. var. *obovata*（Ledeb.）Hara 8-223

Parmelia Ach. 1-590

Parmelia caperata（L.）Ach. 1-591

Parmelia saxatilis（L.）Ach. 1-590

Parnassia L. 3-673

Parnassia palustris L. 3-673

Parthenocissus Planch. 5-116

Parthenocissus quinquefolia（L.）Planch. 5-120

Parthenocissus tricuspidata（Sieb. & Zucc.）Planch. 5-116

Patrinia heterophylla Bge. 7-045

Patrinia Juss. 7-034

Patrinia rupestris（Pall.）Dufr. 7-040

Patrinia scabiosaefolia Fisch. ex Trev. 7-034

Patrinia scabra Bge. 7-043

Patrinia sibirica（L.）Juss. 7-050

Patrinia villosa（Thunb.）Juss. 7-047

Paxillaceae 1-296

Paxillus Fr. 1-296

Paxillus involutus（Batsch）Fr. 1-296

Pedicularis artselaeri Maxim. 6-525

Pedicularis chinensis Maxim. 6-524

Pedicularis grandiflora Fisch. 6-531

Pedicularis L. 6-522

Pedicularis resupinata L. 6-536

Pedicularis resupinata L. f. *ramose* Kom.（Nakai）Fl. Manch. 6-538

Pedicularis resupinata L. var. *albiflora*（Nakai）S. H Li. 6-538

Pedicularis rubens Steph. ex Willd. 6-534

Pedicularis sceptrum-carolinum L. 6-522

Pedicularis spicata Pall. 6-539

Pedicularis striata Pall. 6-529

Pedicularis venusta Schangan ex Bge. 6-528

Pedicularis verticillata L. 6-544

Peganum L. 4-594

Peganum nigellastrum Bge. 4-594

Pennisetum alopecuroides（L.）Spreng. 8-479

Pennisetum flaccidum Grisebach 8-481

Pennisetum Rich. 8-479

Penthorum chinense Pursh. 3-676

Penthorum L. 3-676

Periploca L.　　6-120

Periploca sepium Bge.　6-120

Petasites japonicus（Sieb. et Zucc.）Maxim.
　7-446

Petasites Mill.　7-446

Peucedanum elegans Komarov　5-451

Peucedanum L.　5-451

Peucedanum terebinthaceum（Fisch.）Fisch. ex
　Turcz.　　5-453

Peucedanum wawrae（Wolff）Su　　5-456

Peziza L.　　1-552

Peziza vesiculosa Bull. : Fr.　　1-552

Pezizaceae　　1-552

Phacellanthus Sieb. et Zucc.　　6-621

Phacellanthus tubiflorus Sieb. et Zucc.　6-621

Phaeolepiota aurea（Matt.）Maire　　1-250

Phaeolepiota Maire ex Konrad & Maubl　1-250

Phaeolus（Pat.）Pat.　　1-401

Phaeolus schweinitzii（Fr.）Pat. 1-401

Phalaris arundinacea L. 8-442

Phalaris L.　　8-442

Phallaceae　　1-484

Phallus costatus Batsch　1-486

Phallus impudicus L.　　1-489

Phallus Junius ex L.　　1-486

Phallus rubicundus（Bosc.）Fr. 1-487

Phedimus aizoon（L.）'t Hart.　　3-630

Phedimus aizoon（L.）'t Hart. var. *latifolius*（Maxim.）
　H.Ohba K.T.Fu et B.M.Barthol.　　3-633

Phedimus aizoon（L.）'t Hart. var. *yamatutae*（Kitag.）
　H.Ohba K.T.Fu et B.M.Barthol.　　3-634

Phedimus kamtschaticus（Fisch.）'t Hart.
　3-638

Phedimus middendorffianus（Maxim.）'t Hart
　3-635

Phedimus Rafin. 3-630

Phellinus hartigii（Allesch. et Schnabl.）Pat.
　1-441

Phellinus igniarius（L. : Fr）Quél.　　1-438

Phellinus laevigatus（P. Karst.）Bourdot & Galzin
　1-440

Phellinus Quél.　1-438

Phellodendron amurense Rupr.　　4-663

Phellodendron Rupr.　　4-663

Philadelphus L. 4-001

Philadelphus pekinensis Rupr.　　4-001

Philadelphus schrenkii Rupr.　　4-006

Philadelphus tenuifolius Rupr. ex Maxim. 4-004

Philonotis Brid. 1-622

Philonotis fontana（Hedw.）Brid.　　1-622

Phleum pratense L.　　8-436

Phleum Trin.　8-436

Phlogiotis helvelloides（DC. : Fr.）Martin
　1-462

Phlogiotis Quél. 1-462

Phlomoides dentosa（Franch.）Kamelin & Makhm
　6-367

Phlomoides koraiensis（Nakai）Kamelin & Makhm.
　6-363

Phlomoides maximowiczii（Regel）Kamelin &
　Makhm.　6-357

Phlomoides Moench　　6-352

Phlomoides mongolica（Turcz.）Kamelin & A. L.
　Budantzev　6-365

Phlomoides tuberosa（L.）Moench.　　6-352

Phlomoides umbrosa（Turcz.）Kamelin & Makhm.
　6-360

Pholiota adiposa（Batsch）P. Kumm.　　1-273

Pholiota（Fr.）P. Kumm.　　1-273

Pholiota lubrica（Pers.）Singer 1-275

Pholiota spumosa（Fr.）Sing.　　1-276

Pholiota squarrosoides（Peck）Sacc.　　1-278

Pholiota terrestris Overh.　　1-280

Phragmites australis（Cav.）Trin. ex Steud.
　8-412

Phragmites japonica Steud.　　8-410

Phragmites Trin.8-410

Phryma L.　　6-632

Phryma leptostachya subsp. *asiatica*（Hara）
　Kitamura　6-632

Phrymaceae　6-632

Phtheirospermum Bge.　6-546

Phtheirospermum japonicum（Thunb.）Kanitz.
　6-546

Phyllanthus L.　4-640

Phyllanthus virgatus Forst. f.　　4-640

Phyllitis Hill　2-115

Phyllitis scolopendrium（L.）Newm.　　2-115

Phyllophoraceae 1-163

Phymatopteris hastata（Thunb.）Pic. Serm.
　2-157

Phymatopteris Pic. Serm.2-157

Physaliastrum japonica（Franch. et Sav.）Honda
　6-464

Physaliastrum Makino　6-464

Physalis alkekengi L. var. *francheti*（Mast.）Makino
　6-466

Physalis L.　　6-466

Physalis pubescens L.　　6-470

Physematium Kaulf.　2-128

Physematium manchuriense（Hook.）Nakai 2-128

Physochlaina G. Don　6-473

Physochlaina physaloides（L.）G. Don　6-473

Phytolacca acinosa Roxb.　2-558

Phytolacca L.　2-558

Phytolaccaceae 2-558

Picea Dietr.　2-201

Picea jezoensis Carr. var. *komarovii*（V. Vassil.）Cheng et L. K. Fu　2-204

Picea koraiensis Nakai　2-208

Picea meyeri Rehd. et Wils.　2-201

Picrasma Bl.　4-675

Picrasma quassioides（D. Don）Benn.　4-675

Picris japonica Thunb.　7-643

Picris L.　7-643

Pilea japonica（Maxim.）Hand. -Mazz.　2-448

Pilea Lindl.　2-447

Pilea peploides（Gaudich.）Hook. et Arn. 2-447

Pilea pumila（L.）A. Gray　2-450

Pilea pumila（L.）A. Gray var. *hamaoi*（Makino）C. J. Chen　2-451

Pimpinella brachycarpa（Komar.）Nakai 5-457

Pimpinella L.　5-457

Pinaceae　2-184

Pinellia Tenore 8-511

Pinellia ternata（Thunb.）Breit. 8-511

Pinus densiflora Sieb. et Zucc.　2-239

Pinus koraiensis Sieb. et Zucc.　2-213

Pinus L.2-213

Pinus pumilla（Pall.）Regel　2-235

Pinus sibirica Du Tour　2-220

Pinus syivestris L. var. *sylvestriformis*（Takenouchi）Cheng et C. D. Chu　2-242

Pinus sylvestris L. var. *mongolica* Litv.　2-224

Pinus tabulaeformis Carr.　2-230

Piptoporus betulinus（Bull.: Fr.）Karst.　1-418

Piptoporus Karst.　1-418

Plagiorhegma dubium Maxim.　3-359

Plagiorhegma Maxim.　3-359

Plantaginaceae　6-636

Plantago asiatica L.　6-636

Plantago depressa Willd.6-640

Plantago depressa Willd. var. *montana* Kitag. 6-642

Plantago L.　6-636

Plantago lanceolata L.　6-646

Plantago major L.　6-643

Plantago maritima subsp. *ciliata* Printz　6-649

Plantago minuta Pall.　6-650

Platanthera chlorantha Cust ex Rchb.　8-650

Platanthera cornu-bovis Nevski 8-653

Platanthera hologlottis Maxim.　8-648

Platanthera L. C. Rich.　8-648

Platycladus orientalis（L.）Franco　2-256

Platycladus Spach　2-256

Platycodon A. DC.　7-127

Platycodon grandiflorus（Jacq.）A. DC. 7-127

Platycodon grandiflorus（Jacq.）A. DC. var. *album* Hort. 7-129

Pleurospermum Hoffm.　5-460

Pleurospermum uralense Hoffm.　5-460

Pleurotaceae　1-174

Pleurotus citrinopileatus Sing.　1-174

Pleurotus cornucopiae（Paul. : Pers.）Rolland 1-176

Pleurotus（Fr.）Quél.　1-174

Pleurotus japonicus Kawam　1-179

Pleurotus ostreatus（Jacq. : Fr.）Kummer 1-177

Pleurotus pulmonarius（Fr.）Quél.　1-178

Plumbaginaceae 5-620

Poa L.　8-445

Poa sphondylodes Trin.　8-445

Pogonatum inflexum（Lindb.）Lac.　1-634

Pogonatum P. Beauv.　1-634

Pogonia japonica Rchb. f.　8-655

Pogonia Juss.　8-655

Polemoniaceae　6-148

Polemonium caeruleum L.　6-152

Polemonium chinense（Brand）Brand　6-148

Polemonium L.　6-148

Polygala japonica Houtt.　5-001

Polygala L.　4-678

Polygala sibirica L.　5-004

Polygala tatarinowii Regel　4-678

Polygala tenuifolia Willd.　4-680

Polygalaceae　4-678

Polygonaceae　2-474

Polygonatum acuminatifolim Kom.　8-240

Polygonatum desoulavyi Maxim. 8-254

Polygonatum humile Fisch. ex Maxim.　8-244

Polygonatum inflatum Kom.　8-237

Polygonatum involucratum Maxim.　8-251

Polygonatum macropodium Turcz.　8-248

Polygonatum Mill.　8-224

Polygonatum odoratum（Mill.）Druce　8-231

Polygonatum sibiricum Reddoute 8-224

Polygonatum stenophyllum Maxim.　8-228

Polygonum amphibium L.　2-493

Polygonum aviculare L.　2-488

Polygonum bistorta L.　2-516

Polygonum dissitiflorum Hemsl　2-533

Polygonum divaricatum L.　2-511

Polygonum hydropiper L.　2-506

Polygonum L.　2-488

Polygonum lapathifolium L.　2-503

Polygonum manshuriense V. Petr. ex Kom.
　2-522

Polygonum nepalense Meisn.　2-491

Polygonum ochotense V. Petr.　2-520

Polygonum ocreatum L.　2-510

Polygonum orientale L.　2-495

Polygonum pacificum V. Petr. ex Kom.　2-518

Polygonum perfoliatum L.　2-524

Polygonum persicaria L.　2-498

Polygonum senticosum（Meisn.）Franch. et Sav.
　2-528

Polygonum sibiricum Laxm.　2-508

Polygonum sieboldii Meisn.　2-530

Polygonum thunbergii Sieb. et Zucc.　2-535

Polygonum viscosum Buch.-Ham. ex D. Don
　2-501

Polygonum viviparum L. 2-514

Polypodiaceae　2-154

Polypodium L.　2-159

Polypodium sibiricum Sipliv.　2-159

Polyporaceae　1-382

Polyporus melanopus（Pers.）Fr.　1-388

Polyporus P. Micheli　1-388

Polystichum braunii（Spenn.）Fee　2-144

Polystichum craspedosorum（Maxim.）Diels
　2-143

Polystichum Roth.　2-143

Polystichum tripteron（Kuntze）Presl　2-146

Polytrichaceae　1-634

Polytrichum commune Hedw.　1-636

Polytrichum Hedw.　1-636

Pontederiaceae　8-326

Populus davidiana Dode 2-301

Populus koreana Rehd.　2-299

Populus L.　2-299

Populus pseudo-simonii Kitag.　2-307

Populus simonii Carr.　2-309

Poria cocos Wolf　1-429

Poria P. Browne 1-429

Porphyra C. Ag. 1-147

Porphyra suborbiculata Kjellm　1-147

Portulaca L.　2-564

Portulaca oleracea L.　2-564

Portulacaceae　2-564

Potamogeton crispus L.　8-068

Potamogeton distinctus A. Benn　8-062

Potamogeton heterophyllus Schreb.　8-067

Potamogeton L. 8-062

Potamogeton natans L.　8-066

Potamogeton perfoliatus L.　8-070

Potamogeton wrightii Morong　8-065

Potamogetonaceae　8-062

Potentilla acaulis L.　4-125

Potentilla ancistrifolia Bge.　4-135

Potentilla anserina L.　4-115

Potentilla betonicifolia Poir.　4-129

Potentilla bifurca L.　4-147

Potentilla centigrana Maxim.　4-119

Potentilla chinensis Ser.　4-144

Potentilla cryptotaeniae Maxim.　4-131

Potentilla discolor Bge.　4-137

Potentilla flagellaris Willd. ex Schlecht.　4-121

Potentilla fragarioides L.4-152

Potentilla freyniana Bornm.　4-133

Potentilla fruticosa L.　4-107

Potentilla gabra Lodd.　4-111

Potentilla kleiniana Wight et Arn.4-123

Potentilla L.　4-104

Potentilla longifolia Willd. ex Schlecht.　4-156

Potentilla multicaulis Bge.　4-142

Potentilla nivea L.　4-127

Potentilla parvifolia Fisch.　4-104

Potentilla reptans L. var. *sericophylla* Franch.
　4-158

Potentilla supina L.　4-150

Potentilla tanacetifolia Willd. ex Schlecht.4-154

Potentilla verticillaris Steph. ex Willd.　4-140

Primula farinosa L.　5-602

Primula farinosa L. var. *denudata* Koch.　5-604

Primula fistulosa Turkev. 5-606

Primula L.　5-598

Primula loeseneri Kitag. 5-601

Primula maximowiczii Regel　5-609

Primula nutans Georgi　5-612

Primula sieboldii E. Morren　5-598

Primulaceae　5-568

Prinsepia sinensis（Oliv.）Oliv. ex Bean 4-260

Prinsepias Royle　4-260

Prunella asiatica Nakai　6-369

Prunella L.　6-369

Prunus L.　4-299

Prunus ussuriensis Kov. et Kost.　4-299

Pseudohydnum gelatinosum（Scop. : Fr.）Karst. 1-464

Pseudohydnum P. Karst. 1-464

Pseudostellaria davidii（Franch.）Pax 2-591

Pseudostellaria heterophylla（Miq.）Pax 2-593

Pseudostellaria Pax 2-589

Pseudostellaria sylvatica（Maxim.）Pax 2-589

Pteridiaceae 2-074

Pteridium aquilinum（L.）Kuhn var. *latiusculum*（Desv.）Underw. ex Heller 2-074

Pteridium Scop. 2-074

Pterocarya Kunth. 2-291

Pterocarya stenoptera C. DC. 2-291

Pteroceltis Maxim. 2-404

Pteroceltis tatarinowii Maxim. 2-404

Pterocypsela indica（L.）Shih 7-649

Pterocypsela Shih 7-646

Pterocypsela triangulata（Maxim.）Shih 7-646

Pterygocalyx Maxim. 6-059

Pterygocalyx volubilis Maxim. 6-059

Pueraria DC. 4-487

Pueraria montana var. *lobata*（Willd.）Maesen et S. M. Almeida ex Sanjappa et Predeep 4-487

Pulsatilla cernua（Thunb.）Bercht. et Opiz. 3-280

Pulsatilla chinensis（Bge.）Regel 3-268

Pulsatilla dahurica（Fisch.）Spreng. 3-283

Pulsatilla Mill. 3-265

Pulsatilla patens subsp. *multifida*（Pritz.）Zamels 3-272

Pulsatilla sukaczevii Juz. 3-265

Pulsatilla turczaninovii Kryl. et Serg. 3-278

Pyrola asarifolia subsp. *incarnata*（DC.）E. Haber et H. Takahashi 5-500

Pyrola dahurica（H. Andr.）Kom. 5-509

Pyrola japonica Klenze ex Alef. 5-507

Pyrola L. 5-498

Pyrola minor L. 5-504

Pyrola renifolia Maxim. 5-498

Pyrolaceae 5-486

Pyrrosia davidii（Baker）Ching 2-165

Pyrrosia linearifolia（Hook.）Ching 2-167

Pyrrosia Mirbel 2-161

Pyrrosia petiolosa（Christ）Ching 2-161

Pyrus betulaefolia Bge. 4-250

Pyrus L. 4-247

Pyrus ussuriensis Maxim. 4-247

Q

Quercus acutissima Carruth. 2-377

Quercus aliena Bl. 2-379

Quercus dentata Thunb. 2-388

Quercus L. 2-377

Quercus mongolica Fisch. ex Ledeb. 2-381

Quercus serrata Thunb. 2-386

Quercus variabilis Bl. 2-393

Quercus wutaishanica Mayr 2-391

R

Ramaria apiculata（Fr.）Donk 1-350

Ramaria aurea（Schaeff.）Quél. 1-352

Ramaria formosa（Pers.: Fr.）Quél. 1-353

Ramaria Fr. ex Bonord. 1-350

Ramariaceae 1-350

Ranunculaceae 3-078

Ranunculus chinensis Bge. 3-289

Ranunculus gmelinii DC. 3-287

Ranunculus japonicus Thunb. 3-297

Ranunculus japonicus Thunb. f. *plena* Y. C. Chu et D. C. 3-300

Ranunculus japonicus Thunb. var. *monticola* Kitag. 3-300

Ranunculus L. 3-286

Ranunculus repens L. 3-292

Ranunculus reptans L. 3-286

Ranunculus sceleralus L. 3-295

Reaumria L. 5-218

Reaumuria songarica（Pall.）Maxim. 5-218

Rehmannia glutinosa（Gaert.）Libosch ex Fisch. et C. A. Mey. 6-549

Rehmannia Libosch ex Fisch. et C. A. Mey. 6-549

Reynoutria Houtt. 2-538

Reynoutria japonica Houtt. 2-538

Rhamnaceae 5-088

Rhamnus arguta Maxim. 5-099

Rhamnus davurica Pall. 5-090

Rhamnus diamantiaca Nakai 5-096

Rhamnus erythroxylon Pall. 5-088

Rhamnus L. 5-088

Rhamnus parvifolia Bge. 5-097

Rhamnus schneideri Levl. et Vant. 5-095

Rhamnus ussuriensis J. Vass. 5-093

Rhaponticum Ludw. 7-550

Rhaponticum uniflorum（L.）DC. 7-550

Rheum franzenbachii Munt. 2-542

Rheum L. 2-539

Rheum rhabarbarum L. 2-539

Rhinanthus glaber Lam. 6-552

Rhinanthus L. 6-552

Rhodiola angusta Nakai 3-614

Rhodiola dumulosa（Franch.）S. H.Fu 3-612

Rhodiola kirilowii（Regel）Maxim. 3-622

Rhodiola L. 3-612

Rhodiola rosea L. 3-617

Rhodiola sachalinensis A. Bor. 3-619

Rhododendron aureum Georgi 5-520

Rhododendron dauricum L. 5-533

Rhododendron dauricum L. var. *albiflorum*（Turcz.）
C. F. Fang 5-539

Rhododendron L. 5-520

Rhododendron lapponicum（L.）Wahl. 5-530

Rhododendron micranthum Turcz. 5-525

Rhododendron mucronulatum Turcz. 5-541

Rhododendron mucronulatum Turcz. f. *album* Nakai.
5-542

Rhodomelaceae 1-167

Rhodophyllaceae 1-290

Rhodophyllus abortivus（Berk. & Curt.）Sing.
1-290

Rhodophyllus nidorosus（Fr.）Quél. 1-292

Rhodophyllus Quél. 1-290

Rhodophyllus sinuatus（Bull.）Quél. 1-293

Rhodotypos scandens（Thunb.）Makino 4-160

Rhodotypos Sieb. et Zucc. 4-160

Rhus chinensis Mill. 5-008

Rhus（Tourn.）L. emend. Moench 5-008

Rhus typhina L. 5-013

Ribes burejense Fr. 4-023

Ribes diacanthum Pall. 4-019

Ribes fasciculatum var. *chinense* Maxim. 4-012

Ribes himalense Royle ex Decne 4-017

Ribes komarovii Pojark. 4-008

Ribes L.4-008

Ribes mandshuricum（Maxim.）Kom. 4-014

Ribes mandshuricum（Maxim.）Kom. var.
subglabrum Kom. 4-016

Ribes maximowiczianum Kom. 4-010

Ribes procumbens Pall. 4-026

Ribes pulchellum Turcz. 4-021

Robinia L. 4-493

Robinia pseudoacacia L. 4-493

Rodgersia Gray. 4-028

Rodgersia podophylla Gray. 4-028

Rorippa palustris（L.）Bess. 3-574

Rorippa Scop. 3-572

Rorippaglobosa（Turcz.）Hayek 3-572

Rosa acicularis Lindl. 4-180

Rosa acicularis Lindl. var. *albifloris* X. Lin et Y. L.
4-183

Rosa davurica Pall. 4-175

Rosa davurica Pall. var. *ellipsoidea* Nakai 4-179

Rosa koreana Kom. 4-168

Rosa koreana Kom. var. *glandttlosa* Yu et Ku
4-170

Rosa L. 4-163

Rosa maximowicziana Regel. 4-166

Rosa multiflora Thunb. 4-163

Rosa rugosa Thunb. 4-171

Rosa xanthina Lindl. 4-184

Rosaceae 4-046

Rozites caperatus（Pers.）P. Karst. 1-284

Rozites P. Karst. 1-284

Rubia chinensis Regel et Maack 6-140

Rubia cordifolia L. 6-142

Rubia cordifolia L. var. *pratensis* Maxim. 6-144

Rubia L. 6-140

Rubiaceae 6-126

Rubus arcticus L. 4-188

Rubus crataegifolius Bge. 4-203

Rubus ehamaemorus L. 4-193

Rubus komarovi Nakai 4-201

Rubus L. 4-188

Rubus parvifolius L. 4-198

Rubus sachalinensis Leveille. 4-195

Rubus saxatilis L. 4-191

Rudbeckia hirta L. 7-297

Rudbeckia L. 7-297

Rumex acetosa L. 2-544

Rumex crispus L. 2-549

Rumex gmelinii Turcz. ex Ledeb. 2-547

Rumex L. 2-544

Rumex maritimus L. 2-554

Rumex patientia L. 2-552

Russula aurata Pers. 1-320

Russula cyanoxantha Schaeff. : Fr. 1-322

Russula delica Fr. 1-323

Russula densifolia Secr. ex Gillet 1-324

Russula emetica（Schaeff.）Pers. 1-325

Russula foetens Pers. : Fr. 1-326

Russula laurocerasi Melzer 1-328

Russula lepida Fr. 1-329

Russula Pers. 1-320

Russula vesca Fr. 1-330

Russula virescens（Schaeff.）Fr. 1-331

Russulaceae 1-320

Rutaceae 4-650

S

Sagittaria L. 8-033

Sagittaria trifolia L.　8-033

Sagittaria trifolia L. var. *angustifolia*（Sieb.）Kitag.　8-035

Sahashia stricta（Underw.）Li Bing Zhang & Liang Zhang　2-050

Sahashia Sw.　2-050

Salicaceae　2-296

Salicornia europaea L.　3-026

Salicornia L.　3-026

Salix babylonica L.　2-317

Salix gracilistyla Miq.　2-326

Salix L. 2-312

Salix linearistipularis（Franch.）Hao　2-328

Salix matsudana Koidz.　2-315

Salix matsudana Koidz. f. *tortuosa*（Vilm.）Rehd.　2-316

Salix matsudana Koidz. var. *pseudo-matsudana*（Y. L. Chou et Skv.）Y. L.　2-316

Salix pentandra L.　2-312

Salix raddeana Laksch.　2-320

Salix rorida Laksch.　2-322

Salix viminalis L.　2-324

Salix viminalis L. var. *angustifolia* Turcz. 2-325

Salvia L.　6-384

Salvia miltiorrhiza Bge.　6-384

Salvia plebeia R. Br.　6-387

Salvia umbratica Hance　6-390

Salvinia Adans. 2-174

Salvinia natans（L.）All.　2-174

Salviniaceae　2-174

Sambucus L.　7-001

Sambucus mandshurica Kitag.　7-007

Sambucus williamsii Hance　7-001

Sambucus williamsii Hance var. *coreana*（Nakai）Nakai 7-006

Sanguisorba L.　4-206

Sanguisorba officinalis L.　4-209

Sanguisorba officinalis L. var. *glandulosa*（Kom.）Worosch.　4-214

Sanguisorba stipulata Raf.　4-206

Sanguisorba tenuifolia Fisch. ex Link　4-215

Sanguisorba tenuifolia var. *alba* Trautv. et Mey.　4-216

Sanicula chinensis Bge.　5-463

Sanicula L.　5-463

Sanicula rubriflora Fr. Schmidt　5-467

Santalaceae　2-462

Sapindaceae　5-044

Saponaria L.　2-635

Saponaria officinalis L.　2-635

Saposhnikovia divaricata（Turcz.）Schischk.　5-469

Saposhnikovia Schischk. 5-469

Sargassaceae　1-142

Sargassum（Turn.）C. Ag.　1-142

Sargessum confussum C. Ag.　1-142

Saussurea amara DC.　7-556

Saussurea amurensis Turcz.　7-568

Saussurea DC.　7-554

Saussurea epilobioides Maxim.　7-564

Saussurea iodostegia Hance　7-554

Saussurea japonica（Thunb.）DC.　7-559

Saussurea nivea Turcz.　7-566

Saussurea pulchella（Fisch.）Fisch.　7-561

Saxifraga bronchialis L. 4-029

Saxifraga cernua L.　4-033

Saxifraga fortunei Hook. f. var. *koraiensis* Nakai　4-039

Saxifraga laciniata Makai et Takeda　4-031

Saxifraga manshuriensis（Engl.）Kom.　4-037

Saxifraga punctata L.　4-042

Saxifraga sibirica L.　4-035

Saxifraga Tourn. ex L.　4-029

Saxifragaceaee　3-642

Scabiosa comosa Fisch. ex Roem. et Schult.　7-065

Scabiosa comosa Fisch. ex Roem. et Schult. f. *albiflora* S. H. Li　7-067

Scabiosa L.　7-065

Scabiosa tschiliensis Grun.　7-069

Scabiosa tschiliensis Grun. f. *albiflora* S. H. Li　7-071

Schisandra chinensis（Turcz.）Baill.　3-064

Schisandra Michx.　3-064

Schisandraceae　3-064

Schizonepeta Briq.　6-392

Schizonepeta multifida（L.）Briq.　6-394

Schizonepeta tenuifolia（Benth.）Briq.　6-392

Schizopepon bryoniaefolius Maxim.　5-235

Schizopepon Maxim.　5-235

Schizophyllaceae　1-190

Schizophyllum commune Fr.　1-190

Schizophyllum Fr.　1-190

Scirpus juncoides Roxb.　8-565

Scirpus karuizawensis Makino　8-554

Scirpus L.　8-552

Scirpus lushanensis Ohwi　8-555

Scirpus planiculmis Fr. Schmidt　8-552

Scirpus tabernaemontani Gmel.　8-558

Scirpus triangulatus Roxb.　8-563

Scirpus triqueter L.　　8-557

Scleroderma areolatum Ehrenb.　1-527

Scleroderma Pers.　　1-527

Sclerodermataceae　　1-527

Scorzonera albicaulis Bge.　　7-654

Scorzonera austriaca Willd.　　7-660

Scorzonera curvata（Popl.）Lipsch.　　7-659

Scorzonera L.　7-652

Scorzonera manshurica Nakai　　7-652

Scorzonera pseudodivaricata　Lipsch.　　7-665

Scorzonera radiata Fisch.　　7-657

Scorzonera sinensis Lipsch. et Krasch. ex Lipsch.
　7-663

Scrophularia buergeriana Miq.　　6-559

Scrophularia incisa Weinm　　6-556

Scrophularia kakudensis Franch.　6-561

Scrophularia L.　6-554

Scrophularia ningpoensis Hemsl.　6-554

Scrophulariaceae　　　6-490

Scutellaria baicalensis Georgi　　6-405

Scutellaria dependens Maxim.　　6-398

Scutellaria galericulata L.　　6-421

Scutellaria L.　6-398

Scutellaria moniliorrhiza Komarov　　　6-419

Scutellaria pekinensis Maxim. var.*ussuriensis*（Regel）
　Hand.-Mazz. 6-411

Scutellaria pekinensis Maxim.　　6-410

Scutellaria regeliana Nakai　　6-413

Scutellaria scordifolia Fisch. ex Schrank　6-417

Scutellaria strigillosa Hemsl.　　6-415

Scutellaria viscidula Bge.　　6-400

Scytosiphon C. Ag.　　1-126

Scytosiphon lomentarius（Lyngb.）J. Ag. 1-126

Scytosiphonaceae　　1-126

Secotiaceae　　1-496

Sedum L.　　3-624

Sedum polytrichoides Hemsl.　　3-626

Sedum sarmentosum Bge.　　3-628

Sedum stellariifolium Franch.　　3-624

Selaginella Beauv.　　2-024

Selaginella davidii Franch.　　2-028

Selaginella rossii（Baker）Warbr.　　2-026

Selaginella sanguinolenta（L.）Spring　2-024

Selaginella sinensis（Desv.）Spring　　2-027

Selaginella stautoniana Spring　　2-025

Selaginella tamariscina（P. Beauv.）Spring
　2-029

Selaginellaceae　2-024

Senecio argunensis Turcz.　　7-461

Senecio cannabifolius Less.　　7-454

Senecio cannabifolius Less. var. *integrifolius*（Koidz.）
　Kitam.　7-456

Senecio L.　7-448

Senecio nemorensis L.　　7-451

Senecio vulgaris L.　　7-448

Senna Mill.　4-307

Senna nomame（Makino）T. C. Chen　　4-307

Serratula centauroides L.7-574

Serratula coronata L.　　7-570

Serratula L.　7-570

Serratula strangulata Iljin　　7-578

Setaria Beauv.　8-483

Setaria faberii Herrm.　　8-488

Setaria pumila（Poir.）Roem. & Schult.　8-486

Setaria viridis（L.）Beauv.　　8-483

Sibbaldia L.　　4-219

Sibbaldia procumbens L. 4-219

Siegesbeckia glabrescens Makino 7-305

Siegesbeckia L.　7-301

Siegesbeckia pubescens Makino　7-301

Silene aprica Turcz. ex Fisch. et Mey.　　2-641

Silene firma Sieb. et Zucc.　　2-638

Silene jenisseensis Willd. 2-650

Silene jenisseensis Willd. var. *oliganthella*（Nakai ex
　Kitagawa）Y.C. Chu　2-652

Silene macrostyla Maxim.　　2-649

Silene repens Patr.　　2-647

Silene tatarinowii Regel 2-645

Silene venosa（Gilib.）Aschers. 2-643

Silens L.　　2-638

Siliphium L.　7-307

Siliphium perfoliatum L. 7-307

Silybum Adans.　7-580

Silybum marianum（L.）Gaertn 7-580

Simaroubaceae 4-672

Sinopteridaceae 2-080

Siphonostegia Benth.　　6-563

Siphonostegia chinensis Benth.　　6-563

Siphulaceae　1-600

Sisymbrium heteromallum C. A. Mey.　　3-577

Sisymbrium L.　3-577

Sium L. 5-474

Sium suave Walt.　　5-474

Smilacina bicolor Nakai 8-267

Smilacina davurica Turcz.　　8-260

Smilacina Desf. 8-260

Smilacina japonica A. Gray　　8-264

Smilacina trifolia Desf.　8-263

Smilax china L. 8-279

Smilax L.　　8-269

Smilax nipponica Miq. 8-269

Smilax nipponica Miq. var. *mandshurica*（Kitag.）Kitag. 8-271

Smilax riparia A. DC. 8-273

Smilax sieboldii Miq. 8-276

Solanaceae 6-444

Solanum japonense Nakai 6-476

Solanum L. 6-476

Solanum lyratum Thunb 6-479

Solanum nigrum L. 6-481

Solanum septemlobum Bge. 6-485

Solidago L. 7-204

Solidago virgaurea L. var. *dahurica* Kitag.7-204

Solidago virgaurea L. var. *dahurica* Kitag. var. *coreana* Nakai 7-208

Sonchus asper（L.）Hill. 7-677

Sonchus brachyotus DC. 7-513，7-667

Sonchus L. 7-667

Sonchus oleraceus L. 7-674

Sophora flavescens Alt. 4-499

Sophora japonica L. 4-496

Sophora L. 4-496

Sorbaria kirilowii（Regel）Maxim. 4-056

Sorbaria（Ser.）A. Br. ex Aschers. 4-053

Sorbaria sorbifolia（L.）A. Br. 4-053

Sorbus alnifolia（Sieb. et Zucc.）K. Koch. var. *lobuiata* Rehd 4-254

Sorbus alnifolia（Sieb. et Zucc.）K. Koch. 4-253

Sorbus L. 4-253

Sorbus pohuashanensis（Hance）Hedl. 4-256

Sparassidaceae 1-362

Sparassis crispa（Wulf.）Fr. 1-362

Sparassis Fr. 1-362

Sparganiaceae 8-526

Sparganium glomeratum Least. ex Beurl. 8-532

Sparganium L. 8-526

Sparganium simplex Huds. 8-530

Sparganium stenophyllum Maxim. ex Meinsh. 8-533

Sparganium stoloniferum（Graebn.）Buch. -Ham. ex Juz. 8-526

Speranskia Baill. 4-646

Speranskia tuberculata（Bge.）Baill. 4-646

Spergularia salina J. et C. Presl 2-568

Spergularia（Pers.）J et C. Presl 2-568

Sphaeriaceae 1-542

Sphaerophysa DC. 4-502

Sphaerophysa salsula（Pall.）DC. 4-502

Sphagnaceae 1-610

Sphagnum Ehrh. 1-610

Sphagnum squqrrosum Pers. 1-610

Sphallerocarpus Bess. ex DC. 5-478

Sphallerocarpus gracilis（Bess.）K. -Pol. 5-478

Spiraea blumei G. Don 4-071

Spiraea chamaedryfolia L. 4-073

Spiraea fritschiana Schneid. 4-061

Spiraea hypericifolia L. 4-069

Spiraea L. 4-058

Spiraea media Schmidt 4-067

Spiraea pubescens Turcz.4-065

Spiraea salicifolia L. 4-058

Spiraea trilobata L. 4-063

Spiranthes L. C. Rich. 8-657

Spiranthes sinensis（Pers.）Ames 8-657

Spirodela polyrhiza（L.）Schleid. 8-522

Spirodela Schleid. 8-522

Spodiopogon sibiricus Trin. 8-463

Spodiopogon Trin. 8-463

Stachys baicalensis Fisch. ex Benth. 6-427

Stachys chinensis Bge. ex Benth. 6-430

Stachys japonica Miq. 6-432

Stachys L. 6-423

Stachys sieboldii Miq. 6-423

Staphylea bumalda DC. 5-085

Staphylea L. 5-085

Staphyleaceae 5-085

Stellaria alsine Grimm 2-601

Stellaria dichotoma L. 2-598

Stellaria L. 2-596

Stellaria media（L.）Cyr. 2-599

Stellaria neglecta Weihe ex Bluff. et Fingerh 2-603

Stellaria radians L. 2-596

Stellera chamaejasme L. 5-158

Stellera L. 5-158

Stenosolenium saxatile（Pall.）Turcz. 6-224

Stenosolenium Turcz. 6-224

Stephanandra incisa（Thunb.）Zabel 4-075

Stephanandra Sieb. & Zucc. 4-075

Stereaceae 1-356

Stereocaulaceae 1-580

Stereocaulon paschale（L.）Hoffm. 1-580

Stereocaulon Schreb. 1-580

Stereum frustulosum（Pers.）Fr. 1-356

Stereum gausapatum Fr. 1-358

Stereum Pers. : Fr. 1-356

Stereum taxodii Lentz et Mckay 1-359

Streptolirion Edgew. 8-399

Streptolirion volubile Edgew.　8-399

Streptopus Michx.　8-283

Streptopus ovalis（Ohwi）Wang et Y. C. Tang
　8-283

Strobilomyces Berk.　1-304

Strobilomyces strobilaceus（Scop. : Fr.）Berk.
　1-304

Strobilomycetaceae　1-304

Strophariaceae　1-268

Styracaceae　5-636

Styrax L.　5-636

Styrax obassia Sieb. et Zucc.　5-636

Suaeda Forsk. ex Scop.　3-034

Suaeda glauca（Bge.）Bge.　3-034

Suaeda salsa（L.）Pall. 3-037

Suillus grevillei（kl.）Sing.　1-314

Suillus laricinus（Berk.in Hook）O. Kuntze
　1-316

Suillus luteus（L.）Roussel　1-317

Suillus Michx ex Gray　1-314

Swertia dichotoma L.　6-063

Swertia erythrosticta Maxim.　6-066

Swertia L.　6-061

Swertia pseudochinensis Hara　6-061

Swertia tetrapetala Pall. 6-065

Swida alba L.　5-306

Swida Opiz　5-306

Swida walteri Wangerin　5-309

Symphytum L.　6-227

Symphytum uplandicum Nyman　6-227

Symplocaceae　5-642

Symplocarpus foetidus（L.）Salisb.　8-515

Symplocarpus nipponicus Makino 8-518

Symplocarpus Salisb.　8-515

Symplocos Jacq. 5-642

Symplocos paniculata（Thunb.）Miq.　5-642

Syneilesis aconitifolia（Bge.）Maxim.　7-464

Syneilesis Maxim.　7-464

Synurus deltoides（Ait.）Nakai　7-582

Synurus Iljin　7-582

Syringa L.　6-001

Syringa oblata Lindl.　6-014

Syringa pubescens Turcz. subsp. *microphylla*（Diels）
　M. C. Chang & X. L. Chen　6-012

Syringa reticulata subsp. *amurensis*（Rupr.）P. S.
　Green et M. C. Chang 6-001

Syringa reticulata subsp. *pekinensis*（Rupr.）P. S.
　Green et M. C. Chang 6-006

Syringa villosa Vahl　6-008

Syringa wolfii Schneid.　6-011

T

Tamaricaceae　5-218

Tamarix chinensis Lour.　5-222

Tamarix L.　5-222

Tanacetum L.　7-412

Tanacetum vulgare L.　7-412

Taraxacum borealisinense Kitam. 8-014

Taraxacum brassicaefolium Kitag.　8-008

Taraxacum coreanum Nakai　8-003

Taraxacum F. H. Wigg.　8-001

Taraxacum mongolicum Hand-Mazz.　8-004

Taraxacum ohwianum Kitag.　8-009

Taraxacum platypecidum Diels　8-016

Taraxacum pseudo-albidum Kitag.　8-001

Taxaceae　2-266

Taxus cuspidata Sieb. et Zucc.　2-266

Taxus L.2-266

Tephroseris campestris（Rutz.）Rchb.　7-474

Tephroseris campestris（Rutz.）Rchb. f. *spathulatus*
　（Miq.）R. Yin et C. Y. Li　7-477

Tephroseris flammea（Turcz. ex DC.）Holub.
　7-468

Tephroseris palustris（L.）Four. 7-478

Tephroseris phoeantha（Nakai）C. Juffrey et Y. L.
　Chen 7-471

Tephroseris（Rchb.）Rchb.　7-468

Thalictrum aquilegifolium L. var. *sibiricum* Regel et
　Tiling3-303

Thalictrum foetidum L.　3-317

Thalictrum L.　3-303

Thalictrum petaloideum L.　3-308

Thalictrum simplex L.　3-314

Thalictrum simplex L. var.*brevipes* Hara　3-316

Thalictrum squarrosum Steph. ex Willd.　3-311

Thalictrum tuberiferum Maxim.　3-306

Thamnolia Ach. 1-600

Thamnolia subuliformis（Ehrh.）W. culb.Brittonis
　1-602

Thamnolia vermicularis（Sw.）Ach. ex Scheaer.
　1-600

Thelephoraceae　1-366

Thelypteridaceae　2-106

Thelypteris palustris Schott　2-106

Thelypteris palustris Schott var. *pubescens*（Lawson）
　Fernald　2-107

Thelypteris Schmidel　2-106

Themeda Forssk.8-465

Themeda triandra Forssk.　8-465

Thermopsis lanceolata R. Br.　4-507

Thermopsis R. Br.　4-507

Thesium chinense Turcz. var. *longipidunculatum* Y. C. Chu 2-463

Thesium chinense Turcz. 2-462

Thesium L.　　2-462

Thladiantha Bge.　　5-238

Thladiantha dubia Bge.　5-238

Thlaspi arvense L.　3-579

Thlaspi caerulescens J. Presl et C. Presl　3-582

Thlaspi L.　　3-579

Thuidiaceae　1-631

Thuja koraiensis Nakai　2-262

Thuja L.　　2-262

Thymelaeaceae 5-152

Thymus dahuricus Serg. 6-441

Thymus L.　　6-435

Thymus mongolicus Ronn.　　6-437

Thymus quinquecostatus Celak.　6-435

Thyrocarpus glochidiatus Maxim.6-229

Thyrocarpus Hance　　6-229

Tilia amurensis Rupr. var. *taquetii*（Schneid.）Liou et Li 5-138

Tilia amurensis Rupr.　　5-137

Tilia L. 5-132

Tilia mandshurica Rupr. et Maxim.　　5-132

Tilia mongolica Maxim.　5-135

Tiliaceae　　5-128

Torilis Adans.　　5-482

Torilis japonica（Houtt.）DC.　5-482

Toxicodendron vernicifluum（Stokes）F. A. Barkl. 5-017

Toxicodendron（Tourn）Mill.　　5-017

Tragopogon L.　8-018

Tragopogon orientalis L. 8-018

Trametes corrugata（Pers.）Bers.　　　1-406

Trametes Fr.　　1-403

Trametes gibbosa（Pers.）Fr.　　1-405

Trametes orientalis（Yasuda）Imaz.　　1-407

Trametes sanguinea（Klotzsch）Pat.　　1-403

Trametes suaveolens（L.）Fr.　　1-408

Trametes trogii Berkeley 1-409

Trapa L.　　5-252

Trapa natans L. 5-252

Trapa pseudoincisa Nakai　　　　5-254

Trapaceae　　5-252

Tremella Dill ex L.　　1-468

Tremella foliacea Pers.　1-470

Tremella fuciformis Berk.1-468

Tremella mesenterica Retz. ex Fr. 1-472

Tremellaceae　1-468

Triadenum Raf. 3-457

Tribulus L.　　4-591

Tribulus terrestris L.　　4-591

Tricholoma album（Schaeff. : Fr.）Kumm. 1-211

Tricholoma bakamatsutake Hongo　　　1-214

Tricholoma matsutake（S. Ito et Imai）Sing. 1-212

Tricholoma saponaceum P. Kumm.　　1-215

Tricholoma virgatum（Fr.）Kummer　1-216

Tricholoma（Fr.）Staude　　1-211

Tricholomataceae　　1-204

Tricyrtis pilosa Wall.　　8-286

Tricyrtis Wall.　8-286

Tridenum japonicum（Bl.）Makino　　3-457

Trientalis europaea L.　　5-616

Trientalis L.　　5-616

Trifolium hybridum L.　4-521

Trifolium L.　　4-512

Trifolium lupinaster L. var. *albiflorum* Ser 4-514

Trifolium lupinaster L.　4-512

Trifolium pratense L.　　4-518

Trifolium repens L.　　4-515

Triglochin L.　　8-054

Triglochin maritimum L. 8-057

Triglochin palustre L.　　8-054

Trigonotis peduncularis var. *amblyosepala*（Nakai et Kitag.）W. T. Wang　6-233

Trigonotis peduncularis（Trev.）Benth.　6-230

Trigonotis Stev. 6-230

Trillium camschatcense Ker-Gawl.　　8-288

Trillium L.　　8-288

Triosteum L.　7-009

Triosteum sinuatum Maxim.　　7-009

Tripleurospermum limosum（Maxim.）Pobed. 7-415

Tripleurospermum Sch. -Bip.　7-415

Tripterygium Hook. f.　5-077

Tripterygium regelii Sprague et Takeda　5-077

Trollius asiaticus L.　　3-335

Trollius chinensis Bge.　3-330

Trollius japonicus Miq.　3-336

Trollius L.　　3-319

Trollius ledebouri Reichb.　　3-324

Trollius macropetalus Fr. Schmidt3-319

Tulipa edulis（Miq.）Baker　　8-292

Tulipa L.　　8-292

Tulotis fuscescens（L.）Czer　8-660

Tulotis Gmelin ex Borkhausen　8-602

Tulotis Raf.　　8-660

Tulotis ussuriensis（Regel et Maack）Hara.

8-664

Turczaninowia DC.　7-209

Turczaninowia fastigiata（Fisch.）DC.　7-209

Tussilago farfara L.　7-483

Tussilago L.　7-483

Typha angustata Bory et Chaubard　8-546

Typha angustifolia L.　8-542

Typha L.　8-536

Typha latifolia L.　8-536

Typha minima Funk.　8-545

Typha orientalis Presl.　8-540

Typhaceae　8-536

U

Ulmaceae　2-398

Ulmus davidiana Planch. var. *japonica*（Rehd.）Nakai2-415

Ulmus davidiana Planch. 2-414，2-415

Ulmus glaucescens Franch.　2-409

Ulmus L.　2-405

Ulmus laciniata（Trautv.）Mayr.2-405

Ulmus macrocarpa Hance　2-411

Ulmus macrocarpa Hance var. *mongolica* Lion et Li 2-413

Ulmus pumila L.2-407

Ulva L. 1-117

Ulva lactuca L. 1-117

Ulva pertusa Kjellm.　1-118

Ulvaceae　1-116

Umbelliferae　5-346

Umbilicariaceae 1-584

Umbilioaria esculenta（Miyashi）Minks.1-584

Umbilioaria Hoffm.　1-584

Undaria pinnalifida（Harv.）Sur.　1-138

Undaria Suringar　1-138

Urtica angustifolia Fisch. ex Hornem.　2-456

Urtica cannabina L.　2-452

Urtica L.　2-452

Urtica laetevirens Maxim.　2-455

Urticaceae　2-438

Usnea diffracta Vain.　1-594

Usnea longissima Ach.　1-595

Usnea montis-fuji Mot.　1-597

Usnea Wigg.　1-594

Usneaceae　1-594

Ustilaginaceae　1-481

Ustilago maydis（DC.）Corda　1-481

Ustilago（Pers.）Rouss 1-481

Utricularia L.　6-628

Utricularia vulgaris subsp. *macrorhiza*（Le Conte）R.

T. Clausen　6-628

V

Vaccaria hispanica（Mill.）Rauschert　2-653

Vaccaria Madic 2-653

Vaccinium koreanum Nakai　5-554

Vaccinium L.　5-547

Vaccinium microcarpum（Turcz. ex Rupr.）Schmalh. 5-558

Vaccinium oxycoccos L. 5-556

Vaccinium uliginosum L. 5-550

Vaccinium uliginosum L. f. *ellipticum* Nakai 5-552

Vaccinium uliginosum L. var. *alpinum* Nakai 5-552

Vaccinium vitis-idaea L. 5-547

Valeriana amurensis Smirn ex Kom.　7-052

Valeriana L.　7-052

Valeriana officinalis L.　7-055

Valeriana officinalis L. var. *stolonifera* Bar. et Skv. 7-059

Valerianaceae　7-034

Vallisneria L.　8-051

Vallisneria natans（Lour.）Hara. 8-051

Veratrum dahuricum（Turcz.）Loes. F.　8-303

Veratrum L.　8-295

Veratrum maackii Regel 8-300

Veratrum nigrum L.　8-295

Veratrum oxysepalum Turcz.　8-306

Verbenaceae　6-238

Veronica anagallis-aquatica L.　6-584

Veronica chamaedrys L.　6-581

Veronica dahurica Stev.　6-574

Veronica incana L.　6-568

Veronica L.　6-566

Veronica linariifolia Pall. ex Link 6-566

Veronica longifolia L.　6-577

Veronica peregrina L.　6-580

Veronica persica Poir.　6-587

Veronica rotunda Nakai var. *subintegra*（Nakai）Yamazaki　6-570

Veronica serpyllifolia L. 6-572

Veronica undulata Wall. 6-586

Veronicastrum Heist. et Farbic　6-589

Veronicastrum sibiricum（L.）Pennell　6-589

Veronicastrum tubiflorum（Fisch. et Mey.）Hara. 6-594

Viburnum koreanum Nakai　7-017

Viburnum L.　7-011

Viburnum mongolicum（Pall.）Rehd.　7-011

Viburnum opulus subsp. *calvescens*（Rehder）
　Sugim.　7-013

Vicia amoena Fisch. ex DC.　4-523

Vicia amoena Fisch. ex DC. f. *albiflora* P. Y. Fu et Y. A.
　Chen 4-523

Vicia bungei Ohwi　4-530

Vicia cracca L.　4-527

Vicia L. 4-523

Vicia multicaulis Ledeb.　4-525

Vicia ohwiana Hosokawa 4-538

Vicia ramuliflora（Maxim.）Ohwi　4-532

Vicia unijuga A. Br.　4-535

Vicia venosa（Willd.）Maxim.　4-534

Vigna minima（Roxb.）Ohwi et Ohashi　4-540

Vigna Savi　4-540

Viola acuminata Ledeb.　5-182

Viola biflora L.　5-177

Viola chaerophylloides（Regel）W. Beck.
　5-191

Viola collina Bess.　5-193

Viola diamantiaca Nakai 5-214

Viola dissecta Ledeb.　5-189

Viola L. 5-177

Viola mandshurica W. Beck. f. *albiflora* P. Y. Fu et Y.
　C. Teng　5-198

Viola mandshurica W. Beck.　5-197

Viola mirabilis L.　5-180

Viola mongolica Franch. 5-216

Viola orientalis（Maxim.）W. Beck.　5-178

Viola phalacrocarpa Maxim.　5-204

Viola philippica Cav.　5-199

Viola prionantha Bge.　5-208

Viola rossii Hemsl. ex Forbes et Hemsl.　5-195

Viola sacchalinensis De Boiss.　5-185

Viola sacchalinensis De Boiss. var. *alpicola* P. Y. Fu.
　et Y. C. Teng　5-186

Viola selkirkii Pursh ex Gold　5-202

Viola variegata Fisch ex Link　5-206

Viola verecunda A. Gray. 5-212

Violaceae　5-177

Viscum coloratum（Kom.）Nakai　2-468

Viscum L.　2-468

Vitaceae　5-106

Vitex L. 6-247

Vitex negundo L. var. *heterophylla*（Franch.）Rehd.
　6-247

Vitex rotundifolia L. f.　6-251

Vitis amurensis Rupr.　5-124

Vitis L.　5-124

W

Weigela florida（Buneg）DC.　7-019

Weigela florida（Buneg）DC. f. *alba*（Nakai）C. F.
　Fang 7-022

Weigela praeccox（Lemoine）Bailey　7-023

Weigela praeccox（Lemoine）Bailey f. *albiflora*（Y. C.
　Chu）C. F. Fang　7-025

Weigela Thunb.　7-019

Woodsia ilvensis（L.）R. Br.　2-130

Woodsia polystichoides Eaton　2-131

Woodsia R. Br.　2-130

Woodsiaceae　2-128

X

Xanthium L.　7-310

Xanthium mongolicum Kitag.　7-314

Xanthium strumarium L. 7-310

Xanthoceras Bge.　5-046

Xanthoceras sorbifolium Bge.　5-046

Xanthochrous hispidus（Bull.）Pat.　1-423

Xanthochrous Pat.　1-423

Xeromphalina campanella（Batsch.）Kühner &
　Maire 1-208

Xeromphalina Kühner & Maire　1-208

Y

Youngia Cass.　8-021

Youngia tenuicaulis（Babc. et Stebb.）Czerep
　8-024

Youngia tenuifolia（Willd.）Babcock et Stebbins
　8-021

Z

Zanthoxylum L.　4-668

Zanthoxylum schinifolium Sieb. et Zucc.　4-668

Zigadenus Michx.　8-312

Zigadenus sibiricus（L.）A. Gray　8-312

Zizania L.　8-408

Zizania latifolia（Griseb）Stapf 8-408

Ziziphus jujuba var. spinosa（Bge.）Hu ex H. F.
　Chow.　5-101

Ziziphus Mill.　5-101

Zoysia japonica Steud.　8-428

Zoysia Willd.　8-428

Zygophyllaceae 4-584

Zygophyllum L.　4-596

Zygophyllum xanthoxylon（Bge.）Maxim.
　4-596